PARTNERING
海外に学ぶ建設業のパートナリングの実際

社団法人海外建設協会編
鹿島出版会

まえがき

　海外建設工事で「パートナリング方式」を採用し、チーム力の向上を図って共勝ち（win-win）を達成する新しいパラダイムが欧米先進国で拡大している。

　海外建設協会では平成13年から海外におけるパートナリング方式の実態調査を行って来た。これは当協会の一部会員会社が先進諸国でこの方式の工事請負を経験し始めたのを機会に、協会としても実態を把握して広く全会員及び外部関係者に紹介することを目的として始めたものである。爾来平成18年度まで英国、米国、オーストラリアと香港にて実態調査をし、同時に種々機関を通して参考資料を集積し文献調査をして来た。

　海外工事の実情を振り返って見ると、日本国内と比べて契約に対する理解とその運用度合いで、最終的工事採算性に大きな影響があることが明らかである。海外で仕事を遂行して行く時に契約書をいい加減に読み飛ばす訳にはいかない。契約書の諸条件の規定内容及びその解釈次第で、請負契約金の受け取り額は大きく変わってくる。発注者にとっては、当初の予算内で工期内に所定のものを完成させたいとの強い使命がある。一方、請負者にしてみれば、受注を目指してギリギリまで絞り切った価格に対し、何とか有利な設計変更やクレームで少しでも金額を上乗せしたいとの欲望がある。従って発注者も請負者もそれぞれ専門の弁護士を雇ってお互いに争うこととなる。調停、仲裁等で決着がつかなければ訴訟に持ちこみ裁判となる。上記4ヶ国では多くのプロジェクトでこの様な不毛の衝突を繰り返し結果として社会資本の供用遅れと予算超過と言う大問題が続発した。

　このような仕事の進め方は誰が考えても"どこかおかしい"のである。当初問題が発生した時、現場の担当者同士が話し合えばうまく解決出来た問題でも、一度法律家の手にわたると、不毛の法律論争に発展してしまうことは

良くあることである。結果として発注者、請負者双方が得るものは深い相互不信、余計なコスト、社会からの非難そして疲れのみである。

　これに対して新しいパラダイムは、行き過ぎた法律論争に持ちこむことなく、プロジェクトに係わる関係者が一致協力してそのプロジェクトを成功裡に完成させ、その結果、プロジェクトに参画した関係者（発注者、請負者、設計者、下請業者等）が全員結果に満足することで、共勝ち（win-win）を達成することである。

　この考えを最初にプロジェクトに取り入れたのは1980年代の米国陸軍工兵隊で、その成果を確認しながら海軍施設部隊、アリゾナ州他に広まり、主として道路建設事業に普及した。英国では1994年の"レイサム リポート―チームを作る"がこの概念を取り入れ、英国における建設業の改善の一環としてパートナリングを導入した。香港においては1990年代半ばに地下鉄公団（当時）がクレーム等に要する不必要なエネルギーを削減するための手段として英国のパートナリングを手本として導入した。オーストラリアではニューサウスウエールズ州が、建設業の現状の悪さ（不透明な商慣習、不倫理的ビジネス、紛争多発、等）への対策として「プロジェクトの成果が法的契約より参画者相互の理解とその関係により多く依存している」との調査結果を踏まえ、1992年に米国からパートナリングを導入し普及した。

　パートナリングの特徴は、正直、誠実、コミットメント、信頼、共通目標、コミュニケーション等のキーワードで表される、極めて日本の「信義に基づいて」の行動・思考原理に類似している。今回の調査でも複数の外国人からパートナリングの基本システムは日本の先端自動車会社の生産システムから学んだ、と聞いた。確かに日本人に馴染みやすい観念と思われる。

　ただ各国でパートナリング実施については特徴があり、米国では伝統的契約が存在しパートナリングは契約の範疇外で合意に反する行為が義務違反や損害賠償にはつながらないとしている。一方英国では工事契約にパートナリングを織り込み合意を義務事項にしようと試みている。オーストラリア、香港は両国の中間でのモデルを試行している。付け加えるとパートナリングには固定した形はなく、リレーション コントラクトやアライアンスと呼ばれる

方式に現在も続けて進化している。

　パートナリングのリスク対応は基本的にお金に係わる"ゲイン/ペイン・シェアー"、良いティームワークを実行する"プロジェクト チームの選定"、パートナリングをリードする"経験あるファシリテーター"である。これらの詳細については本文を参照願いたい。

　本書の執筆者は当協会会員会社から派遣され、この5年に渉りパートナリングを研究してきた方々である。同時に海外での土木・建築工事から契約、管理業務までを十分に経験しており、現地調査では鋭い点からの情報収集に多大な貢献を戴いた。また本業の傍ら膨大なエネルギーを費やし各章を纏めて戴いたことに深甚の謝意を表すると共に、「パートナリング研究会」の座長を長年に渉り引き受けて戴いた二宮孝夫、熊谷組顧問に感謝を申し上げる次第です。

　最後に、当初から今日まで支援し適切な御指導を戴いた国土交通省総合政策局国際建設課の皆様に心から感謝申し上げる次第です。

　平成18年3月

社団法人 海外建設協会
専務理事　鈴　木　　一

序　章

　平成13年度に始まったパートナリング研究も、これまでの英国、米国、豪州視察に今年度の香港視察を加えて4ヵ国になり当研究会の目標を達成できた。基本的には公共工事・民間工事プロジェクトの調達からプロジェクト推進・完成引渡しの一手法として広まって来た「パートナリング」を理解し、本邦企業にその内容を伝達し理解を促進することが目標であり、結果として海外建設市場において本邦建設業がより多くの「共勝ち（Win-Win）」のプロジェクトを手がけ、あらゆる工事に関する問題を未発や矮小化することに寄与できることが目標である。

　このたびこれまでの調査結果を踏まえて、パートナリング論、工事契約との関係、プロジェクト　マネジメント、今後の展開についての考察、各国の取り組み例を纏めて上梓することは、我々パートナリング研究会委員にとってこの上ない喜びである。なお、パートナリングと言う方法になじみが少ない読者諸兄におかれては、ご興味を引く章から始められ順次全体を読まれる方が理解されやすいかも知れない。

　日本国内の建設市場は急速な減少を辿っており将来もこの傾向は続くとの認識が拡大している中で、ビジネスと技術の継承の両輪を廻すには海外市場を無視できない。日本国内の請負工事に比して数倍のリスク要因を内在する海外工事に足を踏み入れるには、厳正な計画や積算は当然としても、それが実行できることの担保が不可欠であろう。我々は調査を通して数多くの例を見たり実施経験者のヒアリングから、発注者と請負者が同舟で進むパートナリングは間違いなく建設業者に担保を与え得るものの一つと信じる。もちろんパートナリングを成功させるには従来の伝統的対立関係に依拠した工事運営の何倍もの努力と忍耐を要することも始めに断っておかねばならない。

　現在普遍的に行われている伝統的な契約に基づく工事では、当事者間の関

係は「対立」あるいは「勝つか負けるか」であり、さらに現在の非常に厳しい価格競争がそれに拍車をかけている。結果として予算超過、工期遅延、品質低下が起き、工事参加者全員が苦労するのみで得るところのない袋小路に入っている。このような状況の中、下記認識の下で海外建設協会のパートナリング研究会は始められた。

「発注者と建設業者の建設的協議により、工事中に発生する紛争を未然に防止することにより相互の成功を図る手法が先進諸国で始められており、当協会会員のパートナリング方式の実施経験が現出し始めている。また過度な価格競争による施工業者の疲弊傾向から脱却するために、施工経歴・技術の信頼性に基づいたパートナリング方式による業者選定や工事価格の妥当性を図り、本邦企業の海外工事における競争力強化に寄与する可能性の調査研究が必要である」

パートナリングの概念はこの方式を採用している機関、会社により異なっている。我々の調査では、いずれの国においてもパートナリングを実施している工事発注者が政府から民間まで多岐に渉っていることで各参加者の考え方や賛否が異なることが明確になった。またパートナリングのいろいろな推進形態が、プロジェクトの複雑さや、サイズや、工期等の諸条件に最も合致するように設計され実施されて来ている。これらは特に発注者側である政府、インフラ系会社、民間デベロッパー等で独自に工夫・開発されている。国ごとの考え方にはニュアンスの違いが見える。米国においては「契約ではないが、全ての契約に含まれている直接的に表現されない善意の取り決めの認識である」といい、オーストラリアでは「信頼及びチームワークが紛争を防止し、全当事者の利益に対する協力的結束を促進し、プロジェクトの成功を促進する環境を作り出そうとする試みである」としている。公共工事に積極的にパートナリングを実施しようとしている英国は上記2国の説を肯定した上で「パートナリングは他の良好なプロジェクト運営スタイル、長年に亘る取引関係、随意契約、優先供給契約等と混同すべきでない」と概念の明確化を図っている。

パートナリング実施における重要な点としてその研究にリーダー的である

英国レディング大学は下記を挙げ、
　・誓約—当事者全ての参加・コミットメント
　・公平性—ワークショップ全当事者の共勝ち（Win-Win）
　・信頼関係—相互信頼・信用・尊敬
　・共通の目標—問題の共有と改善・解決
　・問題解決—早期解決、リスク負担（ペイン/ゲイン・シェアー）
　・継続的評価—当事者全員によるスコアリングと定期的達成度評価

　これらの具体的事項の実施が必須であるとしている。パートナリング方式による日常業務を進めるワークショップを立ち上げ工事完成までパートナリング方式をリードし進めて行く「ファシリテーター」は重要な役割を負う。プロジェクトパートナリング実施については、事業者の「パートナリング適用決定」から、業者調達、ワークショップ立ち上げ、チャーター設定、実績モニター、完成後実績KPI評価等をとおしてファシリテーター活動の詳細を本文で紹介している。一方、香港臨時建設業調整委員会は「建設業界は新しい関係を浸透させる上で時間とコストと品質の密接な関係に加えて、発注者、コンサルタント、建設業者の調和の増進が必要である。固有の落とし穴を内在する伝統的一式契約は対立関係の起因であり、変化する世界経済の眺望は香港の全てのビジネスをその戦略的目的、内部コスト構造、運営プロセスをリエンジニアするこの機会を捉え経営管理のツールとしてパートナリングを展開している」と宣言している。オーストラリアではパートナリングから進化した「リレーションシップ コントラクティング」、「プロジェクト アライアンス」が拡大しているが、当研究会は両方式を広義にパートナリングの一形態と定義する。理由はパートナリングの根本哲学である「先手で問題発生を防ぐ」「共勝ち（Win-Win）」「ペイン/ゲイン・シェアー」「正直・尊敬・公正」「十分な会話」等の考え方は全く同じであり、プロジェクト目的を達成する手法として徹底した「チームワーク」「game-breaking」の思想は英国レイサム卿の「チームを作る」と同一と考える故である。香港のパートナリング特別研究会とオーストラリアの専門家は喫緊の成功要素として下記を挙げている。
　・関係する全ての組織のトップのコミットメント

- お互いに合意した目的
- best for project をベースとした最適人材とチームの選定
- 独立してファシリテートされた立ち上げワークショップ
- 参加者間の信頼確立とリーダーシップの存在
- 目標予算とペイン/ゲイン・シェアーへの理解と継続的挑戦
- 従来の態度や慣習を変えるための定期的なレビューと指導
- 参加者全員が個人としての自己開発決意と game-breaking への挑戦
- 上級管理者によるパートナリング振る舞いのモデル役実演
- 問題解決のためのチームワークと協力的仕事の開発
- 目的を真に反映した実績の査定
- 目的の改善と満足への奨励

　パートナリングは1980年代の始まりから如何にしてリスクを減らせるかを主題に形を変えながら進化しているが、当研究会では第一義としてプロジェクトの失敗リスクの低減と捉えている。すなわち従来型プロジェクトでは、工事中に発生した大幅な設計変更や環境変化に伴い発生する参加者間での権利・義務の闘争による結果として起きる、大幅な工期遅延やコスト超過などを、パートナリングにより低減できることでより大きな失敗リスク低減効果をもたらす手法である。第二義としては参加者全員のリスク負担が数量的に減少することである。特に建設業者のリスク低下がなされていることが香港や豪州の建設業協会で示された。具体的なリスク対応としては、徹底した教育と文化の醸成によるパートナリングの浸透を図り、最も高遂行のチームを持つことと、インセンティブとしてのペイン/ゲイン・シェアーを明確にすることが主要な点である。このようなやり方により、パートナリングチームは工事中の問題解決を迅速かつ合理的に行える。ただし当事者間での解決には閉鎖性を指摘する声もあるが、オープンブックと言う全てを開示するルールの下ではむしろ伝統的な対立の関係での問題処理よりも透明性は高いと言う主張であった。しかしながら未だ、行政、有識者の間で問題処理のアカウンタビリティについて疑問を呈する意見があることも明らかになった。

　パートナリング成功の鍵は、各参加者がパートナリングの精神・哲学を理

解することを必要条件とすれば、コマーシャル的様相は十分条件であり、両システムが機能することが必要十分条件となる。後者を具体的に言えば「目標予算（Target Outturn Cost）設定と管理システム」と、「gain/pain-shareシステム」の作成である。発注者、建設業者、設計者、設備・電気業者等など、通常は利害相反する関係者が、パートナリングの下で最高の結果を出すための心臓部である。

　米国では例えば、陸軍工兵隊やアリゾナ州運輸局では新規発注工事に積極的に「設計・施工」方式を採用している。すなわちパートナリングプロセスを設計段階よりスタートさせることにより早期に建設業者の参加を可能にして工期、コストの削減を図ることができるからである。この設計施工方式には、建設業者は広範囲になるリスクを嫌い、コンサルタントは建設会社の下になることを嫌い、発注者は自己の力の喪失を嫌う側面はあるが、米国では2005年には45％の工事で行われると予測されている。米国でパートナリングを実施したプロジェクト（全体の約25〜30％）の調査結果として、予算超過、工期遅延はなく、調停、訴訟のケースもない、と報告されている。

　オーストラリアではパートナリングから進化したアライアンス方式により、「オフショアーオイルプラットフォーム」建設の難工事を、予見できない地質や天候があったにも拘らず、予算内、工期内で完成し、参加者全員が共勝ち（Win-Win）の結果を出している。その後も大型の道路、水道、埋立プロジェクトに適用されて成功しているが、アライアンス適用については事前の多面的適合性チェックシステムが機能していると評価できる。

　英国では当初からパートナリング方式を積極的に推進した政府側の理想主義（idealism）（ちなみに米国は実用主義pragmatismと言う）から、徹底した完全な形の追求を目指しており、後述するパートナリングを抱合した工事契約書によるプロジェクトを推進している。

　しかし我々が調査した国でもパートナリングは決して楽観的に運用されているわけではない。理論的な筋立てやワークショップで全ての問題が消えてなくなるような奇術でもない。パートナリングに関わるコンサルタントは施主も工事参加者も100％満足している訳ではなく、むしろ開始時の期待が大き

いのに対して結果に失望するケースがあることを強調している。特に積極的に導入を図ろうとしている香港政府（道路局や住宅局等）は現存の伝統的調達ルール、工事監理、設計変更とパートナリング的工事運営の間の矛盾や不整合の壁に当たっている。問題は発注者側がより楽観的に効果を主張するのに対し、業者側には実施と評価のギャップに相当に否定的な意見もある。政府に比べてインフラ会社（鉄道会社や電力会社等）や民間デベロッパーが進めるプロジェクトパートナリングは、より多くの発注者と建設業者が結果に満足している。この違いは前者が公的部門の監理・目標達成度指標（KPI）や手順の変更が難しいのに対して、後者はコマーシャル的判断を基に比較的フレキシブルであるゆえと思われる。

　一方香港におけるパートナリングと契約の関係については、基本的に競争入札後にパートナリングを採用する場合が多く、アメリカ型と言える。法律家の見解としてはパートナリング憲章と工事契約書の間の矛盾を解決する明解なルールはなく、判例もないので実際は法律の運用に疑問を有していると言われている。ただし現在までパートナリング プロジェクトから発生した係争はない。今後については英国のNEC（New Engineering Contract）やPPC2000（Project Partnering Contract 2000）を持ち込むことを政府、民間、ファシリテーター等が検討している。この動きはむしろ法曹界から提言されている。建設業者側からは、早い段階でのパートナリングへの参加が最大の付加価値を創生すると言う意見がある。すなわち設計段階で建設業者が参加すればビルダビリティの観点からコスト・工期により効果があると指摘できるゆえであり設計・施工はパートナリングに適切と言う。さらにパートナリング実施のベストのメカニズムとしてNECの適用を主張している。

　何れにしても係争が一般的と言われる米国においても司法の手を借りないで解決するパートナリング方式が「信義則の認識」に基づいて、あらゆる手段を使った対話を重視して実施され、良い結果を生み出していることは大いに着目すべきことである。

　最後にパートナリングの今後については当該国の建設工事遂行に係わる法律や文化・風土にもよるが、発注者、請負者を始めとした参加者がどのよう

な点に注意をして進めるのが良いか、についてまとめた。これについては、香港プロジェクトマネジメント協会が作成した「パートナリング ガイドライン2003及び2004年注釈」を参考にした。

まとめとしてこれまでの当研究会の調査からは、香港、英国、米国そして豪州でのパートナリングの実態を明らかにできたと考える。各国での運用方法にはパートナリングを契約条件に入れる英国方式とあくまで工事契約とは位相を別にした法的責任を問わない米国式に両極化しており、豪州と香港が英国と米国の間に入っている。各方式の長短についてはプロジェクトの性格、取り巻く環境、社会の受諾レベルで異なり一概に言えない。しかしながら、ENR誌が「建設会社は旧来のサーバント（servant）のまま安住するか、クライアントのパートナー（partner）として脱皮するか」の岐路と説いたり、豪州では「通常の主人と召使の習慣から、満場一致のアライアンス習慣へ」とパラダイムの変化を唱えているように、何れも従来の発注者と請負者の概念を覆すことにより関係者全員がより良い結果を享受できることを実例で示している。

当協会会員の多くが業務をしているアジア地域では概ね低工事価格優先主義であり、結果として工事を受注するために契約条件を過小評価したり、あるいは無視したような安価受注が発生しており、結果として工事遅延、コスト超過が起きている。建設業者は遅延から生じる工事遅延金（LD）を回避し、かつ超過コストをリカバリーするためにクレームをし、より大きい金額の回復をもくろんで外部コンサルタントも含めて大掛かりな交渉となったり、係争に発展する例もある。司法の決着がついても後に残るのは非生産的な事柄（相互不信、恨み、互いに二度と仕事をしない決意、相互コスト超過、等）ばかりである。特にアジア発展途上国の公共工事に関わろうとする外国企業は、当該国の片務に近い要求や設計変更などへの一方的な対応に直面しているケースもある。結果として発注者、請負者双方は社会から非難され、かつ、プロジェクトのエンドユーザーである社会や人々はプロジェクトの恩恵から遠のくこととなる。これは最も避けねばならない状況である。

この観点においてパートナリング方式によるプロジェクト遂行を模索する

ことは本邦および関係諸国にとってもリスクを先手で未然に防ぐツールとなりうることが本書の事例で示されたと考える。読者諸兄は本書から、下記事項が実施可能になったと信じる。

1. 海外進出本邦建設業者がパートナリング方式の哲学、運用、リスク対応等の理解
2. パートナリング方式をインフラプロジェクト・民間プロジェクトへの適用については、プロジェクトの性格（複雑さ、難易度、発注者意図、等）を勘案して、海外進出本邦建設業者がどこの国でも適切なプロジェクトへの適用を提案できる。
3. パートナリング実施に必要なファシリテーター、KPI項目と評価、問題解決委員会（DRB）等のソフト面についての理解

これらの具体的な実施に際しては読者諸兄の決断と努力に委ねることになるが、本書が海外建設工事に係わる方々のみならず、広く読者諸兄の参考となり、本邦産業界の海外事業の進展に供することができれば幸甚である。

パートナリング研究会
座長　二　宮　孝　夫

目　　次

まえがき
序　章

第1章　パートナリング概論　　1

1. 今なぜパートナリングか―その社会、経済的背景　　1
　1-1　今なぜパートナリングか？　　1
　1-2　パートナリング導入の社会・経済的背景　　1
　1-3　パートナリングの概念　　3
　1-4　パートナリングの本質　　6

2. 英・米・豪・香港のパートナリング概論　　9
　2-1　パートナリングの源流－米国　　9
　2-2　英国のパートナリング　　11
　2-3　豪州のパートナリング　　15
　2-4　豪州のパートナリングに関する諸概念　　17
　2-5　香港のパートナリング　　22

3. パートナリングの進化　　26
　3-1　パートナリングからアライアンスへ　　26
　3-2　アライアンス　　29

4. パートナリングのメリット・デメリット　　30
　4-1　発注者にとってのメリット・デメリット　　30
　4-2　コンサルタントにとってのメリット・デメリット　　37
　4-3　請負者にとってのメリット・デメリット　　38
　4-4　下請業者にとってのメリット・デメリット　　42

5. パートナリングの課題　　43
　5-1　法律家の視点　　43

5-2　発注者の立場から　　45
　　5-3　請負者の立場から　　47
　　5-4　コンサルタントの立場から　　48
　　5-5　紛争について　　49
　　5-6　アライアンスの問題点と課題　　52
 6. ターゲットコスト方式とペイン/ゲイン・シェアー　　56
 7. 入札制度とパートナリング　　59

第2章　パートナリングと契約の関係　　64
 1. 伝統的契約法理論とパートナリング　　64
　　1-1　契約自由の原則　　64
　　1-2　誠実の原則　　65
　　1-3　建設契約とパートナリング　　65
 2. 非契約パートナリングと契約パートナリング　　66
　　2-1　非契約パートナリング　　66
　　2-2　「契約ではない」という意味　　67
　　2-3　非契約パートナリングと工事変更　　69
　　2-4　契約パートナリング　　71
　　2-5　それぞれの得失　　73
 3. 各国の状況：パートナリングと契約の関係に対するアプローチ　　74
　　3-1　米国　　74
　　3-2　英国　　75
　　3-3　オーストラリア　　75
　　3-4　香港　　76
 4. パートナリングを含めた建設工事契約書　　79
　　4-1　英国におけるパートナリング契約概要　　79
　　4-2　NECオプションC "アクティビティースケジュールの添付された目標価格"　　83
　　4-3　PC2000 ACA Standard Form of Contract for Project Partnering　　94
　　4-4　豪州におけるパートナリング　　111
　　4-5　豪州のパートナリング契約の例　　113

目　次　xv

5. アライアンスと建設工事契約の関係　116
　5-1　プロジェクト・アライアンスとは　116
　5-2　プロジェクト・アライアンス契約の例　121

第3章　パートナリング適用工事のプロジェクト・マネジメント　127

1. ファシリテーターの配置　127
　1-1　英国　128
　1-2　豪州　129
　1-3　香港　130

2. ワークショップの運営　150
　2-1　英国　150
　2-2　米国　155
　2-3　豪州　161
　2-4　香港　163

3. パートナリングのモニタリングと評価　165
　3-1　米国　165
　3-2　香港　178

4. ターゲットコスト方式とペイン/ゲイン・シェアー　185
　4-1　英国　186
　4-2　豪州　187

5. パートナリングと問題処理プロセス　191
　5-1　英国　191
　5-2　米国　192
　5-3　香港　195

第4章　パートナリング実施における手引き　208

1. パートナリングへの入り口　208
　1-1　パートナリングとは　208
　1-2　パートナリングに取り組みを始める人へ　211

1-3　パートナリング実施チェックリスト　213
 2. パートナリングのプロセス　216
　2-1　パートナリングの一般的概念の導入とプロセス　216
　2-2　ファシリテーターに関する概念　218
　2-3　問題解決プロセス　218
 3. パートナリングの実績査定　221
 4. パートナリングのコスト管理と奨励策　222
　4-1　管理項目とその奨励策について　222
 5. パートナリングの契約と法的課題　224
　5-1　パートナリングと契約の関係　224
　5-2　契約を見直す場合に留意すべき基本　226
　5-3　契約を見直す（レビュー）時に見る主要点　227
　5-4　特別に考慮すべき事項　227
　5-5　まとめ　232

第5章　各国のパートナリング取り組み状況及び実施例　233

 1. 各国のパートナリング取り組み状況　233
　1-1　パートナリングをプロジェクトに適用する時期　233
　1-2　各国のパートナリング適用工事における請負業者選定方法の例　237
　1-3　各国のパートナリング比較表　251
 2. 各国のパートナリング実施例　256
　2-1　米国パートナリング事例　256
　2-2　オーストラリアパートナリング事例　288
　2-3　香港パートナリング事例　327

第6章　パートナリング用語集　351

参考文献一覧表　358

第1章　パートナリング概論

1. 今なぜパートナリングか？──その社会・経済的背景

1-1　今なぜパートナリングか？

　より進んだ自由競争市場が形成されているとされる欧米主要諸国における建設業界は、その先進性ゆえに90年代を通じてあらたな再編変革の過程を辿った。その究極の目標は「国際競争力のある建設産業」への脱皮であったが、注目すべきことに、80年代から90年代に掛けて、これらの先進諸国の建設産業はほぼ共通する問題に直面していた。すなわち、それは「見えざる手」に委ねられた自由競争市場における過当競争がもたらす陥穽・弊害である。換言すれば、それは過度の競争環境による低価格競争とそれに起因する紛争の多発であり、詰る所、これが建設産業における恒常的品質低下、工期遅延、予算オーバー、その結果としての顧客不満足という悪循環をもたらした。そしてこの悪循環から脱却すべくほぼ時同じくして欧米で注目されたのが、他ならぬ「パートナリング」概念である。

　本書では、欧米豪を中心として業界改革の旗印のもと導入推進された「パートナリング」の実態を紐解き、その本質、その進化の過程を辿ると共に、これが旧来の調達・契約制度、プロジェクト・マネージメントにもたらしたあたらしい概念（コンセプト）、手法について紹介する。本書の取り扱う主題は、あくまで欧米豪の建設業界の改革に関わるものであり、当面のテーマは、あくまでプロジェクト実務者、研究者を対象に、本邦企業の海外プロジェクト推進における新マネージメント・コンセプトの紹介となることを目指している。

1-2　パートナリング導入の社会・経済的背景

　従来の海外工事における伝統的な契約工事の現状を顧みれば、建設業者の

視点からは以下のような問題が指摘される。すなわち、①厳しい競争の結果として経済合理性からかけ離れた最低価格入札者が工事を受注、②設計変更への対応や契約外の出来事への対応に多大なエネルギーを消費、③適正利益を確保するため工事完成後も未解決のまま交渉が続き内外の費用が嵩む、④本邦建設業者の多くの手持ち工事は従来の対立関係を基とした現場運営であり、上の悪循環を繰り返している、⑤この結果、発注者、請負業者共に益々対立的考え方を深め、初日から将来の攻防を意図し、不毛の議論とストレスのみが残るプロジェクト環境の現実がある。

一方、発注者の視点では、①工事は完成しているにも拘らず、建設業者からの膨大なクレームが未解決、②業者と同様に組織内外に対応するチームを持ち余計な費用を費やす、③重要な公共工事等の場合には、業者との交渉未決が工期遅延に至ったりすると社会に対する説明責任も発生し担当者の引責問題にもなる、④一部発展途上国では契約条項を無視して一方的裁断をするところもあり、業者の不信感を募らせる、などといった厳しい現実がある。

これらの現実を背景に、一見公平で透明性もあるように見える伝統的低価格者受注方式とそれに起因する恒常的対立関係は果たして真に経済的か、という根本的疑問が提起される。ちなみに、本邦企業の有する海外での普遍的契約管理の基本的考え方は、以下のようなものである。すなわち、「建設業者はいかに契約を遵守して仕事を行い（余計なことはせず）、契約条項を有利・不利を十分理解した上で、できるだけ業者に優位に解釈・運用して、追加費用を獲得して利益の増額を図るか（減額を防ぐか）」に焦点を合わせている（海外建設協会の契約管理研究会）」。ここでは、全てのアクションが出来事発生主義であり、予防的対策を善意で事前に行い完工日を何としても死守するといういわゆる「日本的な」考え方を強く戒めている。さらに権利義務が微細に渡って記されている請負契約関係に入ったからには、その途上あるいは結果として法廷上の係争になることを厭わないとする考え方である。このような理念をもとにしたビジネス関係は必然的に対立を深めることに歯止めがなく、「勝つか負けるか」の熾烈なゼロ・サム・ゲームになる。

従って英米豪では多くの発注者が、かねてより工期遅延、予算超過の事例

が恒常的に起きる現実に強い危機感を擁いていた。そこには、契約条項さえしっかり作れば紛争の種は摘み取ることができ、発注者が満足できるプロジェクト成果が手に入るとする長年の神話がすでに崩れているという現実があった。皮肉なことに過酷な自由競争の果てに辿り着いたのは、詰る所、最適の資源配分や経済性などではなく、低品質、工期延長、予算超過の不経済性であった。

この事態打開のため、欧米豪がたどり着いた結論は、「対立」から「協調」への思想転換であった。時には5割を超えるといわれるコスト超過や工期遅延をなくするには工事期間中の建設業者との対立的な従来の関係を転じて、プロジェクト完成というそもそもの目標にベクトルを合わせた「建設業者との協力、共存、問題の共有」を軸にした考え方に転換すべきではないかと考えたのである。

1-3 パートナリングの概念

「パートナリング」という言葉は、プロジェクト関係者の経営資源をもっとも効率的・効果的に用いて、所与のビジネス目的を達成するための協働関係構築への長期的コミットメント（ないしはプロセス）と定義され、あくまで抽象的マネージメント・コンセプトである。すなわち「対立（confrontation）」を軸にした従来型のビジネス関係を根本的に転換・刷新するための「協力（cooperation）」を軸にしたビジネス関係構築を総称する概念であり、ビジネス遂行に際して拠って立つべき基本思想のひとつである。

従って、「パートナリング」は協調的協働への自発的コミットメントを意味する抽象概念であることから、いかなる法的契約関係を意味するものでもない。むしろ従来の「契約」に基づく権利義務関係とは独立して位置付けられ、目的達成のためのビジネス関係のあるべき姿を示す普遍的理念として契約行為を根底で支えるものと理解される。契約は法的関係を確立するものであるが、パートナリングは当事者間のビジネス関係を確立するプロセスであり、その本質はマネージメント・フィロソフィーともいうべきものである。

従来のプロジェクト推進とパートナリングによるそれが概念的にどの様に

異なるかを概括すれば、表1-1に掲げるごとくである。

表1-1 パートナリングとトラディッショナルなプロジェクト推進方式の概念的相違比較

	パートナリング	トラディッショナル
ヴィジョン	Win-win	Win-lose
競争原理	ベスト・ヴァリュー*1	最低価格競争
参画者の関係	運命共同体（Dependent）	自社利益最優先（Independent）
行動規範	信頼と協調関係——ミッションの共有	対立的関係——契約がすべて
コミュニケーション	オープン・情報共有	慎重かつ防御的（必要以外は情報共有を避ける）
リスクへの対応	リスク・マネージメントの共有	相手へのリスク転化
インセンティヴァイズ*2	ペイン/ゲイン・シェアーによる動機付け	（一部契約方式を除き）なし
プロジェクト遂行組織	ひとつのプロジェクト・チーム	施主・エンジニアー・コントラクター別組織
紛争対応	プロアクテブ（予防的対応）	事後対応
紛争処理	話し合いによる合意形成（イシュウ・レゾリューション・ラダー）	契約にもとづく権利・義務履行責追及（法的処理）
利益の考え方	プロジェクトの成功及び関係者全員の適正利益確保	各々が自社の利益最大化
コスト管理	オープン・ブック方式ないし個別管理*3	各々個別管理
コミットメントの視点	長期的視点（継続プロジェクトの視点）	単一プロジェクトの視点
コミットメントのレベル	CEOからチーム・メンバーまで	プロジェクト担当者
プロセス管理	パーフォーマンスの全員評価・改善	不利になる言質（反省）を避ける。従って改善の機会が生まれにくい。
リソースの活用	リソースの統合的活用	重複・付帯費用・時間的なロス

（注） *1 VFM（Value for money）発注に際して最低価格でなく投じた資金に対する最大価値を評価基準とする。

*2 インセンティヴァイズ（incentivize）コスト削減や工期短縮など報奨金などによって奨励することをいう。

*3 オープン・ブックとは、工事予算・会計帳簿を契約当事者に開示（工事原価管理をガラス張り）するものをいう。

すなわち「勝つか負けるか」（Win-lose）の関係を、「共勝ち」（Win-win）に転ずるというヴィジョン実現のために、パートナリングでは、旧来の契約を介した「対立的関係」から、"ミッションの共有"を軸とした「信頼と協調関係」へのマインド・リセットを図る。プロジェクト参画者の関係は、個々の参画企業がそれぞれの思惑で自社の利益最優先を図っていた従来の図式から、情報共有とオープン・コミュニケーションを基礎とした「運命共同体」へと転換を目指す。紛争対応は、従来の紛争が生起してからの法的対処に対して、予防的対応（プロアクテブ）に重点が移る。紛争処理は、契約条項に基づく権利義務履行責任の追求という法的処理から、対話による紛争原因の早期解消そして合意形成に変わる。

パートナリングではプロジェクト着手時点での「ワーク・ショップ」が重要な役割を担っている。すなわちキック・オフともいえるこのミーテングにおいて、プロジェクトを成功に導くための"共通ミッション"、行動規範の合意形成（「憲章」作成）を行う。すなわち、パートナリングはこの「憲章」を行動原理としたチーム・ビルディングのプロセスそのものである。パートナリングは法的契約関係であるパートナーシップでも、はたまた単なるパートナーの関係を言うのでもない。パートナリングということばは現在進行形である。「憲章」合意を出発点として、あらたな課題、予想外の障害、紛争要因など様々な不確定事象への迅速な対応を通じて継続されるべき「チーム・ビルディング」の「プロセス」そのものにこそその本質がある。

契約は相互に約定で縛る（binding）ことによって個別参画企業がそれぞれリスクを回避しようとするものだが、パートナリングはプロブレム・ソリューション型チーム・ワークによってリスクを共に軽減し解消しようとするものである。そこには思惑を異にする複数の組織が介在するプロジェクトがあるのではなく、ただひとつのチームによって取り仕切られる「運命共同体」のプロジェクトがあるのである。

もっとも、パートナリングと契約は深い関係がある。米国ではパートナリングを発注・契約制度と完全に分離し、プロジェクト・マネージメント上の純粋にボランタリーな活動として定着させた。一方、英国ならびに豪州では

調達制度、発注契約にこれを取り込むことによってより実効性の高いプロジェクト推進の仕組み作りを目指した。

豪州では90年代始めパートナリングを米国から導入したが、暗黙の信義則が法的背景を形成していない同国では、ボランタリーなインフォーマル・パートナリングの制度は十分根付かなかった。しかし、豪州ではこれをプロジェクト推進の効果的マネージメント・プロセスと位置付け、その倫理規定の法的契約化を図るのみならず、その利害得失を行動原理とした経済合理性にもとづくパートナリング形態である「アライアンス」に進化させた。

1-4　パートナリングの本質──「パートナリング」vs「トラデッショナル」

「パートナリング」は、「トラデイショナル」すなわち従来型のコントラクト・ビジネスに対立する概念として位置付けられる。

先に述べたように、従来型のコントラクテング・ビジネスでは当事者間の関係は「対立（confrontation）」にもとづく「勝つか負けるか（win-lose）」の関係とされるが、「パートナリング」ではこの関係が「協調・協同（cooperation）」に基づく「共勝ち（win-win）」の関係に転換すると解説される。

従来型のビジネスの根底にはいうまでもなく資本主義の原点としての「自由競争市場原理」がある。自由競争こそもっとも合理的な資源の配分を実現し、最大効用を社会にもたらす。不特定多数の供給と需要が出会う自由競争市場で「価格」が決定され、これによってもっとも合理的な経済取引が実現するとする。しかしこの自由競争が建設分野においては対立的な（confrontational）ビジネス環境を醸成し、過剰な訴訟体質を促進する結果となった。それは何故か。

問題の本質は自由競争下での「高額・単品発注（受注）生産」という産業の特異性にある。発注の際には、受け渡される製品の実物がない。発注者と請負業者は設計図書などを通じて、製品の仕様を定義し発注契約する。発注者と請負業者の最終成果品に関するイメージの乖離をなくすため、様々な手段を講じて確認することになるが、その現実はといえば設計図書の不備などを始め、紛争のネタに事欠くことがない。さらに計画は地盤、天候、経済条

件など、様々な不確定要因を前提に作成される。将来の仮想品の取引という特異性から、プロジェクト途上での様々な「リスク」の顕在化が、価格、工程、品質に多大な影響を与える。つまり過当な競争入札がもたらす市場メカニズムの問題は「最低価格競争」という現象に止まらない。すなわち、過度の競争環境というマーケット・フォース（市場の力）を梃子に、発注者はこれらのプロジェクト・リスクを可能な限り請負業者に丸抱えさせようと図るのが常であった。結果として、ランプサム契約を始め従来型の発注契約では、発注者による請負業者への過度のリスク転嫁が市場で恒常化することとなったのである。

　請負業者側から見ると、過当競争下でそれら未実現リスクをすべて価格に転嫁して入札に参加したのでは競争に勝てない。この結果、請負業者は往々にして契約価格とはおよそ引き合わない高いリスクを背負うことになる。万一それらのリスクが顕在化すると利益返上どころでは終わらず工事損益は忽ち赤字転落する。

　工事請負契約におけるリスクは、受注側の視点では、様々な不確定要素の顕在化による施工の実施コストの増加であり、結果としての損失に対する補償責任である。これに不適切なリスク転嫁による片務的契約条項が追い打ちをかける。一方、発注者の視点から見たリスクは、天変地異の不可抗力はもとより、設計変更などに伴う費用補填クレームに対する補償責任、請負業者によるリスク・コントロールの失敗など不満足な施工の結果もたらされる追加的費用負担である。さらに設計・契約図書の不備、契約当事者の役割を巡る不明瞭な定義などによる問題が次々と生起する。この仕組みのもとでは、顕在化する様々な不確定要因に起因する問題を巡って当然のことながら両者間の紛争が避け得ない。

　建設プロジェクトの成否は不確実な環境下でのリスク分散をいかに有利に収めることができるかに帰する。工程、コスト、品質などの要件は当然建設着工前に相互に合意されなければならない。従って、伝統的調達契約では、これらに伴う諸リスクや不確実性の転嫁の戦術、いわゆる「リスク・トランスファー・ストラテジー」が慣習化した。すなわち、発注者は可能な限りの

リスクを請負業者に転嫁し、元請業者はこれをさらにサブコンや設計者に転嫁するという仕組みである。そして皮肉なことにこのリスク・フリーを目指した「リスク・トランスファー」の慣習が、結果として紛争とコスト・オーバーランの温床となったのである。従来の契約は多かれ少なかれこの「リスク・トランスファー」アプローチに準拠しており、さらに加えて当事者間の敵対的ネゴ（confrontational negotiation）によって不適切なリスク・アロケーションが加速され、事態を一層悪化させることになるのである。

　過剰なリスクを転嫁された結果、多くのコントラクターは高品質プロジェクト生産への改革意欲を削がれ、その意識は利益確保のため、建設コストを最小に抑えることに注がれる。これは当然のことながら品質、安全、環境などを軽視する建設マネージメントに直結してゆく。結果として生産活動の本来の姿であるべき「価値」を創造するプロセスは歪曲され、欠陥、低品質、予算オーバー、顧客不満足という悪循環に陥ることになる。

　この隘路から脱却するための思想転換を提起する概念として注目されたのが、他ならぬ「パートナリング」であった。旧来の関係は「勝つか負けるか（win-lose）」のゼロ・サム・ゲームであったが、「パートナリング」は「共勝ち（win-win）」への思想転換を目指す。その本質は詰まる所、紛争の温床となっている「リスク・トランスファー」を「リスク・シェアー」に転換するというコンセプトである。そしてこのアイデアが徐々にプロジェクト関係者に受け入れられつつある背景には、従来のアプローチが、発注者にとって「リスク・フリー」な環境を保障するどころか、紛争多発、プロジェクト停滞などむしろプロジェクト環境を悪化させる証拠を次々と露呈して来た事実があった。発注者を始め一部のプロジェクト関係者は、従来の権利義務を詳細に認めた契約マネージメントに偏重依存した「ゼロ・サム・ゲーム」のビジネス関係が、いわば出口無しの紛争の袋小路であることに気付き始めたのである。

　パートナリングでは従来の対立図式を協調と協力の関係図式にマインドリセットする。しかし、これには「憲章」（Charter）としてプロジェクト推進における共通の基本理念、行動倫理規範を確認するだけでは必ずしも効果的

とは言えない。パートナリング・プリンシプルを条項化し、協調・協同を促進するインセンテブを組みこんで成果に直結する報酬を約束する。豪州及び英国で進化した経済合理性に裏付けられたパートナリングの姿がここにある。すなわちプロジェクト参加者に対して協調と協力への実質的な「動機付け」が、リスク・報酬の経済メカニズムとして効果的に組み込まれるのである。そしてそのもっとも根幹にある協調・協力の前提こそ「リスク・トランスファー」から「リスク・シエアー」への思想転換といえる。ちなみにパートナリングの究極系ともいえる「アライアンス」（プロジェクト推進協定）では、（意図的な懈怠を除く）関係者相互の訴訟権の放棄という注目すべき条項が挿入されている。最終手段である訴訟への道を敢えて封じることにより、運命共同体としてのプロジェクト・チームのあり様を再定義するのである。そこにあるのは「共勝ち（win-win）」か、さもなくば「共負け（lose-lose）」かの二者択一である。いわば退路を断って、運命共同体としての問題解決型のチーム・ビルデングを目指す究極のパートナリングの姿といってよいであろう。

2．英・米・豪・香港のパートナリング概論

2-1　パートナリンクの源流―米国

　「パートナリング」という概念は米陸軍工兵隊（US Army Corps of Engineers）のチャールズ・コーワン（Charles Cowan）によって1988年に初めて公共工事である米軍調達プロジェクトに導入された。

　当時、米建設産業では、旧来の熾烈な価格競争入札と対立的契約関係、不効率な管理が、コスト・オーバーランと工期遅延を恒常化させ、特にその過剰な訴訟体質は深刻な問題となっていた。米陸軍工兵隊では1980年代の「調達」へのクレーム（様々な求償）が倍増し、その費用が年間平均10億ドルにも膨らんでいたことから、抜本的対応策が求められていた。チャールズ・コーワンは米国の建設業界の問題が、本来の法の「精神」によってでなく、法の「文言」によってものごとを進めるという忌むべき体質にあると考えた。すなわち、そこでのゴールが必ずしも成功裡にプロジェクトを完成すること

ではなく、欠陥、コスト・オーバーラン、あるいは工程などを巡っての紛争をいかに他のメンバーの責任と成し得るか、はたまた法廷で自らの権利を防御できるかという点にあることを指摘した。恒常化した「対立的関係（adversarial framework）」こそ問題の核心であるとコーワンは洞察したのである。

　1991年2月11日付けENR（Engineering News Record）誌は、当時の建設業界における過度の訴訟体質の改革を訴求する論説を掲載している。いわく「訴訟は業界の基本的性質とその目標にそぐわない。建設は長距離走のような個人の努力によるものではなく、チーム・ビルディングのビジネスである。建設業の基盤は、発注者、設計者、エンジニア、建設業者がチームとして強い絆で結ばれることに依存している。成功をもたらすチームは、個々のメンバーの「強み」の上に成り立っているが、訴訟における勝利はそのメンバーの「弱み」につけ込むことによっているのだ」として対立的契約関係への過度の依存という悪習から考え方を転換すべきだと説いた。

　「紛争解決へのもっとも効果的方法は、紛争を事前に防止することである」との理解の下、米陸軍工兵隊は、競争入札後、受注建設会社と当該プロジェクトならびにお互いの期待について密接な討議を行い、その際に各々の「ゴール」、懸念事項、予想される課題などをすべてオープンに俎上に載せて協議し、プロジェクトのリスクを共に担うべきことを提案した。このプロセスは、プロジェクト推進に際しての行動規範（プリンシプル）ならびに共通のゴールを合意するという、従来の法的契約関係とは次元の異なるあらたな仕組みを生み出す結果となった。プロジェクト参加者全員がサインする「憲章（Charter）*1」ないし「パートナリング協定（Partnering Agreement）」がそ

---

*1　憲章（Charter）では、通常、①プロジェクト・コストの確実性と縮減、②全当事者の適正利益確保、③安全性ならびに地域社会への貢献、④品質及び工程の厳格管理、⑤参画者の密接な連絡・コミュニケーションによる協調精神、相互信頼の醸成、⑥訴訟の防止・抑制などを定め、発注者を含むすべてのプロジェクト関係者のトップが署名する。法的権利義務という次元を超えた、いわば「紳士協定」ともいうべきものである。パートナリングの目的は、この憲章に列記された事項を達成することによって、投じた資金に見合った価値（best value）をクライアントないし社会に提供することにある。

れである。

2-2　英国のパートナリング

　英国において「パートナリング」概念を初めて建設業に導入したのはマイケル・レイサム卿（Sir Micheal Latham）である。長い間、英国における建設業は、工期を守らない、発注者へのクレームが多い、この結果、完成建物の価格高、また品質悪化の傾向が著しいなど批判が絶えなかった。さらに1990年代初頭20世紀最悪といわれるリセッションの影響を受けた英国建設業界は、多くの業者が倒産に追い込まれ、業界の状況はさらに悪化の一途を辿っていた。1993年7月英国の調達システムの改革案諮問について政府より指名されたとき、英国の建設業の事情は、ことに触れプロジェクト責任を巡って関係者相互の非難応酬が絶えず、実にひどいものであったとレイサム卿は当時を回想している。

　英国ではこの現象を「アドヴァーサリアリズム（adversarialism）」と称している。ラテン語でアドヴァーサリアスとは敵（enemy）という語彙である。つまり対立的関係を前提としたビジネス・カルチャー、あるいは「ウイン・ルーズ」（win-lose）、「ゼロ・サム・ゲーム」（zero-sum game）の関係である。「パートナリング」はこの対立的カルチャーが生み出す無駄——限りない紛争と訴訟、その結果失われる多大な時間と労力、そしてなんら価値を産まない膨大な法務関連出費——への解決策として取り上げられた。この対立的カルチャーは単に紛争を助長するのみではない。相互不信の構造はプロジェクトの成功に必須のチームワークを破壊し、適正品質で予算内・期限内にプロジェクトを完成するという目標達成にとって大きな障害になる。

　英国の調達・建設システムは実に数多くの問題を抱えていた。第一に、プロジェクトに関わる関係者間の分断である。設計者はその役割をクライアントの延長としか見ず（ほとんどクライアントのように振る舞い）、施工業者は契約に基づき単に指示を受けるものと自ら規定し、専門のサブ・コントラクターなどはその「下請け」の位置づけに留まっている。メイン・コントラクターが請け負う工事では、サブ・コントラクターは過酷な競争入札の洗礼を

受け（施主の意図がどうであるかなどというより）メイン・コントラクターを向いて仕事をする。調達制度の現実とは、施工主が設計者などのコンサルタントを「フィー」競争を前提として選び、コンサルタントは施工業者を"最低"価格競争を課して選別する。請負業者は入札の一番札を手中にするため、プロジェクト本来の経済性などにほとんど関心がない。そして落札競争のためいったん放棄した利益を、施工途上で頻繁なクレーム、あるいはサブ・コンに対する価格破壊的競争入札、はたまた支払い遅延で取り戻そうとする。（従って工事受注決定時点から、施工業者と発注者は、入札条件の違い、入札図書の不備、不透明さ、設計変更額などを巡ってクレーム合戦が必至となる）。こうしてようやく1％そこそこのマージンを請負業者は稼ぐのである。かくして、この一連の「利益をむしり取るドミノ・プロセス」は生産活動の本来の姿であるべき「価値を創るプロセス」とはまったく逆の現象を呈し、結果として低品質と予算オーバー（価格高）、顧客の不満という悪循環に陥るのである。この様な環境から生み出されるのは品質をないがしろにした欠陥プロジェクトであり、関係者が相互にその責任を擦り付けあうという悪習（カルチャー）の土壌であった。英国建設業界は、皮肉なことに「自由かつ公正なる競争」という呪縛の中で、付加価値を創るための進化の芽を殺がれ、魅力のない後進的構造不況産業と化していた。

　第2に、技術革新が先導する時代を迎える中で、上の「従来型」プロジェクト調達システム（traditional procurement route）が有する構造的問題である。すなわち、建物・構築物の空間への要請があたらしいテクノロジーによって多様化し、建物・構築物の設備・機器などが飛躍的に進化するという環境下にもかかわらず、それらを支えるスペシャリスト・コントラクター（専門業者）を後工程にとどめ、設計責任及び設計調整が曖昧なままでの未完成図面に基づき、「下請け」として部分発注するという旧態依然の「シークエンシャル（sequential）な」発注制度に依存しているという現実である。ここでは著しく不経済な「工程のもどり」が恒常化していたのである。これによってもたらされる結果は、設計変更、コスト高、クレーム、工程遅延である。この意味では「従来の」調達システムは、付加価値を創造しているというより、

むしろ多くの場合「無駄」を作り出しているに等しいというのが偽らざる現実であった。そして、こういった調達方法による悪循環の弊害をもっとも被ったのは他ならぬ「発注者」であった。すなわち、レイサム・レポートの根幹に流れるテーマは、改革の中心にまず「発注者」がいなければならないということであり、英国建設業界の改革は、従って公共、民間を問わず「発注者主導」の運動として生まれ推進されて来たのである。

マイケル・レイサム卿は英国建設業改革の契機となった諮問答申書、「チームをつくる」("Constructing the Team", July, 1994, HMSO) の冒頭で次の様にパートナリング導入の狙い（ヴィジョン）を記している。

『この（答申書の）内容は、発注者が希求する高い品質のプロジェクト成果（performance）を勝ち取ることを支援するものである。それはより優れた成果をあげることだが、同時にプロジェクトに参画するすべての者が公平に取り扱われることを求めるものでもある。とりわけ「チーム・ワーク」が重要である。マネージメント用語では「共勝ちの解決法を求める（"seeking win-win solution"）」ことと称されるが、私はむしろ「不思議の国のアリス」のドウドウ（はとに似た絶滅鳥）のあの不滅の言葉を選ぶ。「だれもが勝利した、だからみなが報奨にあずからねばならない。("Everybody has won and all must have prizes.")」 報奨を得ることにより、より健全な雰囲気の中での高い成果が促進される。それは顧客に一層深い満足を与え、より輝かしいイメージとよりよい結果を建設業界にもたらすのである』

レイサム・レポートを契機として、英国パートナリングは公共・民間を問わず実験的に実施され、その後多くのプロジェクトに普及してゆくが、これをさらに促進した諮問報告書として、コンストラクション・タスク・フォースを率いたジョン・イーガン卿の「建設業再考（Rethinking Construction, July 1998）」、そしてもっとも最近の「変革を促進する（Accelerating Change, Strategic Forum for Construction, 2001）」がある。最新報告書が掲げる「変革促進」の狙いはほかならぬ"ワールド・クラス・インダストリー"としての英国建設業の再生である。

英国におけるパートナリングの定義は、「レデング・コンストラクション・

フォーラム」によるものが一般に良く引用されている。同フォーラムによれば、「パートナリングとは、2つ以上の組織がそれぞれの企業リソースをもっとも効果的に利用することによって特定のビジネス目的を達成するマネージメント手法である。この手法は共通の目的、あらかじめ合意された問題解決の手順、そして継続的かつ計測可能な改善のためのあくなき追及をベース（前提）とする」。

（"Partnering is a managerial approach used by two or more organisations to achieve specific business objectives by maximising the effectiveness of each participant's resources. The approach is based on mutual objectives, an agreed method of problem resolution and an active search for continuous measurable improvements" Bennett, J & Jayes, Sarah, Trusting the Team : The best practice to partnering in construction, Centre for Strategic Studies in Construction, 1995）

この定義での重要な点は、①パートナリングは目的達成のためのマネージメント手法であること、その手法は②異なった組織のリソース（資源）を効用最大に統合することである。異なった組織のリソース活用に際しての効用極大化においては「目的の共有」が必須である。それぞれが異なった目的を追求している限り、個々の組織リソースは全体効用の極大を達成し得ない。従来の「コントラクト（契約関係）」では参画者の思惑がかならずしも共通である必要はない。しかし全ての関係者の知識・技術・専門能力をもっとも効果的かつ効率的に集結してプロジェクト目的を達成するためには、これらの有機的統合（インテグレート）を可能とするコアー・フィロソフィが必要であった。従来の欧米の権利義務を事細かに規定した法的契約関係からは、すべてのビジネスのもとにあった暗黙の信義則（good faith）、そして連携（アライアンス）の思想が脱落していたのである。

従って、長らく凍みついた「対立的カルチャー」を根本的に変革すべく、英国のパートナリングは、「目的の共有化」のための「憲章（Charter）」を準備してプロジェクト関係者トップの強いコミットメント（commitment）を求めるのみならず、紛争の未然防止のために「あらかじめ合意された問題解決

の手順」を定めて、問題やリスクに対し関係者の叡智を集め解決する"予見的"行動（proactive）の規範を組み込むと共に、独立した「アジュディケーター（adjudicator）」を位置付け早期紛争解決を図る仕組み作りを目指したのである。そして特に英国では、「憲章（Charter）」からさらに踏み込んで、パートナリング・プリンシプルを契約化するという斬新な取り組みが進展した。

2-3 豪州のパートナリング

豪州では1992年に「パートナリング」が米国から導入され普及した。この契機となったのが、建設産業における不透明な商習慣、倫理にもとるビジネスの横行、険悪な労使関係、契約を巡る紛争多発などへの改革を取り上げたニューサウスウエールズ（NSW）州の「ギールズ・ロイヤル・コミッション（The Gyles Royal Commission）」の勧告[*2]である。当時、豪州の建設産業は恒常的相互不信の対立関係の帰結としての非生産的産業体質を改革すべくあらたなカルチャー樹立の必要性に迫られていた。同勧告書は、建設業における相互不信の対立関係、目的の共有の欠如、過剰な法的契約への依存、この結果としての訴訟リスクの増大による社会的損失について指摘した。注目すべき点は、プロジェクトの成果が法的契約より参画者相互の理解とその関係に、より多く依存しているとの結論を導いていることである。ギールズ・コミッションはこれに基づきニューサウスウエールズ州での建設調達におけるパートナリングの導入を推奨した。

90年代中盤、米国から導入された「パートナリング」はニューサウスウエールズ州、ヴィクトリア州などで広く普及し、この原型ともいえるパートナリングは、マスター・ビルダーズ・オーストラリア（Master Builders Australia）を中心に実施されて今日にいたっている。

一方、豪州の大手コントラクターを代表するオーストラリアン・コンストラクターズ・アソシエーション（Australian Constructors Association、以下ACAとする）は、当初熱心に導入されつつあった米国のパートナリングが必

[*2] Gyles, R. QC (1992), Royal Commission into Productivity in the Building Industry in New South Wales, final report, Sydney, NSW.

ずしも期待する効果をあげることができず、同90年代後半には概念として斬新さを失ったと解説する。そして、この事態を刷新すべく豪州独自のパートナリング模索の結果「リレーションシップ・コントラクテング（relationship contracting）」という概念が生み出されたとする。ミンターエリソン法律事務所のジョン・ガン弁護士（Gunn（2004））は、90年代中頃普及した米国パートナリングが、①豪州のビジネス・カルチャーに馴染まないこと、②すべての利害関係者を取り込むことができなかったこと、そして③公共部門におけるコミットメントの欠如、の3点によって停滞したとのデイビッド・ドムキンス（Univ. of NSW, IIR Conference, Sydney, March 1996）の指摘を引用している。しかし、停滞の最大の原因は、同パートナリングが、結局「契約（contracting）」と無関係の、豪州に馴染みの薄い概念を軸にした抽象的理念に止まったところにあり、同協会は法的関係を視野に入れた、より実質的な関係構築、すなわち「リレーションシップ・コントラクテング」という言葉を編み出してその基本フィロソフィーをビジネス契約に反映させる制度づくりを目指し、これによってパートナリングの息吹を復活させることに成功した。

その推進母体となったACAは、「リレーションシップ・コントラクテイング」を、「プロジェクト・メンバーの関係をマネージし確立するプロセス」（"a process to establish and manage the relationships"）」と定義している。ミンター・エリソン法律事務所のジョン・ガン氏によれば、90年代エンジニアリング・建設産業は、参画者全員に受け入れられるあたらしい契約形態（"new styles of contract in an attempt to achieve an outcome that is acceptable to all parties"）を模索していたが、「リレーションシップ・コントラクテング」こそ、まさにこの新しいアプローチを総称する概念であると解説している（Gunn、2004）。さらにブリッグス（Briggs、2004）は、近年の「リレーションシップ・コントラクト」への注目によってパートナリング・プリンシプルを契約に取り込む様々な試みが促進されてきたと指摘している。

そしてパートナリングを軸にしたあたらしい契約約款模索の最初の成果が、他ならぬギールズ勧告書で「パートナリング」導入の先陣を切ったニューサ

ウスウエールズ州政府によって「コントラクトC21/GC21」(1996. 1999rev.)として結実した。この約款の中核に配されたパートナリング・コンセプトは、①協力の促進（promotion of cooperation）、②早期警告（early warning）、③他のパートナーの契約履行を妨げない（duty not to hinder performance）などである。特に、協力の促進（同約款第3条）では、「契約当事者は本契約に関すること全てにつき、妥当な範囲でできうる限りの協力を行うものとする」と規定するのであるが、これがもたらす当然の法的帰結を回避するため次の但し書きを付加している。「ただし、この条項により当事者の契約上の権利義務は変わらないものとする」。つまるところ、パートナリング・プリンシプルは、従来の法的権利義務に影響しないと一線を引いて、その法的拘束力に歯止めをかけ、これをボランタリーな努力規定に留めている。しかしこのような条項を契約に盛り込む試みによって、豪州のパートナリングは米国流のそれから独自の発展過程への一歩を踏み出すことになった。

同州ではすでに百万ドル以上の規模の指名競争入札プロジェクトについてすべてこの約款を適用しているといわれ、豪州におけるパートナリング契約約款の典型事例とされることから、後段の第2章「パートナリングと契約」においてこの概要を紹介する。

2-4　豪州のパートナリングに関する諸概念

以下、豪州におけるパートナリングの主要概念を整理・解説する。まず、第一節（1-3）で定義したマネージメント・フィロソフィーとしての「パートナリング」を「広義」のパートナリングとする。豪州では「パートナリング」という場合、狭義のそれ、すなわち米国から輸入されたパートナリングを指す場合が多い。

(1) 米国流パートナリング

狭義のパートナリングとして米国から導入されたパートナリングをいう。本報告書ではこれを「米国流パートナリング」と称す。米国から導入された「パートナリング」は、旧来の契約約款と併用することによって、契約のスムーズな履行を支え、プロジェクトを成功裡に遂行すべく、プロジェクト・チ

ーム・メンバー間で交わされる道義的約束ないし「チャーター」（憲章）確立のプロセスである（"process of establishing a **moral agreement** or **Charter** between the project team members along with a formal framework to assist in its successful implementation"）。米国でのパートナリングは発注後の適用（post-tender partnering）が通例であり、単純に信頼を前提に協働を約する紳士協約として、法的拘束力を伴わない、あくまで自発的（ボランタリーな）コミットメントである。この意味では広義のフィロソフィーとしてのパートナリングの本質にもっとも近い概念ともいえる。

(2) リレーションシップ・コントラクテイング（RC）

　豪州では先のACAを中心に「リレーションシップ・コントラクテイング（relationship contracting）」という言葉が常用されている。ACAはこれを「プロジェクト関係者間の障壁をなくし、最大の貢献を促進し、関係者すべての成功を可能にするための（ビジネス）関係の構築ならびにマネージメント・プロセス」（"…**a process to establish and manage the relationships between the parties that aims to**：remove barriers；encourage maximum contribution；and allow all parties to achieve success". (ACA 1998)）と定義している。特に、「リレーションシップ・コントラクテング」という言葉が「ハード・ダラー・コントラクテング（hard dollar contracting）」と対比されて言及されていること（ACA、p6）から、この言葉で包括される諸契約が、取引価格に関する契約というより、あくまで関係構築というパートナリングのコアー・コンセプトを軸にした契約であり、これを核にしたマネージメント・プロセスを意味するということが汲み取れよう。

　ACAは「"関係"の構築とマネージメントのプロセス」を表わすこの言葉をもって、後述する「アライアンス」を含む全てのパートナリングの包括的概念としている。しかしその実態は、上の定義から推察されるとおり、広義のパートナリングと実質的には異なるところがない。従って「RC＝パートナリング（広義）」と理解して大きな間違いはないと考えられる。

　ただし「リレーションシップ・コントラクテング」について一点付記しておくべきことがある。すなわち、人によっては（例えばBriggs（2004））、こ

の概念と次に解説するアライアンスとを同列に位置付けて、「RC vs Alliance」と定義し、アライアンスでないパートナリングを「リレーションシップ・コントラクテング」と称して解説する場合があることである。例えばビクトリア州メルボルン水資源局は、同局のパートナリング・モデルがいわゆる「アライアンス」ではなく、「リレーションシップ・コントラクテイング」ないし「コーポラテブ・パートナリング」であると解説している（Melbourne Water (model) is taking **relationship contracting** or corporative partnering rather than pure alliance.（Melbourne Water Minutes Oct/20/2004））。実はこの分類は分かりやすいのだが、豪州のパートナリング関係者の大半がACAの定義に準拠していることから、本報告書では先のACAの定義を採用する。

もっともこの場合、アライアンスでない「リレーションシップ・コントラクト」を総称する適切な概念がないという難点がある。ACAは、これを「他の形態のリレーションシップ・コントラクテング」（other forms of "relationship contracting"）とし、ガンGunn（n. a.）は、単純な憲章によるパートナリングとアライアンスの間に、「インセンティブとダイレクト・コスト・レインバースメントを含む契約」があると解説している。さらに、スケッグスSkeggs（2003）は、「トラデイショナルな契約＋憲章」に対して、「2者間契約によるパートナリング」（thc two party contract aligned to partnering）があり、これに「マチュアー・パートナリング」（mature partnering）という用語を当てている。

以上を要約すると、豪州のパートナリングには、①**米国流パートナリング**（従来の契約にパートナリング憲章をパッケージにしたもの）、②**マチュアー・パートナリング**（2者間契約によるパートナリング及び複数当事者契約によるパートナリング、いずれもパートナリング・プリンシプルを従来の契約に挿入・統合）、③**アライアンス**（後述）がある。

そしてこれらを総称して「リレーションシップ・コントラクテング」という概念でまとめている。以下特に断りのない限り、豪州のリレーションシップ・コントラクテングはパートナリング（広義）と同義である。

(3) プロジェクト・アライアンス

豪州では大規模かつ不確実性が高い、ハイリスク・プロジェクトに取り組む際の「リレーションシップ・コントラクテング」の発展形態として「アライアンス・コントラクテング（Alliance contracting）」という概念を位置付けている。
　「アライアンス・コントラクテング」という概念は、一般的に「協働してプロジェクトを推進し、リスクとリターンを関係者間で等しくシェアーする」合意をいう。リスクとリターンのシエアーは、ターゲット・コストによる「ペイン/ゲイン・シエアー」（後述）という合理的利益・損失配分の手順を取り込むことによって運命共同体としてのアライアンスの態様を決定付けている。換言すればアライアンス・コントラクトの本質は、法的契約というより、あくまで経済原理によってプロジェクト参画者の行動を束ねるものと理解される。
　このスタイルの契約関係でもっとも特徴的なことは、第1に、プロジェクト関係者が「ベスト・フォ・プロジェクト（best for project）」という行動原理を常に共有することである。すなわちアライアンス・チームはあくまで当該プロジェクトを成功裡に完成することを第一義に組織され、契約当事者である各々の企業とは分離独立した存在として位置付けられるのである。それぞれの契約当事者の企業利益を各々が図った従来の対立的関係から、プロジェクト利益を最優先とする協同関係に、その行動原理を根本的に転換するのである。
　第2に、トラディショナルな契約はもとより、先に説明した米国流パートナリング、マチュアー・パートナリングでは「不確実性やリスク」をプロジェクト関係者に割り当てて（allocate）いたのだが、アライアンスではこれらリスクをもはや**配分せず**、協同して（jointly）担うという大原則が貫かれている。すなわちプロジェクト・リスクに対し共同で引き受けることが全当事者に受け入れられた時、初めて「完全なるパートナリング」が実現するとするのである。
　従って、アライアンス・コントラクテングには、従来の契約で重要な位置を占めていた、隠れたる障害条項（latent conditions clause）、工事遅延に

起因する予定損害賠償額（liquidated damages for late completion）、あるいは設計変更による支払い（payments for variations）条項でさえ約定として含まれていない場合がある。すなわち、価格、工程、品質に関わるプロジェクト・リスクは全ての関係者によって共同して（jointly）担われる、いわば究極の「運命共同体」とされるからである。

第3に、紛争処理は関係者の間で解決されることが求められている。当事者間で解決困難な事態は、アライアンスの最高決定機関である「アライアンス・ボード」における決議が最終決定となる。従って多くのアライアンスでは、当事者が相互に紛争を法廷に持ち込む権利を放棄する条項が組み込まれている。ちなみに、現在まで豪州で、同アライアンスに関して、法廷闘争となった事例は皆無であるとミンターエリソン法律事務所のブリッグス弁護士は述べている。

ところで「アライアンス」のはしりは1990年初頭のブリテッシュ・ペトロリウム（BP）の北海での原油資源開発プロジェクトである。その後資源系エンジニアリング・プロジェクトを中心に海外で行われていたアライアンスを豪州は導入した。

豪州での最初の代表的なアライアンス・プロジェクトは1994年に工事が着手されたアンポレックス（Ampolex）社の「ワンドーウ・Bオフショアー・オイル・アライアンス」（Wandoo B Offshore Oil Alliance）である。同アライアンスは、BPなどの先駆的なアライアンスを研究して、豪州の大規模プロジェクトへの初の試みとして導入された。「ワンドーウ・プロジェクト」は、豪州におけるアライアンスの草分けであるのみならず、そのスキームは以降のアライアンスの雛型とされていることから、本報告書では第5章「各国のパートナリング取り組み状況及び実施例」においてその概要を紹介する。いずれにしても、米国のパートナリングを導入し、これを発展させる一方、「アライアンス」概念を英国から持ち込み、これをさらに洗練させる豪州のプロジェクト・メソッドの多様性は注目に値する。同アライアンスは、近年、キャンベラ市における「オーストラリア・ミュージアム（National Museum Acton Point Canberra）」に代表されるように、その適用範囲が土木系のみな

らず、建築系大規模プロジェクトにも広がっている。

豪州でのアライアンス事例は、民間では上の「ワンドーウ・アライアンス」、BHPダイレクト・レデユーズ・アイロンの「ポート・ヘッドランド・アイロン・オレ・アライアンス」(Port Headland Iron Ore Alliance) などがあるが、公共プロジェクトでは、クイーンズランド州南東クイーンズランド水資源公社のブリスベイン河川「ウイヴェンホウ・ダム・改良アライアンス」(Wivenhoe Dam Upgrade Alliance)、同州ブリスベイン港湾公社の「FPEシーウオール・アライアンス」(FPE Seawall Alliance)、同州幹線道路局の「メインロード・アライアンス」(Main Roads Alliance)、ニューサウスウエールズ州(NSW)レイル・アクセス・コーポレーションの「鉄道インフラ・メンテナンス・プロジェクト」、そして同州シドニー水資源局の「ノースサイド・ストレッジ・トンネル」(Northside Storage Tunnel)などがある。

(4) ストラテジック・アライアンス

パートナリングのもっとも高次のレベルに位置付けられるのが、このストラテジック・アライアンスである (Gunn、(2004)、Minter Ellison paper)。これは参加者の経営資源をもっとも効果的に利用することによって、所与のビジネス目的を達成すべく、2つ以上の組織の間で交わされる「長期コミットメント」をいう。しかし、これは特定プロジェクト・ベースのアライアンスではなく、複数組織が相互補完的に協業して市場を制覇する様な（例えば「スター・アライアンス」など）、広範かつ「長期的なビジネス提携ないし協定」を主として意味する。この範疇には、連続する一連の複数プロジェクトに対して組成されるアライアンス協定を指す場合もある。複数のプロジェクトを視野にいれた発注者とコントラクターの間の長期的協力関係などもこの範疇に入る。なお豪州では鉱山開発関連プロジェクトに同種の事例が存在しているとみられる。

2-5 香港のパートナリング

香港のパートナリングは歴史が浅く、まだ始まったばかりの段階といえる。多くの発注者は、英国・オーストラリアあるいはMTRC等の先進的発注者で

の成功に倣って、とりあえずパートナリングを取り入れて試行錯誤しているという段階とみられる。

　香港で現在行われている取組みは、ほとんどが既存の契約・調達制度の枠組みの中でのいわゆるノン・コントラクチャルなものであり、契約・調達制度を抜本的に見直すところまでは行っていない。

　しかし、契約にパートナリングを統合することに消極的な米国と異なり、香港ではパートナリングに関連した契約条件書改訂について積極的に検討する動きがある。もっとも香港の建設業界では発注者と請負者の間に根強い相互不信があるようでもあり、急速な変化が起こる可能性は低いが、今後ゆっくりとしたペースで契約パートナリングへの進化が進んでいく可能性はあると思われる。

　香港におけるパートナリング適用に関する報告書としては2001年1月に建設業査察委員会（Construction Industry Review Committee）が9ヵ月にわたって香港の建設業界及び関連政府機関のコンサルティングを経て香港特別行政区（Hong Kong Special Administrative Region）に提出したタン（Tangs）レポートがある。

　このレポートでは、「第5章：建設調達における価値達成（Achieving Value in Construction Procurement）」において、コスト効率の良い建設調達を実現するための課題として、①建設業者及びコンサルタントの選定方法、②効率的リスク管理及び公正な契約の取り決め、③紛争解決について論述した後、パートナリングについて次のように述べている。

　本章の前節まで、現在の調達手続を改善し、予算内・工期内で指定された品質に適合する建設プロジェクトを完成させるための方法について、数多くの提言を行った。しかし、調達手続や慣行を改善するだけでは不充分である。

　改善策の効果をフルに引き出すためには、利害関係者の文化・理念を変革する必要がある。…オーストラリアや英国などでの経験から言えるのは、建設にパートナリングのアプローチを適用することにより、プロジェクトに参加する全ての者が、互いに対立するのではなく、ひとつのチームとして協力していくことが可能になるということであり、そこでは以下のような成果が

認められる。
- 生産性向上によるコスト削減
- 顧客の必要・目的に対する意識が向上し、その結果顧客満足度が向上すること
- 品質の向上
- 実際に問題が発生した場合の迅速な対応と、より革新的な解決方法が実施される可能性

タン・レポートでは、パートナリングの実施に際しては、利害関係者全員がプロジェクトの最善の利益のために行動することを可能とするために、互いに協力するという倫理上の約束に加えて、なにより「構造化されたフォーマルな管理の枠組み」が確立されなければならないとしている。さらに、契約とパートナリングとの関係については、次のように提言している。

長期的には、プロジェクトパートナリングの強固な基礎を築くために、協調、顧客重視、ベストプラクティスへのコミットメントに基礎をおく新しい契約約款を策定し、香港の建設プロジェクトに適用することにより、契約関係にパートナリングのアプローチを統合することを提言する。

この点については、オーストラリアのニューサウスウェールズ州政府により策定されたC21 Construction Contractや英国で最近発表されたACA Standard Contract for Partnering（PPC2000）が参考になる。

契約に統合されるべき「パートナリングのアプローチ」の具体的内容について、タン・レポートでは必ずしも直接的には論述を深めていない。しかし、パートナリングを実施するうえで確立すべき「構造化されたフォーマルな管理の枠組み」に関しては次のような項目を挙げており、それらの内容が契約に組み込まれるべきだと考えていると見られる。

- パートナリングの関係におけるプロジェクト共通の目的を特定すること
- 効率的なコミュニケーション体制を整備すること
- 現場マネジメント・チームと現場外マネジメント・チームのそれぞれの役割を明確に定めること

・プロジェクト共通の目的の達成度を定期的にモニターし評価するための手続を確立すること
・問題や紛争を迅速に解決するための手続を相互に合意すること

　また、プロジェクトチームへの「インセンティブ付け」の一方策として、ターゲットコスト契約が、パートナリングとは別の項目で取り上げられている。ターゲットコスト契約とは、契約締結時に設定したターゲットコストと実際のコストの差額を、発注者と請負者が合意した方程式に従ってシェアする契約であり、パートナリング先進地域であるオーストラリアのニューサウスウェールズ州や英国等ですでに実施されているものである。

　香港では、MTRC等の先進的発注者が試験的に採用している例はあるが、今のところそれほど一般的にはなっていない。

　ターゲットコスト契約では、協力してコスト削減に取り組むことが発注者・請負者双方にとっての経済的利益となる。発注者がコスト超過のリスクの一部を負担することについては、請負者の責任感を失わせる結果になるという懸念もありうるが、これについてタン・レポートでは、ターゲットコスト契約でも請負者は充分なリスクを負担しており、請負者がより良いパフォーマンスのために努力する意欲を殺ぐことにはならないとしている。

　さらにターゲットコスト契約では実際のコストを開示する「オープン・ブック・アカウンティング」の採用が不可欠である。タン・レポートでは、オープン・ブック・アカウンティングの目的として以下の項目を挙げている。

・ターゲットコストに対して実際に発生するコストをモニターすること
・マイルストーンに対する支払の請求の根拠とすること
・契約スコープの増減に対応するターゲットコストの調整を合意すること
・最終的な発生コストと請負者への支払金額を査定すること
・イノベーション提案のインパクトを評価すること

　ターゲットコスト契約の成功は発注者と請負者との間の強固な信頼関係にかかっており、信頼関係がない場合にはターゲットコスト契約の実施は困難である。タン・レポートでは、「現状の建設業の文化特性から見て、このよう

な調達アプローチが業界で広く受け入れられるには今しばらくの時間がかかるだろう」と述べている。また、公共部門でのターゲットコスト契約の採用可否や運用方法については、アカウンタビリティの観点からの検討も必要であると指摘している。

　総じて、タン・レポートでは、当面はパートナリングについて利害関係者を教育・啓蒙することに注力することを提言しており、ターゲットコスト契約等の革新的調達アプローチの採用は、パートナリングの文化の熟成を待って取り組むべき中長期的課題としているのだが、つまるところ香港では、米英豪の先進的事例を慎重に吟味しながら、究極的には英、豪に類似したパートナリング制度化を模索していると見られる。

3. パートナリングの進化

3-1　パートナリングからアライアンスへ

　「リスク」に対する取扱い・考え方の変化に伴って、パートナリングが進化する。先に述べたように、80年代のトラデイショナルな発注は「リスク・トランスファー」に準拠していた。1990年、豪州の「無紛争レポート」（No Dispute Report、May、1990）はリスクの適切な配分（「リスク・アロケーション」）こそ紛争多発の泥沼から脱却する唯一の効果的手段であるとし、もっとも適切にそのリスクをコントロールできるプロジェクト・メンバーにそのリスクを割り当てるとする「エイブラハムソン・プリンシプル（Abrahamson principle）」への回帰を推奨した。このレポートを契機として、90年代「リスク」への対応はより適切な方向に向かって軌道修正されてゆくことになる。そして本来純粋に契約上の課題である、リスク・アロケーションをもっとも効果的かつ齟齬なく実施するには、プロジェクト参画者の協調的合意形成を可能とするパートナリング・ワークショップがもっともその効力を発揮することになる。同プリンシプルに基づく「リスク・アロケーション」では、その特性に応じてリスクが分析評価され、プロジェクト参画者への可能な限り合理的な配分が行われる。それは従来の様な対立的交渉を

通じ利害得失（win-lose）の力関係の狭間で行われるのではなく、「リスク・レジスター（risk register）」を通じ、全員一致を前提としたワークショップを介して行われるのである。ここでは個々に配分されるリスクもあれば、参加者間で背負うリスクもある。「リスク」の適切な配分はいわば協調と協力への出発点であり、これを可能にする関係者全員参加でのワークショップの果たす役割は大きい。

　しかし、従来の入札後パートナリングでは、発注時に契約条件はほとんど確定しており、最適の「リスク・アロケーション」の機会の多くは失われている。すなわち、完全競争入札後のランプサム契約などでのパートナリングでは事態の根本的解決を図るのは困難である。こういった背景から、必然的に契約と入札制度が見直されてゆくことになる。従来公共工事では適用が困難であった「デザイン・ビルド」やリスク・レジスターを可能とする「2段階指名入札」の実施など様々な工夫が重ねられ、これに伴って業者選定基準も単純な「価格（commercial）」一辺倒のそれから、「パーフォーマンス・テクニカル（performance, technical）」などを軸にした複合基準による「ベスト・バリュウ（best value）」評価が導入されてゆくことになる。要約するに、過当競争、多紛争の泥沼と化した建設産業の閉塞的事態打開のためには、「パートナリング」というあたらしい思想導入を軸に、入札制度、契約形態、マネージメント・プロセスを総体として改革する必要性が提起されることとなったのである。

　さて、米国流パートナリングから進化した豪州の「マチュアー・パートナリング（mature partnering）」は、パートナリング・プリンシプルを契約約款に挿入し、パートナリング契約化を目指すものであるが、ここではすでに述べた「エイブラハムソン・プリンシプル」にもとづく関係者への適正なリスク・アロケーションが試みられる。さらにこの段階のパートナリングでは、従来の契約に「インセンティブ」が積極的に組み込まれ、コスト削減、工期短縮などに対し追加的報酬が約束される。ここではインセンティブ契約が問題解決を協同して推進するパートナリングへの能動的促進剤として機能する。この段階を便宜的に「第一段階のマチュアー・パートナリング」と呼ぶ。

この第一段階、すなわち「2社間インセンティブ契約を軸にしたパートナリング」の標準契約に類するものは、豪州ではニューサウスウエールズ州の「コントラクトGC21」、「C21」及び既往の「AS2124」標準約款にパートナリング条項を取り込んだ改定版[*3]である。さらに国際契約約款として多用されている「FIDIC (Federation Internationale des Ingenieurs-Conseils, New Red & Yellow Books)」の改定版もプロジェクトに応じて採用されつつあるといわれる。

　しかし、旧来の契約にパートナリング・プリンシプルを加えてゆくこの段階のパートナリングは大きな矛盾を抱えている。すなわち、ベースとなる契約は旧来の契約約款であり、その基本理念は依然「対立」(confrontation) を前提としているにもかかわらず、これに「協調・協同 (cooperation)」を軸にしたパートナリング・プリンシプルを組み込むことになるからである。後者は「共勝ち (win-win)」を目指すが、前者は依然「勝つか負けるか (win-lose)」という相反するパラダイムである。もっとも現在、豪州で実施されているパートナリングの多くは、依然2者間インセンティブ契約を軸にしたこの形態とみられる。

　ちなみにこの典型が「コントラクトGC21」であるが、この契約約款は上の矛盾を、原点である「米国流パートナリング」の仕組みに戻すことによって解消しようとしている。なんとなれば、同約款では「パートナリング」規定は原則すべて法的拘束力を持たないとされ、契約で定められた権利義務関係にいかなる変更を加えるものでもないとの原則を打ち立てているからである。

　さて、以上の「第1段階のマチュアー・パートナリング」に対し、「第2段階のマチュアー・パートナリング」とでも言うべき進化系がある。ここでは、

[*3] 例えば、ビクトリア州メルボルン水資源局 (Melbourne Water) はAustralian Standard 2124契約書の部分改定を行ってこの種のパートナリングを実施している。同局は設計、PM、コントラクターをそれぞれ独自に一般競争入札で選び個別契約を結んでいる。契約は、インセンティブ付きのターゲット・コスト方式で、直接コスト＋オーバーヘッドを実費精算、これにベース・プロフィット (％) を載せ、さらにコスト削減、工期短縮などパフォーマンスに応じて追加利益を用意する仕組みとなっている。(Melbourn Water Minutes、Oct. 20. 200)

法的拘束力とリスクの扱いがさらに進展する。すなわち前者については「相互の訴訟権の放棄」などを軸に問題の協力的解決への仕組みが用意され、後者については「リスク」をもはや配分しないのである。すなわち、「協同（collaboratively, jointly）」してリスクを担う「リスク・シエアー・アプローチ（risk share approach）」がここでは採用される。英国ではこれが「複数当事者による単一契約を軸にしたパートナリング」としてPPC2000、いわゆる「パートナリング・アグリーメント」*4とし進化結実しており、その適用事例も見られる。

　ちなみにFIDICなどの従来の契約は「対立（confrontation）」を前提に作成されているが、この「パートナリング・アグリーメント」は第一段階のマチュアー・パートナリングのような旧来の契約の焼き直し（改定版）ではなく、純粋に「協力（cooperation）」を思想根底に据えて約款化されているという意味で画期的なものといえる。そして他ならぬ豪州では、実はこの「第2段階のマチュアー・パートナリング」がすでに解説した「プロジェクト・アライアンシング」として形を変え定着し始めている。

3-2　アライアンス

　「共通のゴールを達成するために2社以上の間で行われる中長期的協力関係」を「アライアンス」と一般的に言うが、ブリッグス弁護士（Briggs（2004））は建設プロジェクトのアライアンスを次のように定義している。「プロジェクト・アライアンスとは、2社ないし2社以上の間で合意された共通の成果達成のため、リスクとリターン（報酬）をシエアーすることを前提として、一致協力し業務遂行することを約す協定である。その実行にあたっては誠実の精

---

*4　詳細は平成14年度国土交通省委託調査、海外建設市場環境整備事業B調査報告書：英国のパートナリング参照。なお、英国では別途ECC Partnering Optionがあるが、これは2者間個別契約を軸にアンブレラー型のパートナリングの枠組みが用意されており、複数当事者による単一契約ではない。

*5　Project Alliance is "an agreement between two or more entities which undertake to work cooperatively on the basis of a sharing of project risk and reward for the purpose of achieving agreed outcomes based on principles of good faith and trust and an open book approach towards costs."（Briggs（2004））

神にもとづくこと、すべての費用はオープン・ブック（会計公開）であることが前提である。」[*5]。

　豪州におけるプロジェクト・アライアンスは現在勃興期といわれ、様々なプロトタイプ・モデルが開発され競合しているが、要約すると大きく2つのグループに分けられる。ひとつは「コラボレイテブ・アライアンス（Collaborative Alliance）」と称されるもので、これには代表的なものとしてジム・ロス・モデル（Jim Ross Model）、ハチンソン・モデル（Hutchingson Model）がある。第2のグループは、「コンペテイテブ・アライアンス（Competitive Alliance）」と呼ばれ、これはエヴァンス・ペック・モデル（Evans & Peck Model）がある。第2のグループは、第1のグループのコラボレイテブなアライアンスに、競争原理を取り込んだ進化系である。

4. パートナリングのメリット・デメリット

4-1 発注者にとってのメリット・デメリット
4-1-1 コスト削減
　発注者にとってのパートナリングのメリットとして第1に挙げられるのは、コスト削減効果である。パートナリングによって建設コストが削減される理由としては、パートナリングの精神により請負者が積極的にコスト削減を図ることの他、入札費用が不要となること、クレーム関連費用が減少すること、適正なリスク配分によりリスクに対する引当金の額が減少すること等が挙げられている。

　パートナリングによるコスト削減が可能となる理由として最も一般的に挙げられるのは、請負者にインセンティブが与えられることにより、請負者がコスト削減に積極的に取り組むようになることである。パートナリングでは、発注者や請負者が他のプロジェクト関係者と共にひとつのチームとなり、コスト削減を含むチームとしての目標に一丸となって取り組むべきものとされている。目標コストと実際のコストとの差額は、ペイン/ゲイン・シェアー（pain/gain share）と呼ばれる取り決めにより、発注者・請負者共に利益を享

受し、損失を負担することになる。請負者としてもコスト削減を図ることが自己の利益となるようインセンティブが与えられるのである。

しかし実際には、請負者にクレームの権利があるような場合には、ペイン/ゲイン・シェアー（pain/gain share）の取り決めが、コスト削減となるような代案を提案させるような充分なインセンティブになりうるのかは疑わしい。請負者としては、単純にクレームを行う方が簡単であり、確実に利益になる場合も多いであろう。今回の聞き取り調査でも、請負者が発注者にとってのコスト削減等に積極的に取り組むのは、発注者から良い評価を得て次の仕事に繋げたいという理由からであり、ペイン/ゲイン・シェアー（pain/gain share）は2次的なインセンティブに過ぎないという指摘があった。

請負者がコスト削減に取り組む理由としては、発注者にとってのコスト増大につながるクレームを行うことが心理的に抑圧されることも大きいと思われる。少なくとも予算オーバーにつながるようなクレームは、パートナリングの精神から言って簡単には承認されないことが容易に予想され、また、発注者からもクレーム金額に見合うコスト削減案を抱き合わせで提案することを要求されるだろう。今回聞き取り調査を行った日系建設業者も、発注者が開示している予算総額は相当程度にぎりぎりの金額であり、それ以上は実際に追加資金がないものと認識していた。そのような場合には、認められるはずのないクレームを試みるより、予算内で収めるような努力・提案をする方が現実的な選択となると思われる。

パートナリングによりコスト削減が可能となる理由は、実際には、従来必要とされた費用がパートナリングの枠組みでは不要となることが大きいのかもしれない。例えば、伝統的な契約方法では、複数の業者から見積りを徴取し価格競争入札によって建設業者が選定されていた。見積りの作成に当たっては、発注者から与えられた見積条件・設計等の検討や下請業者からの見積徴取・検討等に、多大な時間・費用が必要となる。パートナリングにおいては、業者の選定は工事計画の段階で工事仕様図面が確定しないうちに行われることが多いため、入札関係の費用はかなりの部分が不要となる。従って発注者としては、その分工事価格が低減されることを期待できるとされている。

また、伝統的な契約方法では、工事価格はあくまで発注者から提示された見積り条件に基づくものであるので、工事施工に当たって条件が変更された場合は当然追加費用のクレームが発生することになる。実際には、発注者が提示する見積り条件には不明瞭・不明確な条件が含まれていることが多く、それらの点について発注者と請負者の理解が異なる場合、クレームに伴う紛争が不可避であった。クレームに対処するため、発注者・請負者双方においてクオンティティ・サーベイヤー（Q/S）等のスタッフを抱えることが必要であり、さらに実際に紛争となれば弁護士等にも多大な費用がかかっていた。
　その点、先進的なパートナリング（2段階業者選別などの手続きを前提とし、競争環境を整えた上で建設発注前に開始されるパートナリング）においては請負者が調達プロセスの一環として計画段階から関与することも可能であり、この場合、工事業者の知識・経験を活用して、不明瞭・不明確な点は早期に洗い出され、これらを明確にした上で契約を行うこともできる。このような請負者の早期関与により、クレームの原因は相当減少することが当然期待される。また、万一クレームの対象となるような問題が発生しても、（少なくともとりあえずは）誰の責任か問うことなく、発注者・請負者の友好的話し合いにより、コストや工期への影響を最小限に抑えるための対策を迅速に検討し、解決を図ることになる。つまり、契約的・法的な責任の所在を確定するための費用は、大部分が不要になるのである。
　請負者の早期関与のもうひとつのメリットは、リスクの所在を早期に発見し、リスクを最も良くコントロールできる当事者に適正に割り当てることができることである。伝統的契約方法では、工事計画段階では請負者の知識・経験が反映されないため、発注者は、請負者にとってのリスクの所在をはっきり認識しないまま見積り条件を作成することになる。請負者としては、それらのリスクの対策費として一定金額を見込んだ上で入札金額を決定せざるを得ない。工事受注後に問題点が明確になりリスクがなくなっても、上乗せされたリスク対策費はそのまま請負者の利益となる（他方、当該リスクが入札時に想定したものより大きなものであることが判明しても工事価格は変更されず、請負者の損失となる）。

一方、先進的なパートナリングにおいては、工事業者が計画段階から関与してリスクを洗い出し、そのリスクに誰がどう対処するか最善の方策を決定する手続き（リスク・レジスター）が行われる。この手続きによりリスクが明確になり、リスク対策費はかなり削減できる。極端な例でいえば、伝統的入札・契約方法においては発注者が契約条件についてどのように考えているのかわからないというのが入札者にとって非常に大きなリスクであるが、パートナリングが実施されリスク・レジスターが適正に行われれば、このようなリスクは消滅してしまうのである。さらに、リスクがそれを最も良くコントロールできる当事者に割り当てられることにより、リスクに対する引当は最小の金額に抑えられる。この点、従来の伝統的契約方法の入札では、請負者にできるだけ多くのリスクを押し付けようとする傾向が強かったが、聞き取り調査を行った一部発注者からは、発注者の方がリスクをより良くコントロールできる立場にある場合は積極的にそのリスクを取り、請負者の価格にはリスクに対する引当を見込ませないという発言があったことは注目に値する。ここではリスク・マネージメントを誰が最も適切に行えるかという視点で、リスク対応が合意の上合理的に定義されて行く。

　パートナリングによるコスト削減については、比較の対象となる予算額自体の策定に請負者が関与するので、額面どおり受け取ることはできないとの指摘もある。しかし、今回聞き取り調査を行った発注者は、一様にパートナリングのコスト削減効果を認めていた。現在のところ、パートナリングを積極的に推進している発注者は、ほとんどの場合同種のプロジェクトを多数実施したことのある経験豊富な発注者であり、価格競争入札によらなくても工事価格の相場はわかっているという発言もあった。経験豊富な発注者であれば、パートナリングにより削減される請負者のリスク・コストに見合う金額を、工事価格から削減することもできるのだろうと思われる。

　また、従来の契約方法においては最終的な建設コストが当初契約金額より3割以上アップするのが一般的だったことを思えば、予算内で工事が完成すること自体、それだけで大きなメリットであるといえる。今回聞き取り調査を行った発注者も、コストに関する予測可能性（predictability）が向上したこ

とを、大きなメリットとして認めていた。

4-1-2　工期短縮

　パートナリングによる発注者のメリットとしては、工期が短縮されることも挙げられる。

　先の先進的パートナリングにおいては、請負者が計画段階からプロジェクトに関与して、工事施工上の問題点を指摘し、指摘された問題点については、発注者と請負者との友好的な話し合いにより早期解決が図られることになる。その結果、問題を検討する間の手待ちや急な変更による手戻り等がなくなり、作業効率が向上し、工期短縮につながるとされている。

　また、パートナリングにおける工期は、(契約的・法的意義はともかくとして、発注者・請負者の心理の上では)伝統的契約方法の場合と若干異なった意味合いをもつことも指摘できる。すなわち、伝統的契約方法における工期は、何も問題がなかった場合に工事を終了すべき期限であり、請負者に責任のない問題が発生すればクレームにより延長されることになる。これに対し、パートナリングにおける工期は、発注者・請負者を含むチーム全体としての目標であり、工期遅延をもたらすような問題が発生した場合は、誰の責任かを問うのではなく、チーム全体が遅延を防止・縮小するためのあらゆる努力を払うことが要求されることになる。実際、パートナリングでは、さばを読まない(工期延長クレームの可能性を見込まない)工期が提示されることになるので、請負者としては、事実上認められる可能性の少ない工期延長クレームをおこなうより現実的な工事促進策を提案することを選ぶであろうし、発注者としても、請負者の責任を追及するより提案された促進策を前向きに検討・承認することを選ぶことになるだろう。このような発注者・請負者双方の心理的枠組みの違いが、工期短縮に大きな効果を与えているものと思われる。

　ただし、工期短縮の効果については、コスト削減効果について述べたことと同様に、充分注意して受け取る必要があるとの指摘もある。すなわち、比較の対象となっている予定工期そのものが、計画段階から関与している請負

者によって設定されたものであれば、最初から水増しされている可能性があるからである。しかし、今回聞き取り調査を行ったパートナリングを積極的に取り入れている発注者は、類似の工事を伝統的契約方法により多数手がけてきており、建設工事について充分理解している発注者である。それらの発注者が一様に工期短縮効果を認めていることは注目に値すると思われる。パートナリングによる工期短縮の数字を額面どおりに受け取ることはできないとしても、実際にかなりの効果があるものと推測される。

　また、仮に予定工期が水増しされたものであり工期短縮の効果があるかどうか怪しいとしても、パートナリングを実施した工事が予定工期内に完成していることは、今回聞き取り調査を行った発注者の発言から、明らかな事実のようである。すなわち、発注者にとっては工期の予測可能性（predictability）が向上すること自体が大きなメリットであり、伝統的契約方法に比べパートナリングが優れているとされる大きな理由となっている。

4-1-3　品質向上

　パートナリングによるメリットとしては、工事の品質が向上し、瑕疵の発生率が下がるということも挙げられている。この点については、相互の信頼というパートナリングの精神やコスト削減の観点から、工事の検査が請負者自身によって行われることもあり、果たして本当に品質が向上しているのかわからないという見解もある。しかし、発注者と請負者の関係が良好であり、施工中に急な変更がなく、問題点があっても早期に解決されるような工事では、そうでない工事に比べて高い品質が確保されることは、経験上広く認識されている。パートナリングが所期の目的にかなった運用をされ、そのような環境で工事を施工することができれば、品質向上にも一定の効果を挙げうるものと思われる。

4-1-4　デメリット
4-1-4-1　法的責任の不明確化

　今回聞き取り調査を行った発注者からは、パートナリングのデメリットは

特に指摘がなかった。相互の信頼関係に基づき問題があれば話し合いによる早期解決を図るというのがパートナリングの根幹であり、それ自体にはデメリットなどあるわけがないということのようである。

　パートナリング自体は契約ではなく、チームとして共同で工事を進めていく方法であるから、万一パートナリングがうまく機能しなくなっても、ベースとなる契約に戻れば良いわけである。従って、請負者が責任をうやむやにして、ごまかしを行う惧れがあるという一般的な認識は、根拠がないという発注者もあった。この点については、上述したように、現在パートナリングを積極的に推進している発注者が、いずれも経験豊富な建設プロジェクトに詳しい発注者であることも考慮すべきかも知れない。少なくとも経験ある発注者により適正に実施されれば、パートナリングに特段のデメリットは発生しないものと思われる。

　しかし、万一パートナリングがうまく機能せず、法的紛争に発展した場合には、各当事者の権利義務関係が不明確になってしまう可能性は否定し得ない。特に、ベースとなる工事契約にECC契約約款が使用されている場合、この契約約款はエンジニア主導で作成されているため、法的な権利義務が必ずしも厳密に規定されていないという指摘がある。この契約約款は、もともと当事者の協調関係に基づいてプロジェクト運営が行われることを想定してドラフトされており、「問題が起こったら話し合いで解決する」ことを基本としている。万一、当事者の話し合いで解決ができない事態に立ち至った場合には、契約上誰がどのような責任を負っているのか必ずしも明らかになっていないこともある。当該契約約款については、まだ判例の蓄積がないため、法的な解釈が確定していないことも、問題を大きくしている。

　しかし、このような問題も、今後ある程度は解決されていくものと思われる。当事者の協調関係を基礎としながらも、法律家の関与・検討を経て法的責任関係を明確にした新契約約款（PPC2000：Project Partnering Contract）も発表されているし、また、時と共に問題点が明らかになってくればECC契約約款の改訂作業も行われるものと期待される。

4-2　コンサルタントにとってのメリット・デメリット
4-2-1　メリット
4-2-1-1　新しいビジネスの可能性

　従来の伝統的契約方法においては、エンジニア・アーキテクトとして、コンサルタントがプロジェクトの全体運営・調整に大きな役割を果たしていた。パートナリングにおいても、パートナリングが適正に運営されるように関係者の調整・教育を行う役割を担うものとしてファシリテーター、パートナリングアドバイザー等がおかれるが、これらの職種はコンサルタントが担当することになると思われる。この意味では、今後パートナリングが普及していけば、コンサルタントにとっても新しいビジネスの可能性があると言うことができる。

　もっとも、パートナリングは、従来の契約方法に不満を持っていた発注者サイドのイニシアティブで導入されてきた経緯があり、コンサルタント自身が積極的に支持しているのかどうか不明な点もある。現状のように、パートナリングが主として経験豊富な発注者によって実施されている限りは、コンサルタントの出る幕はあまりないのではないかという印象も受けた。パートナリングが一般に普及し、経験のない発注者に代わってコンサルタント主導でパートナリング実施を行うような展開になっていくのかどうか、今後の発展を見守る必要がある。

4-2-2　デメリット
4-2-2-1　法的責任の不明確化（設計責任の拡大）

　伝統的契約の枠組みにおいて設計者としてプロジェクトに関与してきたコンサルタントにとっては、パートナリング契約を用いた場合、設計責任の範囲が拡大してしまう惧れがあるという指摘があった。従来の枠組みでは、設計者は発注者との契約関係にあり、プロジェクトに関与する他の当事者とは直接契約関係になかった。従って、設計者は発注者にのみ責任を負っていたが、その責任は契約において上限が定められていた。ところがパートナリン

グにおいては、プロジェクトに関与する主要な当事者全員がパートナリングのチームとしてのペイン/ゲイン・シェアー（pain/gain share）等の取り決めを行うことになる。その結果、設計者が例えば請負者に直接責任を負うことになる可能性も出てくる。パートナリングの精神は、法的紛争を避け、当事者の密な情報交換と対話により問題解決を図ることにあるから、それぞれの責任については明確に定めない場合が多い。プロジェクトが円満に運営されれば良いが、万一紛争になった場合、どのような責任を負うことになるのか予測がつきにくいという指摘である。英米法では判例に基づくルールが重視されるが、パートナリングにおける紛争についてはまだ先例がないということも問題を複雑にしている。設計者の責任については、従来設計責任保険（professional indemnity insurance）によって設計者の責任を引き受けていた保険会社が、パートナリングの下で不明確になる設計者の責任を担保する保険をどのように引き受けるのかという問題もある。発注者またはパートナリングのチームが共同で、プロジェクト全体の保険を付保することはできるが、その場合は保険料が従来に比べかなり割高になってしまう。今後パートナリングが一般的になってくれば解決されていく問題ではあろうが、現在のところ、この問題への対応の仕組みは模索途上であり、先行きは不透明である。

4-3　請負者にとってのメリット・デメリット
4-3-1　メリット
4-3-1-1　価格競争の緩和

　請負者にとって、パートナリングの最大のメリットは過酷な価格競争の緩和であろう。英国においても建設業者は激しい価格競争にさらされており、一般的な工事の利益率は本支店経費を含めた粗利で10％足らず、純利で1.5〜2％程度に過ぎないと言われている。従来の価格競争入札による建設業者選定においては、まさに身を削る競争を強いられてきたわけである。一方、パートナリングでは、プロジェクトに関与する者全員が共勝ち（win-win）の関係を築くことが基本的な考え方であり、ここに請負者に適正な利益を認める素地がある。

実際のところ、従来の価格競争入札において受注を確保するためには、ある程度クレームを前提として入札価格を決定せざるを得なかった。例えば、ある工事が請負工事の範囲に含まれているかどうか不明瞭な場合、その工事費を見積りに入れると、その分を見積りに入れない他の業者に価格競争で負けてしまうことになる。従って、入札時には当該工事のコストを入札価格に含めず、万一当該工事の施工を指示されたときには発注者と紛争になることを覚悟の上でクレームを行うことにせざるを得なかったのである。このような状況は、もちろん発注者にとっても好ましいことではなかっただろうが、請負者にとっても最終的にクレームが認められない場合のリスクを抱えることになり、問題が多かった。パートナリングでは、広い意味での（予算内・工期内で工事を完成できるかという観点からの）施工実績・能力に基づいて業者選定が行われるので、従来請負者にかかっていた価格競争に伴う過大な圧力は減少するのである。

4-3-1-2　コストの削減

　請負者にとっての第2のメリットは、コストの削減である。コストの削減については既に発注者のメリットとして述べたが、上述のコスト削減の成果は請負者も享受できる可能性がある。実際には、経験ある発注者にかかれば、コスト削減の成果を発注者に取り込まれてしまい、請負者の利益にはならないこともあるかもしれない。特に、契約価格決定前に行われたコスト削減策については、契約価格低減にはなっても、請負者にとってのコスト削減にはならないという指摘もある。しかし、パートナリングの精神は利益を分け合うことにあり、請負者が利益の分け前を期待することは、正当なものとして認識されている。請負者が発注者にとってのコスト削減に積極的に取り組むようにするためのインセンティブとしても、コスト削減の成果のうちある程度の部分は、請負者に還元されているものと思われる。

4-3-1-3　リスクの低減

　請負者にとっては、コスト削減よりリスクの低減の方が、より大きなメリ

ットかもしれない。先進的パートナリングにおいては、早い段階から請負者が関与し、リスクの洗い出しが行われる。従来の入札時に存在していたリスクのかなりの部分は、契約条件が不明確であり、発注者がそれについてどう考えているのか（あるいは考えていないのか）が不明であると言うことにあった。リスクレジスターと呼ばれる手続きを通じて、それらの問題点は初期段階で明確になり、リスクはかなり解消されることになる。

もちろん、それに伴ってリスク引当て相当の金額が契約金額から差し引かれることになり、請負者としてはリスクにうまく対処したときの利益も小さくなるということはある。しかしこの点については、先に述べたように、従来の請負工事が、請負者にとって、相当ハイリスク・ローリターンであったことを想起する必要がある。従来の工事の利益率はかなり低いものであったが、成否が不明のクレームを行わざるを得ないという大きなリスクをとっていたのである。

今回聞き取り調査を行った請負者からも、たとえローリターンであったとしても、ローリスクのパートナリング工事を歓迎するという発言があった。特に、パートナリングがコストプラスフィーや目標価格の契約形態で実施された場合、請負者にとってのリスクは相当小さなものとなる。自分で管理ができないリスクに賭け、うまくいったとき大きな利益を得るといったやり方は、請負者にとって必ずしもメリットのあるものと認識されていない。ローリスク・ローリターンの工事で、自己のサービスの報酬をフィーとして確実にかつ適正に得る方を選ぶ請負者は多いものと思われる。

4-3-2　デメリット
4-3-2-1　法的責任の不明確化

法的責任が不明確となることは、請負者にとっても大きな問題である。この点については、発注者及びコンサルタントにとってのデメリットとして述べたことが、請負者についても同様に当てはまる。請負者のクレーム等が話し合いにより解決されればよいが、万一訴訟・仲裁に発展した場合、ベースとなる契約によっては結果の予測がつかなくなる場合もある。

4-3-2-2　下請業者との関係

　パートナリングにおいては、問題が起きたときには話し合いで解決を図るものとされている。しかし、そのようにして決定された解決策を、パートナリングに参加していない下請業者に押し付けることはできない。下請業者がパートナリングのメンバーでない場合、請負者と下請業者との間の契約関係は、依然として従来のままである。従来の契約関係では、請負者は、発注者との契約条件と下請契約の契約条件を可能な限り同一にしていた。発注者に対する責任を下請業者にそのまま転嫁することにより、自己の責任・リスクは小さなものにすることができた。しかし、下請業者がメンバーとならないパートナリングにおいては、発注者に対する契約関係と下請業者に対する契約関係とは、かなり違ったものにならざるを得ない。結果として、契約上の責任が下請業者にうまく転嫁できないことになる。

4-3-2-3　中小業者にとっての受注機会喪失

　特に複数プロジェクトにわたるパートナリングにおいては、契約単位が大規模になる。その結果、中小規模の業者にとっては受注機会がなくなってしまうこともあるという指摘があった。例えば、市町村が小中学校の建設を行う場合、1校ずつの入札・契約が行われれば、中小の業者が地元の学校の建設に入札することが可能であった。しかし、当該市町村内で計画されている複数の学校建設をまとめてパートナリングの枠組みで実施する場合には、地元以外の工事を行う意思・能力のない中小業者は、受注機会を喪失してしまう。一般的に、パートナリング（特に複数プロジェクトにわたるもの）は、大規模業者に有利であり、中小の業者にとっては受注の機会を奪う結果になりがちとのことであった。

4-4 下請業者にとってのメリット・デメリット
4-4-1 メリット
4-4-1-1 工事施工の円滑化

　下請業者のうち主要な専門業者などはパートナリングのメンバーになる場合がある。パートナリングは積極的にこれを推奨している。その場合のメリット・デメリットは、基本的に請負者にとってのメリット・デメリットと同様であると思われるので、繰り返して論じない。ここでは、パートナリングにメンバーとしては参加しない下請業者にとってのメリット・デメリットを述べることとする。

　パートナリングに参加しない下請業者にとって、直接的なメリットはあまりないかもしれない。しかし、パートナリングが適正に機能し、その結果プロジェクト運営が円滑に行われれば、下請業者としてもかなり仕事が容易になるだろう。特に、問題が発生したときに早期解決が図られ、急な変更による手戻り等が減少すれば、下請業者にとっても大きなメリットとなりうると考えられる。ただし、今回の調査では下請業者の話を直接聞く機会がなかったので、下請業者自身がどのように考えているかは不明である。この点については、今後の研究・報告を待つ必要があろう。

4-4-2 デメリット
4-4-2-1 契約条件の悪化

　パートナリングチームとならない下請業者にとっては、パートナリングによって関係者の協調関係が実現しても直接的なメリットを受けることはあまりないかもしれない。それどころか、従来は元請業者だけを交渉の相手としていれば良かったのに対し、パートナリングにおいては発注者・コンサルタント等を含むパートナリングチームが一丸となって向かってくることもありうる。パートナリングでは共勝ち（win-win）の関係が目標とされるが、ここで考慮されるのはパートナリングのメンバーの利害であり、メンバーでない下請業者の利害は品質や工期に影響しない限り直接的には考慮されない。従

って、パートナリングのメンバーがそれぞれメリットを享受したとしても、下請業者はその分損益が悪化していたり、無理な工期を押し付けられたりしているという指摘も一部にある。前述したとおり、今回の調査では下請業者には直接調査を行っていないので、実態は不明であるが、可能性としてはありうる状況とも思われる。

5. パートナリングの課題

5-1 法律家の視点

　英国のコンサルタント・アーキテクト協会（Association of Consultant Architect, ACA）のPPC2000契約約款に対する意見を求められたある弁護士が、法律家としての見解を述べた書簡の中に、パートナリング方式が普遍的に持つ問題点とその講ずべき対策について、示唆に富んだコメントがあるので、それを紹介しよう。

　この弁護士はACAの契約が、従来の契約関係から生じた多くの重要な問題の解決を目的とする、挑戦的で意欲的な一歩であることは認めながらも、自らの行為に責のない、帰責事由を持たない契約者が他の契約者の責による損害も負担する契約関係に深い危惧の念を抱き、次のような問題提起をしている。

　「従来の契約は、損害の発生に責任あるもの、従って過失のあるものがその損害を負担するという基本の下に、種々の工事リスクを発注者と受注者の間で配分しているが、これは注意義務を果たした者と果たせなかった者に対して、過失の有無という概念で異なる法律的効果を定めている法理念とも整合性をもっている。

　しかしこの新しい契約約款では、契約当事者が他の契約者に対して自ら専門家としての善管義務をつくすことを要求してはいるが、これに対する不履行があった場合の規定がない。従って、他の契約者の過失により損害を蒙った場合に、その損害を過失のあった契約者に求償できるかという重大な問題にこの契約約款は答えていない。また、自らの行為に責のない損害まで負担する場合、保険を手当するときに、自己の責任だけに限定されないリスクま

でを担保することが、従来型の保険で有効に対応できるのか。

 あくまでも過失責任を基本としている法理念と保険契約がある現状の中で、将来訴訟となったとき明らかに不利になる自己の責任を各契約者が積極的に認める可能性が現実にあるのだろうか。

 法律家としてこの様な問題を提示し、あたかもパートナリングという言葉を使うことで工事の成功が担保されるような楽観主義を戒めた後、次の提言をしている。

 新しい契約約款は、契約当事者間の紛争を解決するための方法については良く考慮されているが、実際の判例や仲裁の事例による補強がまったくないという大きな欠点がある。従ってこの契約約款を巧く機能させるためには、契約当事者の過失の有無に関係なく損害を負担するという新しい概念をさらに押し進め、あらかじめ損害の負担割合を、発注先の負担を主として、残りを各契約者間で最大限度範囲を設けた上で定めながら、この限度以上のものは発注者が負担した上でこれをリスク管理の専門家である保険会社に転嫁する。この様に、無過失契約者の損害負担リスクに合理的な限度を設け、各契約者が恐れる他の契約者から訴訟を提起されることで疑心暗鬼になることと、そのために契約者間の関係が毀損されることを排除し、またリスクを各契約者の保険で担保しているそれぞれの過失責任に転嫁するのではなく、包括的な保険に転嫁する。このような諸条件が整備されて初めて、建設業界は従来の契約を糊塗したものでなく、真の意味でパートナリングの精神に基づく新しい契約約款を機能させることができるのではないだろうか」

 以上が弁護士という実務家の視点から観たパートナリングにおける問題点とその対策である。リスク配分と契約者間の関係が、契約法及び保険という従来の制度により確固たる基盤を持たなければ、工事が巧く進んでいる場合はともかく、何か問題があったときには、パートナリングの概念だけでは契約当事者間の利害関係を調節することができない、ということがその論旨である。この法律家のコメントを念頭に置きながら、次にパートナリングの各構成員（発注者・請負者・コンサルタント）が、パートナリングの問題点及びその対策をどう考えているかについて考察する。

5-2 発注者の立場から

　まず、公的機関の発注者として、パートナリングは一般の納税者または入札参加者に対して果たして透明性、客観性が保てるのかとの問題が提起される。この質問に答えて米政府調査室（Office of Government Commerce, OGC）の担当者は、競争・開示・公平の原則があれば問題ないとの見解を示している。公共工事は国民の税金によって賄われるため、パートナリングの構成員の馴れ合いは当然許されず、入札者に対しては均等な機会と評価の客観性が常に保証されなければならないとし、このような透明性を確保する具体的な方法が必須であることを認めている。

　まず、納税者に対する説明責任は、目標価格に対する達成度で表すことがその1つの方法とされる。この目標価格の合理性について、レディング大学の教授は同価格が専門の独立したエンジニアの査定によるものなのでその公平性に問題はないとする。また目標価格が請負者の利害で高く設定される可能性について、英国空港公社（British Airports Authority, BAA）の担当者は、建設コストは地下条件の差を除けばかなりの精度で掌握しているので問題ないと答えている。

　一方、英ハイダー社（Hyder社）は、水道部門工事の9割はパートナリングまたはアライアンスで行うが、残りの1割については価格競争入札で市場価格を常時把握するようにしているとのことである。発注者の専門的知識への理解度にもよるが、やはり競争入札による価格が発注者にとり経済性のある市場価格の指標となり、また一般納税者にも客観的で分かりやすいものであることは否定できない。

　また、入札者に対しての機会均等、評価の客観性についても英国コンサルタント建設業協会（British Consultants and Construction Bureau, BCCB）での説明では、入札評価基準として例えばコスト30％、技術評価40％、パートナリング30％を基準とし採用した場合（工事の難易度が増すとパートナリングの比率も高くなる）、このパートナリング評価については、パートナリングの本質的な理解度を測定するもので、開示・誠実性など8項目を数量的に評

価し、単なるプレゼンテイション技術に左右されるものではないとしている。英道路庁でも請負者の施工実績評価のために、安全衛生・原価管理・瑕疵発生率等の7つの基準を設け評価の客観性を高める努力をしている。

ただし、発注側としては、VEで入札前に貢献をした、あるいはクレームがなかった請負者は、これを将来の評価に反映させることにより次への仕事のチャンスを高め、請負者にパートナリングへのインセンティブを与えることも考えている。これは継続的なパートナリングである戦略的パートナリング（一般的なパートナリングがプロジェクトごとであることに対するもの）や随意契約に発展する可能性を含み、取り扱い方によっては入札者に対しての機会均等、評価の客観性と相容れぬものとなる。

英国レディング大学の教授もパートナリングにおいて、排他性の余地が存在することを認め、そのような馴れ合いのパートナリングは品質の向上に結びつかず、官民の癒着の危険をはらんでいるということをいみじくも指摘している。パートナリングの構成員が固定化することによるサプライチェーンの系列化や、構成員の役割・機能が属人的になり変更が難しくなる硬直化が始まった場合には、この指摘も現実のものとなり、EUの市場ルールとの整合性の問題にもなるだろう。

パートナリングの契約について言及すれば、英国のPPC2000契約約款のデメリットはほかならぬそれが新しいということにあると発注側の政府調査室は述べている。英国では法体系が判例法のため、判例がないことはそれ自体が欠点となる。新しい契約には判例がないため判例法での判例の蓄積を法解釈として利用することができない。さらにレディング大学の教授はNEC契約約款が契約者の自発性に頼りすぎているため、参加者の協力する意思のあることが前提条件となっていることを問題とする。つまり契約は巧くいかないときのみ使うものであり、協力関係の破綻を前提としなければならないとの主張である。

もちろん、英国ではこれらの批判への対応として、政府調達室その他の政府機関は種々のパートナリングに対応するための標準契約を積極的に作成、改善を図っている。

一方、保険会社のエイオン社（AON社）はどの契約約款でも保険に対する配慮が不足しているとし、パートナリングの工事では当該工事ごとの保険調達も検討対象になることを示唆している。例えばALOR（Advance Loss of Revenue）保険により工事の採算リスクを担保する等、事前にリスクを検討しどのリスクを保険でカバーするか個別に対応することを推奨している。

5-3　請負者の立場から

　パートナリングが、従来の建設工事請負契約の契約関係から生じた、工事の予算超過、工期の遅延、工事目的物の品質低下、クレームに費やす膨大な時間とコスト等の問題を解決する発注側主導の改革の中で生まれたことは、本章第一節で見たとおりである。従って発注側のパートナリングに対する信頼の念は強く、その将来性にも楽観的な見方が多かった。

　一方、レディング大学の研究者は、パートナリングでも最終的には商業的力関係が支配するのではないかと懐疑的に考えている。契約が、コストプラスフィーでパートナリングを採用する通常の場合はともかく、ランプサムでこの方式をとる契約では、技術的な施工の問題については協力関係が維持できるが、費用の問題となると当該コストが当初の契約金額に含まれていたかどうかの問題となり商業的力関係が必然的に出てくるとの請負者の説明があった。またコストプラスフィーの場合、フィーは一般的には4から5％の経費に、利益の2％と発注先に含まれないコストの1％程度で構成されるため、利益が非常に制限された数字となっている。確かに、工事に伴うリスクは事前に洗い出しが行われ、施工ミスによるコストも一定の範囲で認められるシステムにはなっているが、ローリスクローリターンであるために、ワークショップでの綿密なリスク登録やリスク配分が行われないと、フィーの金額に比して大きな責任を負担する可能性が残る。

　また請負者は、協力業者、資材調達、施工方法などに関する情報を、その単価と共にワークショップで開示するため、その業務は一種のノウハウの提供によるフィービジネスとなり、法的責任、保険等のリスク管理の手法、またその組織についてもそれに対応する形にしていく必要がある。英国空港公

社の工事では、請負者が協力業者を使わず直接雇用をすることにより不要な経費を押さえることが、ワークショップで求められているとのことである。

5-4 コンサルタントの立場から

本節冒頭（5-1）の英国弁護士の提言はエイラップ社で入手したものであるが、コンサルタントが自己に過失がない範囲でも、パートナリングにより一定の比率でリスクを負担することについては新たな対応をしなければならないと同社は考えている。従来は設計コンサルタントが年間を通じて一定額の保証を限度とするPI保険を購入していたが、パートナリング工事においてはリスクが工事ごとに範囲が異なり、当該工事ごとの保険調達も検討対象となる。

またエイラップ社は、参加者の意識を変えてパートナリングを肯定的に受け入れられるようにするためには、①命令を与える。②専門コンサルタントを入れ教育する。③発注者が100％パートナリングの意思表示する。という積極的な働きかけが必要であることに言及している。

さらに同社は、パートナリングの標準契約約款は未確立であり、現在使われているものはいろいろな契約モデルから派生したものが多く理解しにくいとし、現在の契約のなかではPPC2000契約約款が良いと述べている。

以上、それぞれの構成員の立場でパートナリングの問題点とその対策を見てきた。果たして、この新しい概念が従来の契約者間の関係と異なった方向を示す新しい動きとなるか、また振り子が戻るように元の発注者と受注者の力関係にやがて収斂されていくのか、断定は困難だが、これは先に紹介した弁護士の主張にある様に、パートナリングが、契約法及び保険という従来の制度による確固たる基盤の上で、構成員のリスク配分と契約者間の関係を明確にすることにより、契約当事者間の利害関係をどこまで調節することができるかが重要なポイントの1つとなるであろう。

さらにパートナリングは外部の第三者との関係でも重要な課題を残しているのも事実である。一般の納税者または入札参加者に対して客観性と透明性を保ち、競争・開示・公平の原則を実現できるシステムをこれから確立して

いけるか、その説明責任がもう1つの大きなポイントとなるであろう。

5-5 紛争について

　2004年時点の調査の結果では、米国においてパートナリングが原因で発生した紛争、またはパートナリングに直接関係した紛争は未だ見当たらないことが判明している。Carr弁護士をはじめ、全ての調査訪問先においてパートナリングに関する紛争についての質問を行ったが、紛争があったと答えた訪問先は皆無であった。米国ではパートナリングを契約の枠の外に位置付けており、法的には何ら意味を持たないものにしてある。つまり、米国ではもともとパートナリングが原因で法的な紛争が発生しないシステムになっていると言える。

　パートナリングが導入された背景には、過度の訴訟社会を経験した米国がその反省に基づき、紛争を未然に防ぐ手段として採用したという経緯がある。従って、請負契約に関する訴訟費用の削減はパートナリングの重要な目的の一つであり、かつパートナリングを導入した機関が最も期待するところの効果であるといえる。この意味において、米国ではパートナリングに関する紛争、訴訟がないということは、前述のCarr弁護士やその他のパートナリングを推奨している人たちの目論見が見事に成功しているといえるであろう。

　とはいえ、現段階で訴訟が発生していないからといって、将来も訴訟が起きないことを保証するものではない。"パートナリングが理論上法的保護を受けるべき契約になりえないかという問題には、明確な結論が出ていない"というのが正しい認識であろう。

　念のため米国の判例を検索し、パートナリングが多少なりとも関係していると思われる判例を4件入手した。しかし、内容を検討の結果当研究会がテーマとしているような建設プロジェクトのパートナリングにはほとんど関係がないことが判明した。一方オーストラリアでは建設プロジェクトのパートナリングに関する訴訟が発生しており、海外建設協会の資料及び地元法律事務所のウェブサイトより判例1件の概要を入手した。米国の判例は前述のごとく、当研究会がテーマとするパートナリングに正面から取り組んだ紛争例と

は言えないが、米国のパートナリング事情を伝えるという主旨に従い敢えて本章で1件紹介し、次にオーストラリアの判例を1件紹介する。

【米国の判例】

Frontier-Kemper Construction v. American Rock Salt Company, 224 F. Supp. 2d 520（USDC WDNY 2002）

要点：

　プロジェクト資金の調達に苦慮した被告（発注者）は、何とかしてプロジェクトを実現させるために原告（請負者）に対して「パートナリング」を前面に出した引き合いを行った。これを信頼した請負者は、契約を締結して工事に着手したものの、工期遅延、追加費用、出来高支払い等で発注者と争うことになる。判決は単に「パートナリング」という関係をもって、相手側に正確な情報を開示する特段の法的義務が発生するわけではないとした。

訴訟の概要：

　本件はニューヨーク州マウントモリスのハンプトンコーナーズ岩塩採掘坑建設に関する契約についての争いである。被告 American Rock Salt Company LLC（"ARSCo"）はハンプトンコーナーズ岩塩採掘坑を所有している。原告 Frontier-Kemper/Flatiron Joint Venture（Frontier-Kemper）は被告と岩塩採掘坑の建設請負契約を締結し、契約の準拠法はニューヨーク州法であった。請負金は＄70,649,000で、工期は25ヵ月。契約にはいくつかの目標完成期日があり、これが達成されない場合は1日につき＄15,000から＄21,000の予定損害賠償金（Liquidated Damages）が課せられ、上限は＄3,000,000であった。紛争が発生し、被告は＄3,000,000を出来高払いから差し引いた。これに対し、原告は契約解除、＄27,000,000を越す quantum meruit による追加工事費、及び少なくとも＄10,000,000の懲罰的損害賠償を求めて提訴した。

　契約解除の根拠として原告が主張しているのは誘引詐欺（fraud in inducement）による契約の締結である。1997年に被告は Atkins 社にハンプトンコーナーズの設計業務を発注した。その後 Atkins 社は見積書を提出し、見積条件書には「仮に地下水が坑道に浸入した場合は、請負金は最大で＄86,000,000まで増加し得る」旨の条件が付されていた。Atkins 社が採掘坑の工事に着手する前に倒産してしまい、被告の銀行は融資を中止した。

　その後被告は原告に対し、「a cooperative partnering relationship」をもって岩塩採掘坑を建設するという主旨で入札の招聘を行った。入札は Atkins 社の設計に基づいて行われ、原告の当初の入札額は＄66,838,000であったが、これは採掘坑の生産量に

関する保証及び工事完成遅延に対する損害金は含まないという条件の入札額であった。両者はその後約1年に渡り交渉を行い、その間被告は原告に対して、本プロジェクト用の資金は＄66,000,000しかないと伝えた（原告は、この被告の表明が虚偽であり、Atkins社の見積金額に基づき少なくとも＄85,000,000の資金を調達したと主張している）。交渉中に被告は数々の変更指示を出し、その結果原告は入札額を＄75,500,000に変更した。これに対して原告は、必要資金の調達のためには金額を＄69,000,000まで減額し、付帯の条件を取り下げる必要があると主張。原告は資金調達で被告に協力するために、予備費を全て取り除くことにより金額を＄70,649,000まで減額し、両当事者はこの金額にて合意した。

判決：
- プロジェクトの融資に関する被告の表明をもってして、詐欺の訴えの根拠とすることはできない。
- 原告は、被告が原告に対して協力的なパートナリング関係（cooperative partnering relationship）を求めていたので、信任関係に準ずる関係（quasi-fiduciary relationship）にあり、被告は資金調達に関して偽ってはならない義務を負うと主張している。しかしながら、両当事者は独立した企業間の（at arm's length）取引を行っていたのであり、被告が原告に対してそのような義務を負うものでないことは明らかである。

上記の判例では、たとえ「cooperative partnering relationship」という表明を行って契約を調印したとしても、法的にもまた契約上も何ら特別な信任関係を発生させるものではない、との司法の判断がなされたもので注目される。

次にオーストラリアの判例を紹介する。

【オーストラリアの判例】
Placer (Granny Smith) v. Thiess Contractors Pty Ltd ［2003］HCA 10
要点：
　採鉱作業パートナリング契約の見積金額の誇大算定による契約違反。
訴訟の概要：
　採鉱作業のために発注者のPlacer社と請負者のThiess社が、請負者の提示した作業コストの純粋な見積りを基にした単価で合意し、パートナリングの契約を締結した。請負者は見積金額の5％の利益を得る権利を与えられていた。契約後、両者の関

係が悪くなり、契約が解除された。請負者は不当解除を理由に発注者を訴えた。発注者はこれに対し、請負者はコストの見積時に誇大に算定しており、その結果過払いとなっていたため、それが誠実義務違反に当たるとして反訴した。

訴訟経過と判決：

　西オーストラリア州最高裁のTempleman判事は、請負者が純粋な見積りではない単価を提出していたことから、契約上の誠実義務違反（in breach of its contractual obligation of good faith）と判断して請負者の訴えを退けた。一方、契約上の誠実義務違反の理由により、契約解除の絶対的な自由裁量権を行使する必要もなかった、と述べた。

　控訴審において大法廷（the Full Court）では、Templeman判事の使用した計算方法につきどちらからも申立てがなされなかったため検討されなかったが、請負者の利益がコストの5％を超えて過大となっているという利益レベルの説明に対し、発注者が反論することができなかったので、自身の損害額を立証することができなかったものと判断している。大法廷は発注者の名目上の損害額として100ドルを与えた。

　次の上告審において高等裁判所（the High Court of Australia、注：日本の最高裁判所に当たる）での議論は、損害賠償金の立証に失敗したという大法廷の結論が正しいかどうかであった。高裁は大法廷の判決を破棄しTempleman判事の決定を復活させた。請負者が発注者に過剰請求していたことを認めた自らの申立てを根拠として、高裁は発注者に損害が生じていたと結論づけた。この自認について大法廷は留意しなかった。

　高裁はさらに、請負者の過大利益に関する要因のそれぞれについて発注者が否定の議論をする必要がないと判断した。また、Templeman判事が過大利益への要因、例えばコストの増大と施工能率の向上などを適切に検討考慮しており、同判事の採用した計算方法も妥当なものであった、とも判断している。

　　　（出典：2003年4月28日付、Allens Arthur Robinson法律事務所ニュースレター）

　イギリスと同じように、オーストラリアではパートナリングを契約の中に取り込んでいる。上記に紹介した判例では、純粋な見積単価を使用しなかった請負人に対し、パートナリング契約上の誠実義務違反の判断を行っている。パートナリングを請負契約の外に位置付けている米国との明確な違いが他ならぬこの判例に表れている。

5-6 アライアンスの問題点と課題

　先の章で「アライアンス」は究極のパートナリングの形態だとしたが、そのアライアンスにも問題点がなくはない。ここでその立ち上げコスト、発注者の経済的リスク、さらにアライアンスメンバーの資質という問題について論じてみる。

5-6-1　プロジェクト・アライアンス立ち上げのコスト

　プロジェクト・アライアンスの顕著なデメリットとしては、チームメンバーの選定、目標価格の設定等、立ち上げのための手続きに費用と時間がかかることが挙げられる。発注者にとっては価格競争なしでの業者選定を行い、価格を決定するわけだから、その決定を正当化するための手続きは慎重なものにならざるを得ない。特に公的発注機関では、納税者に対する説明責任が問題になるから、第三者的機関を関与させる等の手続きが必須となる。そのような手続きには、必然的に時間と費用がかかってしまうのである。

　従って、プロジェクト・アライアンスはどんなプロジェクトにでも適用されるわけではなく、立ち上げに要する時間と費用に見合うだけの効果が期待できるプロジェクトを選んで適用される。プロジェクト・アライアンスが実施されるのは、ほとんどの場合、比較的大規模で、技術的に複雑な、不確定要素を多く含んだプロジェクトである。そのようなプロジェクトでは、工事内容、条件変更に対する柔軟な処理や技術上のイノベーションの発揮といったプロジェクト・アライアンスの効果が発揮される余地が大きいからである。これに対して小規模・小額工事では、プロジェクト・アライアンス立ち上げのために要する時間・費用に見合う効果が期待できないから、プロジェクト・アライアンスは適用されない。また、技術的に単純で不確定要素の少ないプロジェクトも、従来の調達・契約手法で充分対応できるため、プロジェクト・アライアンスは用いられない。プロジェクト・アライアンスは、決して全てのプロジェクトに有効な万能薬ではないのである。

5-6-2　発注者の経済的リスク

　プロジェクト・アライアンスの精神はプロジェクトの全リスクを全当事者がシェアするというものであり、経済的リスクについても目標コストと実際のコストとの差額を発注者と請負者が分け合って享受ないし負担する原則になっている。ただし、この原則には大きな例外がある。すなわち、請負者の負担は請負者に支払われるフィーの金額に限定されており、請負者にはそれ以上の負担を求められることはないという点である。実際コストが目標コストを大幅に超過して請負者のフィーに相当する金額を食いつぶしてしまった場合、そこから先のコスト・オーバーランについて請負者は責任を負わず、全て発注者の負担となるわけである。

　コスト・オーバーランについて発注者が全面的にリスクを負うという点では、最高価格保証（Guaranteed Maximum Price, GMP）のついていないコストプラスフィー契約もほぼ同様の状態と見ることができる。コストプラスフィー契約についてはコストが青天井になる可能性があるとして発注者から敬遠される傾向があることを考えると、プロジェクト・アライアンスについて発注者がこの点をどのように考えているかは興味深い問題である。今回の聞き取り調査では、プロジェクト・アライアンスを実施している発注者はコストが青天井になるリスクをあまり心配していなかった。請負者の負担限度額を越える大幅なコスト・オーバーランが発生することは理論的にはありうるが、現実にはそのような事態に陥ることはほとんど考えられないという認識のようである。プロジェクト・アライアンスを行うプロジェクトでは、施工開始前にプロジェクトのリスクや対応策を充分に検討し、適正なコンティンジェンシーを含んだ目標コストを設定するので、コストが予定を大幅に超過する可能性は低いのかもしれない。また、請負者にとっては優秀な人材を投入したプロジェクトで利益が上がらないだけでも重大な機会損失と言え、粗利レベルで赤字になることはないというセーフガードがあるとしても、それに安心してコストコントロールをなおざりにするということはありえないという指摘もあった。他方では、「請負者のメリット」の項で述べたように、た

とえランプサムで契約したとしても請負者からクレームを受ければ結局コスト増加はコントロール困難だという認識が、豪州の発注者にはある。プロジェクト・アライアンスを採用して全員一致の意思決定によるプロジェクト運営やオープンブックのコスト管理を行う方が、従来の伝統的プロジェクト運営よりはるかに適切にコストをコントロールできると考えているようである。

5-6-3　アライアンス・メンバーの資質

　プロジェクト・アライアンスの成否は、当事者が互いに協調的に行動することに懸かっている。他の当事者が協調的態度をとってくれることに乗じて自己の利益をはかるような参画者がいれば、プロジェクト・アライアンスは失敗に終わらざるをえない。従って、適正な資質を備えたアライアンス・メンバーを選定することが決定的に重要であり、各当事者はプロジェクト・アライアンスの精神を充分に理解している必要がある。今回の聞き取り調査時にも、実際にプロジェクト・アライアンスのプロジェクトを手がけ優秀な実績を上げた経験を持つ請負者の担当者から、プロジェクト・アライアンスに対して懐疑的な発注者にプロジェクト・アライアンスを売り込もうとは思わないという見解があった。適正な資質を備えた当事者を選定することが重要であることは米国や英国のパートナリングにおいても同様に強調されているが、特にプロジェクト・アライアンスは契約上の権利義務設定の仕方がよりドラスティックだから、米国・英国のパートナリング以上にメンバー選定に留意する必要があると思われる。プロジェクト・アライアンスのプロジェクト運営は全員一致の意思決定によって行われることになっているため、協調的でない当事者が一人でもいるとプロジェクトが行き詰まってしまう可能性がある。プロジェクト・アライアンスによるプロジェクト運営について、プロジェクトを行き詰まらせることは当事者の誰にとっても不利益なことだから問題が起きても必ず何らかの解決策が合意されると言われているが、これも適正なメンバー選定が前提となっているのであろう。

　また、プロジェクト・アライアンスの当事者は、自分自身が協調的に行動するだけでなく、相手につけいられないだけの技術的知識や管理能力を持つ

ことも必要であるとされる。特に発注者にとっては、設計プロセスを適正に管理・チェックする能力が不可欠であり、その能力がなければスコープ変更等で請負者にごまかされるおそれがある。発展途上国等のプロジェクトで発注者側に技術的知識・経験が乏しい場合は、プロジェクト・アライアンスの採用は困難との指摘があるのはこういった背景があるためと考えられる。

6. ターゲット・コスト方式とペイン/ゲイン・シェアー

"共勝ち"への鍵は他ならぬ「ペイン/ゲイン・シェアー」である。パートナリングの真髄はペインとゲインをプロジェクト関係者間で分かち合うことによって、協業への合理的な動機付け(インセンティブ)を行い、プロジェクト・チームとしての結束(インテグレート)を図ることにある。

すなわちペイン/ゲイン・シェアーとは、相互信頼(mutual trust)と協力(co-operation)の精神にもとづき行動し、当初予想していたベースラインを元に損と得を分かち合うことを言う。このベースラインとなる金額を通常目標価格(Target cost または Price または Agreed Maximum Price)という。この目標価格とは請負者が定額で工事を請け負う一式請負金額(Lump sum price)でもなく、工事請負金額に上限を設けた(通常 Guaranteed Maximum Cost と呼ばれる)ものでもない。目標価格は、パートナリング契約で発注者、請負者、設計者等が意見を出し合い、起こりうるリスクの対処費用等を加味した工事目標費用である。よって、リスクが現実のものとなったりならなかったりするため、実際の最終原価がこの目標価格を超える場合も下回る場合もある。原価が目標価格を超える場合にはその超過分を発注者と請負者がどの様な割合で負担するか(ペイン・シェアーと呼ばれる)、原価が目標価格を下回った場合にはその追加利益分をどう分かち合うか(ゲイン・シェアーと呼ばれる)を契約で決めておく。この割合は請負者の損益配分(Contractor's share percentage)と表現されており、契約書の契約データ部分に記入される。この点が実際にかかった費用を支払う単なるコストプラス方式(Cost reimbursement contract または Cost plus fee)と異なる。工夫をして原価低減に

努めれば努めるほど、満額ではないにしろ、原価低減のメリットを享受できるインセンティブがある。

　ペインとゲインを正確に計算できる様に原価管理の透明性を確保することは、パートナリングを実施するためには必須である。原則として、工事を完成させるための原価は、契約に定められた手続きに従って支出されている限り、発注者から償還を受けることができる。しかし、どの様な原価でも発注者が負担してくれる訳ではない。請負者の明らかな過失に伴う費用等は不算入原価（Disallowed Cost）と呼ばれ、原価に入れてはならない定めになっている。請負者は定期的に最終原価予想を提出することが求められており、会計を明確にして最終的なペインとゲインの按分計算に用いるための実コスト（Actual Cost）を積み上げていく。

　一方、目標価格については、契約において規定される一定の事象（Compensation events と呼ばれる）が発生した場合、見直しを行い増減されることになっている。契約において発注者のリスクとされた事象や設計変更により原価が増加した場合は、目標価格も増額されるので、当該原価増はペイン/ゲイン・シェアーの計算に影響を与えないことになる。

　このペイン/ゲイン・シェアーの実施方法、相互信頼と協力の精神、それにも拘わらず紛争に至ったときの解決手段、請負者の施行状況を査定するための目標達成度指標（Key Performance Indicator、KPI）を定めたものがいわゆるパートナリング・アライアンス契約である。

　目標価格とペイン/ゲイン・シェアーについて英国チャネル・トンネル事業の例を参考までに掲げる。
　①請負者は入札時に入札時工事費とフィーの％を提示する。（この工事費が目標価格となる。）
　②入札時に提出する入札工事費用は、労務、材料、機械等の項目ごとに詳細な数量×単価をアクティビティスケジュールとして提出することが求められる。
　③目標価格が合意されても、工事においてはこの金額が支払われるわけではない。あくまでもターゲットとして存在する目標値である。

表1-2 目標価格に対する請負者の損益配分の考え方

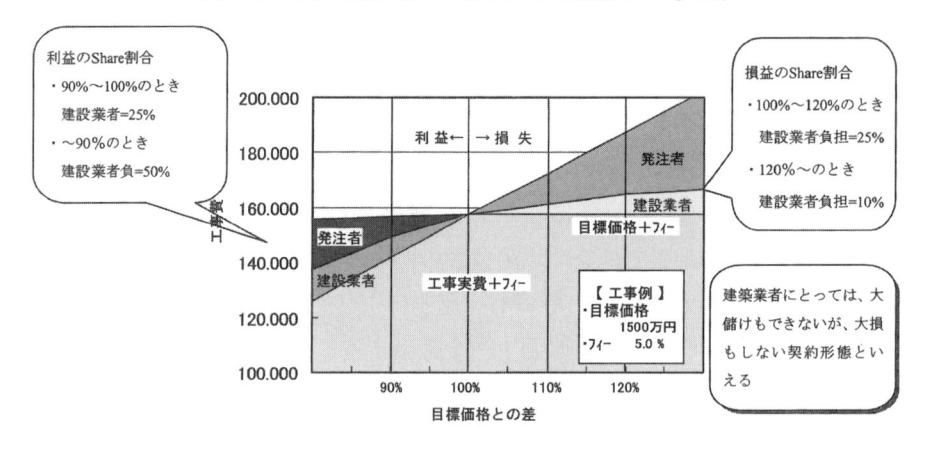

利益のShare割合
・90%〜100%のとき
　建設業者=25%
・〜90%のとき
　建設業者負=50%

損益のShare割合
・100%〜120%のとき
　建設業者負担=25%
・120%〜のとき
　建設業者負担=10%

利益←→損失
発注者
建設業者
目標価格＋フィー
工事実費＋フィー
発注者
建設業者
【工事例】
・目標価格　1500万円
・フィー　5.0 %

建築業者にとっては、大儲けもできないが、大損もしない契約形態といえる

表1-3 建設業者の利益の考え方

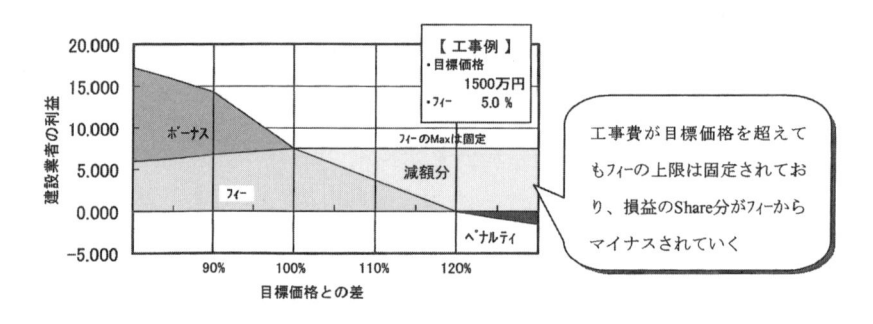

【工事例】
・目標価格　1500万円
・フィー　5.0 %

ボーナス
フィー
フィーのMaxは固定
減額分
ペナルティ

工事費が目標価格を超えてもフィーの上限は固定されており、損益のShare分がフィーからマイナスされていく

④工事代金の支払いは、あくまでも実費＋フィーで支払われる。ここで、実費が目標価格に対して増減した場合の差額の取り扱いについては、契約書に請負者の損益配分として定められている。

⑤実費の増減に対してフィーの％は固定であるが、実費が目標価格を越えた場合においては、越えた実費に対するフィーは支払われない。(フィーのMaxは固定されている)

なお、フィーに含まれる経費は、一般に言う粗利の部分であり、本・支店経費やリスク分などが含まれる。現場管理費や現場の従業員給与などは含まれていない。入札時の工事金額の差は、このフィーの取り方の差による部分

が多く、工事に対するリスク分析力が求められる。一般にフィーは5～10％程度であるが、工事費の支払いはあくまでも実費＋フィーなので、フィーの取り方が利益に直結することになる。従って、フィーをどこまで下げられるかが、工事受注の大きなカギとなる。フィーの中身も提出する必要がある。

フィーに含まれる経費　　・粗利益
（一般に5～10％）　　・一般管理費（本・支店経費）
　　　　　　　　　　　・リスク
　　　　　　　　　　　・保険の一部
　　　　　　　　　　　・手直し費（ディスアロードコスト）
　　　　　　　　　　　・その他

7. 入札制度とパートナリング

　パートナリングは相互協力によって成立する。一方公開入札制度は競争原理によっている。協調的関係は競争的環境とは相容れず、公開競争入札が大原則であるべき公共調達においては、特にこの矛盾の解消がパートナリング適用における課題となる。すでに述べた様に米英豪州では過度の「自由価格競争（最低価格競争）」が低品質、高価格、顧客不満足を恒常化させた。この悪循環のビジネス・カルチャーを刷新すべく「パートナリング」の考え方が導入された。しかし「協調的協力関係」は往々にして「自由競争」を阻害し、「癒着」と「腐敗」の温床となる危険を常にはらんでいる。自由競争環境を損なわずに、協調的ビジネス・カルチャーを根付かせるための仕組みづくりは、必ずしも諸外国においても完成しているとはいえない。しかし現在、英国始め米豪の入札制度では、単純な"最低価格"入札から、VFM（Value for money、品質を含めた総合的価値）評価へと積極的転換が図られ、公正なる競争の前提の中でより優れた価値創出（Best Value）を目指して「協調と協力」を取り込む仕組みづくりが進んでいる。

　すでに述べたように、米国では入札調達制度とパートナリングは完全に分離されている。一方、英国では入札調達制度にパートナリングを組み込んで

ゆく試みが進展している。もっともECI（欧州コンストラクション・インステイチュウト）ガイダンスによれば、公共調達では「落札後プロジェクト・パートナリング」（post-award project-specific partnering）を原則として適用するとしている。すなわち、特定プロジェクトについて競争入札後、パートナリングが組成される。これはEUならびにUK調達規定（公正なる自由競争規定）[*6]を満たす必要があるためである。

業者選別にあたっては一般公開競争入札（open）、2段階競争入札ないし指名競争入札（two-stage、restricted）の選択が可能であるが、先のレイサム・レポートでは一般公開競争入札は入札参画企業数が無制限となるため、パートナリングに際しては実務的に適さないとしている。すなわち、2段階ないし指名競争入札における入札資格審査（PQ/EU基準を満たす資格審査）において、技術評価の中でパートナリングへの適性を審査する。この法的根拠としてECI（欧州コンストラクション・インステイチュウト）は、欧州法廷の判例（Beentjes Case）を掲げている。すなわち、「遂行すべき工事についての特殊経験という選択基準は、施工業者の適性確認という技術的能力評価における合法的基準である。("The criterion of specific experience of the work to be carried out was a legitimate criterion of technical ability and knowledge for ascertaining the suitability of contractors")」。つまりパート

---

*6 透明かつ公正なる自由競争規定は、①ローマ条約、第30条、第59条に財ならびにサービスの移動の自由、第85条に自由競争を制限、阻害する行為は違法であると規定。②EU公共調達制度の公共調達指針（the Public Works Directive, the Public Supplies Directive & the Public Services Directive）は、英国の政府調達制度に取り込まれ、公共工事契約に関する法律（The Public Works Contracts Regulations 1991（SI 1991 No2680））、公共サービス契約に関する法律（The Public Services Contracts Regulations 1993（SI 1993 No3228））、そして公共サプライ契約に関する法律（The Public Supply Contracts Regulations 1995（SI 1995 No201)、さらにこれら法規に対するアメンドメント（改定）として、The Public Contracts（Works, Services & Supply）(Amendment Regulations 2000（SI 2000 No2009）, The Utilities Contracts（Amendment）Regulations SI 2001 No2418, The Public Contracts（Works, Services & Supply）and Utilities Contracts（Amendment）Regulations SI 2003 No46)）となっている。これらによって調達に際しての公平性（fairness）透明性（transparency）が要請されている。さらに③地方自治体においても、公共調達における公開競争入札の強制規定がある（The Local Government and Housing Act 1989）。

ナリング実施能力を特殊経験（specific experience）の範疇で取り扱うのである。

　入札は「価格（commercial）」と「パーフォマンス・テクニカル（performance, technical）」に基づいて総合評価されるが、先の欧州法廷の判例（Beentjes Case）では、入札契約はもっとも経済的に優位なオファーを選択しなければならない（"be made on the most economically advantageous offer"）とし業者選定における恣意性の排除、透明性、公平性を求めている。従って、発注者はここでパートナリングを経済的優位要件の選別基準の「パーフォマンス」評価項目として考慮するのであるが、公募時にその事実を公表していることが必要である。すなわちパートナリングは経済的利益をもたらすという前提がここでの根拠となっている。入札「価格」と、パートナリングを含めた「パーフォマンス」はあらかじめウエイト付けされ評価マトリクスとして用意される。しかもこの評価基準は原則すべての入札者に公表されなければならない。入札結果はこれを総合して英国における「入札制度とパートナリング」の関係を次図にまとめる。業者選定において従来の競争入札を前提とした発注後パートナリング（右側のフロー）と計画段階から建設業者を取り込んでゆく先進的な2段階評価パートナリング（左側のフロー）がある。

　パートナリングと現行入札制度の関係についてDTI（Department of Trade & Industry）は、両者の不整合の問題はないとの見解である。すなわち、パートナリングは公開入札の際に導入を前提とする説明〔ブリーフィング〕が行われ、入札に際してはコストや技術力などの評価基準と共に評価の対象となる。公共調達に際しては、ほとんどのケースで競争入札が前提となっているが、この入札自体にパートナリング評価のプロセスを取り込むというものである。

　英国の公共入札制度とパートナリング導入の概要は上の通りであるが、注目すべきは英国ではチャンネルトンネル・プロジェクトを始め、大型公共調達ではあらかじめ資格審査で2〜3社に絞った上で、設計段階に複数候補業者を絡ませ、計画プロセスにおけるパートナリングのメリットを生かす、先進

図1-1 入札制度とパートナリング

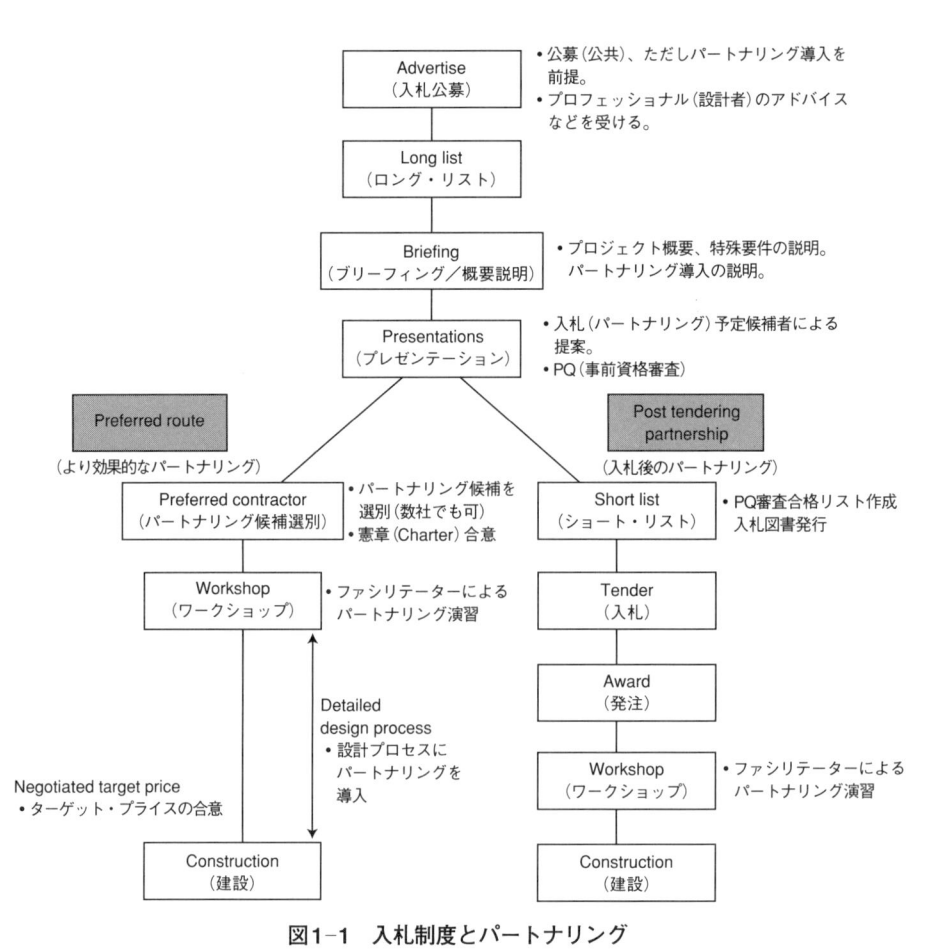

出典：Construction Industry Board (1997), Partnering in the Team, Thomas Telfordの図を一部加筆改定。

的な2段階評価パートナリング（図1-1の「より効果的なパートナリング」）によるプロジェクト推進が行われている。すなわち、先の2-2節で触れた「シークエンシャル」な分離調達システムから脱却し、パートナリングを計画段階から積極的に実施することで設計プロセスにスペシャリスト・コントラクター（専門業者）などの特殊技術、ノウハウを取り込み後工程での設計変更などの不確定要素を排除する。現在、英国の公共部門において、パートナ

リングを軸とした2段階評価入札あるいはデザイン・ビルド調達が積極的に実施されつつあり、顕著な成果を実現しているという事実は注目に値する。

　以上は単一プロジェクトを想定した場合の調達システムにおけるパートナリングだが、単体のプロジェクト（プロジェクト・パートナリング）から複数の連続プロジェクト（ストラテジック・パートナリング）にプロジェクト参画者の関係が継続、進化して行く場合には先に述べた「自由競争の原則」からの逸脱の可能性が生まれる。しかしながら、英国では道路庁などパートナリングを積極的に推進している政府機関が、限られた候補業者のショート・リストを更新しながら、すでに複数プロジェクトを視野にいれたストラテジック・パートナリングへと大きく踏み込んでいる。しかもこの公共機関における推進者達は、長期的なパートナリングのメリットは大きく、将来のリーガル・チャレンジのリスクを冒す価値さえあると判断している模様であった。

　現地解説では、ストラテジック・パートナリングを前提とした「フレーム・ワーク・アグリーメント」に際して、最初に競争的入札によって候補企業を絞った事実があれば、EUの自由競争規定を始め法的には抵触しないとの共通した見解であった。しかしながら、これは未だ法廷判例がなく、今後、入札制度とストラテジック・パートナリングのあり方についてはその適切性が問われて行く可能性は否定しえない。また、プロジェクト・パートナリングの標準約款として登場したNEC契約約款やPPC2000契約約款に代表される「パートナリング"契約"」も今後様々な局面で法的挑戦を受けることも予想され、こういった背景の中でパートナリングが英国コモン・ロー（Common Law）の洗礼の中でどのように変質あるいは進化してゆくかが注目されるところである。

第2章　パートナリングと契約の関係

1. 伝統的契約法理論とパートナリング

1-1　契約自由の原則

　英米法体系における契約法理論は、産業革命期の商取引の爆発的な拡大・発展に伴い、「契約の自由」という概念を基本として発達してきた。「契約の自由」の概念は、古典派経済学者が唱えたレッセフェール（laissez-faire）の思想が法学に反映されたものであると言われる。レッセフェール（自由放任主義あるいは無干渉主義と呼ばれることもある）とは政府が企業や個人の経済活動に干渉せず市場の働きに任せることを指すが、私人間の契約についても契約当事者の自由な意思決定に委ねるべきであり、裁判所等の公権力は当事者が合意した契約条件に極力干渉すべきでないと考えられてきた。

　さらに、「契約の自由」は、契約の締結や履行に当たって各自が利己的に自分の利益の最大化を目指して自由に交渉・駆け引きを行うことが許されるということをも意味した。その反面、たとえ客観的に見て不合理・不公平な契約条件であっても、当事者が自由な意思に基づいて合意したものである限り、文言通り厳格に解釈・遵守されるべきだと考えられてきた。自由な意思で合意したことは遵守しなければならないという意思主義の考え方と、自己の利害は自分で守るという自己責任の原則が重視されたのである。

　このような契約法理論で想定されているのは、本質的に敵対的な契約関係であった。各契約当事者はそれぞれが自分の利益を守るために最善を尽くすべきであり、最終的には全体として公平で合理的な取引の実現をもたらすと考えられたのである。従って、英米法においては、大陸法において見られるような「信義誠実の原則」のようなものは認められていなかった。各当事者は、契約の交渉・履行に際して利己的な行動が許され、誠実に行動する義務を負わないと考えられていた。

1-2　誠実の原則

　しかし、英米においても、前述のような伝統的契約法理論がそのままの形で維持されてきたのではない。「契約の自由」の法理を厳格に適用すると、特に当事者間の情報量や交渉力に差がある場合等には、その結果が一方の当事者にとって不公平または抑圧的なものになる可能性があることは広く認識されてきた。立法府は消費者契約に関する制定法による抑制的な契約条件の修正を図ってきたし、裁判所は、良心性（unconscionability）、約束的禁反言（promissory estoppel）、信認義務（fiduciary obligations）、不当利得（unjust enrichment）、錯誤（mistake）等の原則によって、実質的に公平となるような契約解釈に務めてきた。

　このような契約法上の発展の過程で登場したのが、契約の交渉、履行において各当事者に誠実な行動を義務付ける「誠実（good faith）」の原則である。この原則は、日本の民法第1条2項の「権利ノ行使及ヒ義務ノ履行ハ信義ニ従ヒ誠実ニ之ヲ為スコトヲ要ス」の規定（いわゆる信義則の規定）と同趣旨のもので、契約当事者の利己的行動を許容してきた伝統的契約法の原則を修正するものである。

　誠実の原則がどの程度一般法原則として認められているかは、国によってかなり異なる。米国においては、米国法の権威ある解説書であるリステイトメント（US Restatement of Law）の契約編第205条が「全ての契約はその履行において当事者に誠実かつ公正な取扱いの義務を課している」と規定しており、確立した一般法原則として認められている。また、豪州においては、未だ一般法として確立しているとまでは言えないものの、誠実の原則を認める判例も複数出現しており、また制定法や法学者の学説でも誠実義務の認識は高まってきつつあるとされる。しかし、英国では、基本的に従来の伝統的契約法の原則が維持されているようである。

1-3　建設契約とパートナリング

　このような契約法の流れの中で建設工事契約を見てみると、伝統的な建設

工事契約には契約の自由の法理に基づいた敵対的な関係が引き継がれていると言える。建設工事契約の両当事者は通常財力があり、契約にも精通している企業が多いため、裁判所はこのような契約の交渉に関与することを躊躇した。「リスク」の観点から見ると、英米法における建設工事契約は不確実な環境の下でリスクをいかに割り当てるかに力点が置かれた。

このような状況下で発注者が伝統的に行ってきたことは、「リスクを請負者に移転する」、ということであった。一式請負方式にしろ設計施工方式にしろ伝統的な建設工事契約は敵対的な環境の下で交渉、修正され、その結果としてより不適切なリスク分配が行われるようになった。このような不適切なリスク分配によって請負者が損害を被った場合、請負者はクレームで回収を図ろうとし、その結果訴訟の可能性が増大し本質的に敵対的な関係をより悪化させる事態となった。また、リスクの大半を請負者に負わせたことにより、請負者にとって利益を生むための最も確実な方策は革新的工法を用いて優良な工事を行うことではなく、建設コストをいかに安く押さえるかということになった。これは工事の品質に悪い影響を与えるのみならず、安全、環境への配慮といった点にまで影響を及ぼすようになってしまった。

伝統的建設工事契約に特有の敵対的関係から生ずる上記のような不都合に対する反省を踏まえ考案されたのがパートナリングである。パートナリングにおいては、各自が自己の利益を図って行動するのではなく、全員が共通の利益を図って協力すべきだとされる。また、各自がそれぞれ駆け引きするのではなく、互いに手の内を明らかにして話し合うことが要求される。そのような意味では、パートナリングは、上述の誠実の原則を建設工事契約に導入する試みであると見ることもできる。

2. 非契約パートナリングと契約パートナリング

2-1 非契約パートナリング

パートナリングの取決めや合意を法的・契約的にどのように扱うかという観点から、建設プロジェクトにおけるパートナリングは「非契約パートナリ

ング（ノン・コントラクチャル・パートナリング）」と「契約パートナリング（コントラクチャル・パートナリング）」とに分類することができる。まず、非契約パートナリングの特徴は、おおむね以下の通りである。

① パートナリングを道義上の約束事として実施し、パートナリングの取決めや合意事項には法的拘束力を持たせない。パートナリング実施の過程において作成されるパートナリング・チャーター等の文書は、法的拘束力のないジェントルメンズ・アグリーメントであるとされる。

② 各当事者の権利義務はあくまで契約（工事契約、下請契約、設計委託契約等）に基づいて決定され、パートナリングが当事者の契約上の権利義務を変更することはないとされる。従って、もしパートナリング実施の過程で契約に規定された事項の変更が合意されたとしても（例えば、設計変更等）、パートナリングの手続きとは別に、契約上の手続きを踏む必要がある。

③ パートナリングの取組みと契約上の権利義務とは基本的に切り離されているので、パートナリング導入に際して契約上の対応は特に必要ない。ほとんどの場合、非契約パートナリングが実施されるプロジェクトでは、従来の契約様式に修正を加えることなく、そのままの契約書・調達形式に基本的に維持したままパートナリングを行っているようである。

2-2 「契約ではない」という意味

非契約パートナリングについて、特に米国においては、「パートナリングは契約ではなく、契約上の権利義務を左右するものでもない」という説明が強調されることが多い。しかし、もし非契約パートナリングが契約でないとするなら、それは一体何なのだろう。非契約パートナリングにおいて行われる当事者の約束には、本当に契約としての意味がないのだろうか。以下、本章では「パートナリングは契約でない」という命題の意味を検討してみたい。

「パートナリングは契約でない」という命題の意味を考えるとき、まず注意すべきことは、英米法における「契約」の意味である。英米法体系において「契約」（contract）という用語は、「特定の行為を行い、または行わないとい

う複数当事者間の約束で、その履行が法的義務と認められ、その違反に対して法的救済が認められるもの」のように定義されるのが普通である。当事者間の約束全てが「契約」となるわけではなく、「法的に強制可能な（enforceable）約束」だけが「契約」であるとされる。

このような定義に基づいて「パートナリングは契約でない」という命題を解釈すれば、「パートナリングで問題が発生しても訴訟等で法的強制・解決を図ることはしない」という原則を言っていることになる。そもそもパートナリングが発展してきた歴史的背景には、建設プロジェクトにおいて多発する法的紛争に対する反省があった。クレーム問題等が法的紛争にエスカレートしてしまうと、解決のために多大な時間とコストを浪費することになり、結局プロジェクト関係者の誰にとっても利益にならないというのが、プロジェクトに関わる関係者の共通認識だったのである。パートナリングから法的強制の要素を極力排除し、あくまで当事者間の自発的協調によって問題解決を図るべきことを強調することは、このような背景を考えれば至極当然なことと言える。

パートナリングについて法的権利義務関係を認めるなら、工事契約上の権利義務との関係（矛盾があったときどう解釈するか、どちらの義務が優先するか等）が問題になり、結果として紛争を複雑化してしまう原因になりかねない。パートナリングに参加する当事者が、このようなことを望んでいないことは明らかである。「パートナリングは契約でない」という命題は、このような当事者の意思に根拠を置くものとして理解するのが妥当だと思われる。
「パートナリングは契約でない」という原則を敷衍すると、パートナリングにおいて行われる当事者の約束は法的権利義務を設定するものではないということになる。例えば、パートナリングにおいてプロジェクト運営の方法等に関する合意が行われても、法的権利義務としては、工事契約に規定された条件が依然として効力を持ち続ける。パートナリングの成功事例としてよく紹介される例として、工期短縮を図るため発注者・エンジニアが契約上規定されている期限に拘らずできる限り迅速に図面等の承認を行うことを合意したというものがあるが、このような合意がなされた場合でも、審査・承認期限

に関する工事契約の条件は依然として生きていることになる。従って、迅速に審査するという合意に反する行為があっても、工事契約上の条件を遵守している限り、法的義務違反や損害賠償の問題は生じない。

　パートナリングにおける約束は上述のような性質のものであるから、端的に言えば、法的拘束力のない紳士協定（gentlemen's agreement）だということになる。特に米国では、この点を別の観点から見て、パートナリングにおける約束は個々の参加者（担当者）の個人的コミットメントであると説明されることもある。このことは、パートナリングにおいて作成される文書の形式に、端的に現れている。例えば、パートナリングの解説書等で紹介されているパートナリングチャーターの実例を見ると、署名者は自分の名前だけをサインしている。つまり、各署名者が会社・肩書きを表示した上で会社を代表してサインをするという形式ではなく、個人としての資格で署名する形式を取っているのである。

2-3　非契約パートナリングと工事変更

　以上に述べた通り、非契約パートナリングは契約ではなく、当事者の法的権利義務を変更するものでもないとされている。しかし、法的権利義務ではなく実際の施工手順や工事内容に着目すれば、パートナリングがこれらを変更しないと考えるのは現実的でないかもしれない。パートナリングの目的はプロジェクト運営の効率化であると言えるが、プロジェクトは工事契約に従って完成する必要があるわけだから、パートナリングでの協議の対象は、結局、工事契約と密接に関連した事項にならざるを得ない。しかも、パートナリングによるプロジェクト運営では、必ずしも細かな契約条件にこだわらない柔軟な態度が奨励されている。パートナリングにおいて協議・合意された事項が新たな法的権利義務関係を生むものではないとしても、プロジェクトの実態としては、パートナリングの活動が所期の目的に沿って活発に行われた場合、施工手順や工事内容は変更・修正されることがあると見る方がより現実的かもしれない。

　さらに言えば、最終的に契約上の変更手続きを踏む限り、パートナリング

の席上で契約の変更（工事の変更等）を協議することも、理論上は「パートナリングは契約でない」という原則に矛盾しない。例えば、パートナリングのセッションにおいて、工期短縮のために図面・仕様の修正が必要であると合意されたとしても、実際に合意事項を実行に移す前に、工事契約に従った工事変更手続きが行われれば良いわけである。パートナリングによる協議が活発に行われれば、それに端を発する契約上の工事変更も増えてくるものと思われる。

　この点については、米国調査時に金融機関をヒアリングした際に興味深いコメントがあったので紹介したい。そのコメントによれば、パートナリングとは、完成した工事の内容が契約締結時に取り決めたものとは全く違うものになることを容認するものに他ならないという。ところが、国によっては発注者の担当官が公共工事の工事内容を変更することが法律上禁止されている場合もある。担当者に工事内容を変更する権限がなければ、パートナリングはそもそも成立しないのではないかというのである。

　また、関係者協議に基づくパートナリングのプロジェクト運営は、各当事者の技術水準がほぼ等しくなければ成立しないのではないかという指摘もあった。先進国であれば発注者もそれなりの技術的知識・経験を蓄積しているから、現場担当者の協議によって工事を柔軟に変更していってもそれほど不適切な結果にはならないかもしれない。しかし、途上国でのプロジェクトでは、発注者に比べて請負者が技術的経験・知識において優位に立っていることが多い。そのような状況で、当事者の協議による柔軟なプロジェクト運営を行えば、発注者は請負者の良いように丸め込まれてしまう危険性がある。途上国のプロジェクトにパートナリングは不向きだと言うのである。

　以上のような見方が、パートナリングの実態をどれほど正確に捉えたものかは議論の余地がある。しかし、通常、工事契約締結に当たっては図面・仕様等を詳細に検討した上で工事内容を決定するわけであり、特にODAやプロジェクトファイナンスの対象となる工事については、ファイナンスを行う銀行が工事内容を審査・承認し、事業目的が達成可能であることを確認の上、工事契約が締結される。そのようにして決定された工事内容が担当者間の非

公式な協議によって変更されてしまうことに対しては、かなり懸念を抱く者があるだろうことは想像に難くない。もっとも、現在のところ実際にパートナリングを実施しているのは、米国、英国、オーストラリア、香港等、工事発注機関のレベルが比較的高い国々が中心である。そのような国では、工事内容が現場担当者間の協議によって変更されてしまうことに対する懸念はほとんど聞かれない。今回の米国調査でも、「我々は納税者の信頼を得ている」というような回答を得ており、大きな問題とは認識されていないようだった。しかし、今後途上国においてパートナリングの実施が検討されるようになったときには、プロジェクト運営の公正・透明性をどのように確保するかが大きな問題になる可能性がある。

2-4 契約パートナリング

以上述べた「非契約パートナリング」に対して、「契約パートナリング」の特徴は以下の通りである。

① パートナリングを契約上の枠組みに従って実施し、パートナリングにおける取り決めや合意事項に契約としての法的拘束力を持たせる。別の言い方をすると、契約パートナリングは何らかの「パートナリング契約」に基づいて行われるパートナリングだと言うこともできる

② 「パートナリング契約」では、通常、次のような事項を規定する。

- 全当事者の協力によって達成すべき、プロジェクトにおける共通の目的の確認・合意
- コミュニケーションの円滑化・情報共有のための枠組み
- プロジェクトを協力して運営管理するための手順、組織、役割分担
- 各当事者およびプロジェクト全体のパフォーマンスを継続的に評価し、フィードバックするための手続き
- 当事者がプロジェクトの共通目的達成のために協力・努力するよう促すための金銭的インセンティブ(ペイン/ゲイン・シェアーの仕組み)
- プロジェクト共通の目的の達成度を定期的にモニターし評価するための手続

・問題・紛争を迅速に解決するための手続き
③パートナリングに定まった様式があるわけではなく、「パートナリング契約」の形式も、プロジェクトあるいは発注者ごとに様々である。「パートナリング契約」の形式としては、例えば、次のようなものがある。
・個別の2者間契約＋パートナリング契約
　　設計者、元請負者、下請業者等がそれぞれ発注者と2者間契約（設計契約、元請契約、下請契約等）を締結した上で、それら個別の契約に基づく権利義務関係を橋渡しするものとして、パートナリングに参加する全当事者が別途パートナリング契約を締結するもの。
　　例としては、英国のInstitute of Chartered Engineer（ICE）が発行しているNew Engineering Contract（NEC）に用意されているパートナリング・オプション等がある。
・複数当事者間の契約関係を統合したパートナリング契約
　　工事契約、設計契約、下請契約等を個別に締結するのではなく、パートナリングに参加する全当事者が、それらの契約関係を統合した1つのパートナリング契約を締結するもの。
　　このような契約は数が少ないが、英国のAssociation of Consultant Architects（ACA）発行のPPC2000がこれに該当する。
・発注者・請負者間のパートナリング契約
　　発注者と請負者との間で締結される工事契約にパートナリングの要素を統合したもの。

どのような要素をどの程度取り込んだ契約をパートナリング契約と言うのかについては、明確な基準はない。しかし、例えば、前述のNEC契約約款のターゲットコスト・オプション（ターゲットコストと実際のコストの差額を発注者と請負者がシェアする契約オプション）を採用して行われるパートナリングは、契約パートナリングと呼ばれているようである。

また、オーストラリア・ニューサウスウェールズ州政府のC21 Construction Contractも、発注者・請負者間のパートナリング契約に該当すると思われる。

2-5 それぞれの得失

　パートナリングを非契約パートナリングとして実施すべきか、契約パートナリングとして実施すべきかという点については、対立する2つの考え方がある。

　そもそもパートナリングは、従来のプロジェクト運営においてクレームがしばしば法的紛争に発展しがちであったことに対する反省から生まれたものであり、当事者がそれぞれ自分の契約上の権利を主張するのではなく、プロジェクト全体の視点から互いに協調していこうという精神に基づくものである。

　その意味から言えば、パートナリングは、契約上の権利義務とは切り離して考えるべきだということになる。

　また、法律家からは、パートナリングの取り決めに法的拘束力を認めると当事者間の権利義務関係が複雑・不明確になるという懸念も表明されている。伝統的に、英米法系においては、「契約の自由」の法理から、各契約当事者は利己的な利益の最大化を図る自由があると考えられてきた。

　日本法における信義誠実の原則と同様、英米法においても、誠実（good faith）の原則、約束的禁反言（promissory estoppels）、信認義務（fiduciary obligations）、不当利得（unjust enrichment）、錯誤（mistake）の法理等によって当事者の利己的権利主張を制限する考え方はある。しかし、当事者が互いに協力する義務を契約上の義務として規定した場合の法的効果（つまり、契約上は責任を負っていない事項に関して、どこまで相手に協力しなければならないか）については、判例もほとんど存在せず、理論上も必ずしも明確でない。この点を懸念する立場からは、パートナリングは当事者の法的権利義務に影響を与えないものとして、あくまで契約の枠組みの外で実施すべきであると主張される。

　しかし一方では、当事者の協調が契約上の義務として規定されていなければ、パートナリングは結局掛け声だけのものに終わってしまうという主張もある。このような立場からは、パートナリングが効果を上げるには、パートナリングの取り決めを契約上の義務として明確に規定すると共に、当事者が

協調的行動を取るように契約上のインセンティブを与える必要があるとされる。

3. 各国の状況：パートナリングと契約の関係に対するアプローチ

各国におけるパートナリングと契約の関係に対する考え方は、文化・社会・法制度の違いを反映して、それぞれかなり異なっている。これまで調査を行った各国でのパートナリングの状況を、非契約パートナリングと契約パートナリングという観点からまとめると、以下のようになる。

3-1 米国

米国のパートナリングはほとんどが非契約パートナリングであり、パートナリングの過程で作成されるパートナリング・チャーター等の文書は法的拘束力を持たないジェントルメンズ・アグリーメントであるとされる。また、工事契約がどのような契約であってもパートナリングは実施可能であると言われており、実際に、既存の契約・調達方式をそのまま維持しながらパートナリングを実施するのが、米国型パートナリングの特徴である。

歴史的に見ると、米国のパートナリングは法的紛争の予防・解決を図るものとして発展してきた。プロジェクトで問題が起こった場合には、当事者の契約上の権利義務にとらわれず、プロジェクト全体の利益を図る観点から協調の精神で解決に当たるべきだというのが、パートナリングの基本的精神だとされる。

このような精神からすれば、米国のパートナリングが契約上の権利義務の問題に立ち入ることについて消極的であるのは、むしろ自然なことと言える。米国では、パートナリングは契約上の権利義務を変更するものではないと強調されており、当事者の法的権利義務を規定する契約と、当事者の関係・行動態度の改善を図るパートナリングとは、別の次元のものと捉えられている。

3-2 英国

　英国のパートナリングは契約パートナリングが主流である。特に、当事者が協調的行動をとることについて契約上のインセンティブが重視されており、ターゲットコスト契約によって発注者と工事業者がペイン/ゲイン・シェアーをおこなうスキームが採用されることが多いようである。

　また、いくらパートナリングで当事者間の協調的行動を目指しても、契約上の利害が対立する場合には、パートナリングが所期の目的を達することは困難だと考えられおり、契約としての拘束力を持たないパートナリングでは実効性が乏しいという意見も根強い。

　パートナリングが有効に機能するためには、当事者の協調的行動が可能となるように、契約上の利害を調整することが不可欠とされているのである。

3-3 オーストラリア

　オーストラリアにおいては、契約パートナリングと非契約パートナリングが一定の棲み分けをしながら並存しており、その意味で米国と英国の中間的な状況であると言える。

　オーストラリアでは、米国型の非契約パートナリングが比較的早い時期に導入され、相当の成功を収めた。しかしパートナリングが普及していくと共に、パートナリングさえ実施すれば必ずプロジェクトが成功するわけではないことが広く認識されるようになり、業界にとって万能の特効薬になるのではないかという期待は結局裏切られる結果となった。

　このような経緯を経た現在では、建設業界の一部にパートナリングを依然として推進・実施している人々がいるものの、建設業全体として見るとパートナリングを全面的に推進しているという状況にはない（今では、パートナリングという用語には過去の失敗のイメージが付きまとうので、オーストラリアではあまり用いられなくなっているとのことである）。

　一方、最近の動向としては、非契約パートナリングへの失望と反省も踏まえ、契約の問題としてプロジェクト関係者間の関係改善に取り組む、リレー

ショナル・コントラクティングと呼ばれる試みが行われるようになっている。特に、大規模・複雑なプロジェクトにおいて採用されているアライアンスという契約形態は、オーストラリアに特有なものである。

　アライアンスは、リレーショナル・コントラクトの最も進んだ形であり、発注者・設計者・建設業者等のプロジェクト関係者がほとんど全てのリスクをシェアーしながら、1つのチームとしてプロジェクトに取り組むものである。

　大規模・複雑な建設プロジェクトでは施工中に技術上の問題が発生する可能性が高いが、当事者の利害が対立しがちな従来の契約形態と比べ、アライアンスによって実施されたプロジェクトでは工事関係者全員の協調的行動より問題解決が実現されやすく、その結果としてコスト削減や工期短縮の効果が上がるとされている。

　オーストラリアでは、どのような形式のパートナリング（あるいは、リレーション・マネジメント）を採用するかは、プロジェクトの性質によって決定されるべきだという考え方がある。小規模で簡単なプロジェクトは従来型の契約様式でも充分対応が可能であり、パートナリングに時間と費用をかけることは費用対効果の面から言ってあまり意味がない。

　そのようなプロジェクトには、非契約パートナリングが適しているとされる。これに対して、さまざまな問題発生が予想される大規模・複雑なプロジェクトでは、当事者の協調的行動や創意工夫が、プロジェクト成功のためには不可欠である。従って、そのようなプロジェクトでは、契約パートナリングによりリスク・シェアやペイン/ゲイン・シェアーを徹底させ、当事者が確実に協調的行動を取れる枠組みを確立すべきだと考えられている。

3-4　香港

　今回調査を行った香港では、建設プロジェクトにおけるパートナリングは、ほとんど全てが非契約パートナリングとして実施されている。パートナリングを実施するプロジェクトにおいても、工事契約は既存の契約条件書がほぼそのままの形で使用されており、ペイン/ゲイン・シェアーのスキームのよう

に契約上の対応が必要な取決めはあまり採用されていない。香港のパートナリングは米国型のパートナリングにかなり近いものといえる。

このような状況の背景には、香港のパートナリングはまだ歴史が浅く、発展途上にあるということがあると思われる。香港におけるパートナリングの導入は1990年と言われるが、地下鉄公社等、少数の先進的発注者を除き、本格的にパートナリングを推進するようになったのはごく最近のことである。それらの発注者にとっては、契約条件書の抜本的見直しが必要な契約パートナリングより、とりあえず既存の工事契約をベースに実施可能な非契約パートナリングの方が手をつけやすかったという事情があると思われる。

しかし、本来パートナリングをどのように行うのが望ましいかという点については、香港では米国と若干異なった認識を持っているようである。

米国においては、前述の通り、「パートナリングは契約を選ばない。どのような契約書がベースであってもパートナリングは実施可能である」とする考え方がかなり広く受け入れられている。この点、香港では、パートナリングをうまく機能させるにはパートナリングと契約の規定との整合性がとれている必要があるということが、多くの関係者に認識されているようである。

特に、建設業者の意見を聞いてみると、元請業者・下請業者の双方から「パートナリングでいくら協調的な行動を唱えても、契約が既存の契約条件のままでは実を伴わない掛け声だけのものになってしまう」という声が聞かれた。このような見方は、「精神としては良いけれど、実効性はない」という現状のパートナリングに対する否定的評価につながっている。

一方、発注者側においても、パートナリングをうまく機能させるためには契約条件の変更が必要になる場合があるということはある程度認識されているようである。

例えば、道路局では「パートナリング・ミーティングでは請負者から代案設計によるコスト削減が提案されることが多いが、従来は代案設計を採用するために変更契約書の締結が必要であり、これが障害となって実際に代案が採用されることは少なかった。この問題に対処するため数年前に契約条件書を改訂し、請負者から提案された代案設計によるコスト削減額を発注者と

請負者がシェアする条項を追加した」というような発言があった。

また、香港ランド株式会社等の民間発注者のプロジェクトではギャランティード・マキシマム・プライス（GMP）契約が採用されることがあるが、このGMP契約は、発注者と請負者がコスト・セービング（GMPと実際のコストの差額がプラスの場合）をシェアするスキームを意味するようである。

コスト・オーバーランは請負者のリスクとするわけで、いわばゲインだけシェアしてペインは請負者が負担するスキームであるが、コスト削減について発注者と請負者の双方に経済的インセンティブを設定するという点では、英国流のターゲットコスト契約によるペイン／ゲイン・シェアーと同様の効果を狙ったものと言える。

GMPについては香港住宅庁も導入に向けて作業中とのことであり、香港住宅庁の試みが成功すれば、将来的に他の公的発注機関にも広がっていく可能性があると思われる。

さらに、公共工事においてNEC契約約款を使用して契約パートナリングを実施することも検討されている。前に述べたように、NECはパートナリングに適した契約約款と認められており、NECをベースとしたパートナリングが多くのプロジェクトで実施されている。

香港の公共工事におけるNEC契約約款の使用実績は数年前に1件あるだけだが、現在2件目のパイロット・プロジェクトのための準備作業を行っており、2006年中にはNEC契約による工事発注が実施される予定とのことである。NECはさまざまなプロジェクトに対応できる柔軟性を念頭においてドラフトされた契約約款であり、複数のオプション（ランプサム、B/Q精算、ターゲットコスト等）のうちどれを使用するかによって相当性質が違う契約になるので、香港政府がNECをどのように使うつもりなのかという点も関係者の注目を集めている。

以上のような動向を見ると、香港のパートナリングは、契約上の権利義務とパートナリングとを切り離して考える米国流のアプローチから、パートナリングを契約に取り込んで行く英国流のアプロチに移行しつつあるようにも見える。このような状況の背景には、香港のパートナリングが、米国よりも、

英国・オーストラリアの影響を強く受けているということがあると思われる。

　香港の法制度・契約制度は、1997年の返還後も、いまだに旧宗主国である英国の制度の強い影響下にある。それは単に法律の規定や制度が英国法の伝統を受け継いでいるというだけでなく、実務に当たる弁護士や建設コンサルタント等も英国系の事務所と深い人的繋がりを維持しているのである。また、香港に最初にパートナリングを導入したのはオーストラリア系の建設業者だったと言われている。そのような歴史的背景・経緯もあって、香港でパートナリングが議論される際に参照されるのは、英国やオーストラリアの事例であることが多いようである。

　英国・オーストラリアでは、前述の通り、パートナリングを有効に機能させるためには契約の規定にパートナリングの要素を織り込むことが望ましいという考え方が主流であり、このような考え方が香港のパートナリングにも影響を与えているものと思われる。

4. パートナリングを含めた建設工事契約書

　当パートナリング研究会は英国、米国、豪州及び香港の4ヵ国でパートナリングに関する調査を行ったが、契約書の中にパートナリングを盛り込んで実施している国は英国及び豪州の2ヵ国のみであった。以下、4-1～4-3で英国の例を、さらに4-4と4-5で豪州の例を紹介する。

4-1　英国におけるパートナリング契約概要

　パートナリングは、相互信頼と協力の精神にのっとりプロジェクトを進めていくという基本姿勢を示す言葉である。従来は発注者と請負者間の2者関係の契約書を用いて契約した後、パートナリング憲章等に関係者が署名しその精神を確認したりしてきた。これをより発展させ契約の形にしたのがパートナリング契約である。

　そして第1章で紹介したレイサム卿の"共勝ち"への鍵は他ならぬ「ペイン/ゲイン・シェアー」である。パートナリングの真髄はペインとゲインをプロ

ジェクト関係者間で分かち合うことによって、協業への合理的な動機付け（インセンティブ）を行い、プロジェクト・チームとしての結束（インテグレート）を図ることにある。

　すなわちペイン/ゲイン・シェアーとは、相互信頼（mutual trust）と協力（co-operation）の精神を持って行動し、当初予想していたベースラインを元に損と得を分かち合うことを言う。このベースラインとなる金額を通常目標価格（Target cost または Price または Agreed Maximum Price）と言う。この目標価格とは請負者が定額で工事を請け負う一式請負金額（Lump sum price）でもなく、工事請負金額に上限を設けた（通常 Guaranteed Maximum Cost と呼ばれる）ものでもない。目標価格は、パートナリング契約で発注者、請負者、設計者等が意見を出し合い、起こりうるリスクの対処費用等を加味した工事目標費用である。よって、リスクが現実のものとなったりならなかったりするため、実際の最終原価がこの目標価格を超える場合も下回る場合もある。原価が目標価格を超える場合にはその超過分を発注者と請負者がどの様な割合で負担するか（ペイン・シェアーと呼ばれる）、原価が目標価格を下回った場合にはその追加利益分をどう分かち合うか（ゲイン・シェアーと呼ばれる）を契約で決めておく。この割合は請負者の損益配分（Contractor's share percentage）と表現されており、契約書の契約データ部分に記入される。この点が実際にかかった費用を支払うコストプラス方式（Cost reimbursement contract または Cost plus fee）と異なる。工夫をして原価低減に努めれば努めるほど、満額ではないにしろ、原価低減のメリットを享受できるインセンティブがある。

　ペインとゲインを正確に計算できる様に原価管理の透明性を確保することは、パートナリングを実施するためには必須である。原則として、工事を完成させるための原価は、契約に定められた手続きに従って支出されている限り、発注者から償還を受けることができる。しかし、どの様な原価でも発注者が負担してくれる訳ではない。請負者の明らかな過失に伴う費用等は不算入原価（Disallowed Cost）と呼ばれ、原価に入れてはならない定めになっている。請負者は定期的に最終原価予想を提出することが求められており、会

計を明確にして最終的なペインとゲインの按分計算に用いるための実コスト（Actual Cost）を積み上げていく。

一方、目標価格については、契約において規定される一定の事象（Compensation eventsと呼ばれる）が発生した場合、見直しを行い増減されることになっている。契約において発注者のリスクとされた事象や設計変更により原価が増加した場合は、目標価格も増額されるので、当該原価増はペイン/ゲイン・シェアーの計算に影響を与えないことになる。

このペイン/ゲイン・シェアーの実施方法、相互信頼と協力の精神、それにも拘わらず紛争に至ったときの解決手段、請負者の施行状況を査定するための目標達成度指標（Key Performance Indicator, KPI）を定めたものがいわゆるパートナリング契約である。近年英国ではパートナリングが盛んになるにつれ、パートナリングの精神に沿ってプロジェクトを実施しやすい様に様々な標準契約書が各種団体から発行されている。例えば、西松建設英国事務所施工によるチャンネルリンクトンネル工事では、英国土木学会（The Institute of Civil Engineers）発行のNEC契約約款（New Engineering Contract）オプションCアクティビティースケジュールの添付された目標価格（Target Contract with Activity Schedule）第2版（1995年11月発行）が用いられている。この標準契約約款は、現在名称がECC（Engineering and Construction Contract）と変更になっているが内容は基本的に同じであり、道路庁（Highway Agency）や民間の水道事業、ヒースロー空港拡張工事等でも使用されている。この契約約款は、発注者と請負者の2者関係の契約であり、相互信頼（mutual trust）と協力（co operation）の精神を持って行動することが、契約の重要事項であるとして1993年発行の初版に追加されている。また、2001年6月には同学会から、2者関係ではなく複数の当事者が1つの契約書に署名するオプションX12という標準契約約款も発行されている。

この他にも英国では土木、建築、コンサルタントの様々な団体があるので、現状ではそれぞれの団体が独自にパートナリングに適す標準契約とか、パートナリングの名前を冠した標準契約書を発行している。例えばACA（The Association of Consultant Architects Ltd）が発行したProject Partnering

Contract（PPC2000）という標準契約約款は、政府発注の病院、刑務所等の建設工事に採用されている。複数の標準が存在する現在いったいどれが良いのかという疑問を英国政府調達室（Office of Government Commerce, OGC）の担当者に尋ねてみた。同氏の弁ではイーガン、レイサムレポートでは1つの標準契約約款への統一を提唱しているが、目的に合わせて契約書を選べば良くどれかを推薦することは控えるとのことだった。ただし現在いくつかの標準が出回っているので、政府はこれらを比較検討して今年（注：2003年）3月に政府としてのレポートを出すとのことであった。NEC契約約款は既存の約款を手直ししてパートナリングに適用できる様にしたものであり、一方PPC2000契約約款は初めからパートナリングを念頭に弁護士等の意見を採り入れながら全く新たに作成した約款であるとの説明があった。ただしPPC2000契約約款を採用すると、政府側の監督の手間が増大する等いくつかの懸案事項があるとのことであった。しかし全体の印象からすると、政府公表前なので言明は避けているものの、英国政府調達室としてはPPC2000契約約款を最も有力な標準契約書と見なしている様であった。また、レディング大学のDr.ヒューの意見でもNEC契約約款は法律家でなく技術者が書いたものなので、一応契約約款のフォームを採っているが法的に分析すると仲裁では使えないとの指摘と、PPC2000契約約款は法律家が書いており金額の小さいプロジェクトで既に多用されているとの指摘があった。このPPC2000契約約款は、CIC（Construction Industry Council）、ACA（Association of Consultant Architects）、M4I（The Movement for Innovation）、ローカル・ガバメント・タスク・フォース（Local Government Task Force）、ハウジング・フォーラム（Housing Forum）等の業界の主だった組織によって認められている。

　また、海外土木工事ではFIDICという契約約款が使用されることが多いので、今回の調査でFIDICを用いたパートナリングの例を様々な団体に尋ねてみたが、皆その様な例は知らないとのことであった。立場の違いによる対立によって契約のバランスを保ち、権利と義務を明確にするFIDICは、いざ紛争になった場合には適すが、信頼協力を重視するパートナリングの精神とは

相容れないものなのかもかもしれない。

　パートナリングという手法は比較的新しいので、NEC契約約款やPPC2000契約約款を使ったパートナリング工事で実際に紛争まで発展した事例はまだないらしい。その意味では、現在は上手くいっている例ばかりで、実際のトラブルにも対処できるか否かの実証がまだなされていないとの理由で、PPC2000契約約款の推薦を躊躇する弁護士もいる。さらに設計会社（アラップARUP社）の法務部からは設計責任の範囲が不明確になる危惧が聞かれた。すなわち、従来の契約関係では設計者は、発注者に対してのみ責任を負い、その責任は契約において明確に上限額が定められていたのに対し、PPC2000では設計者が請負者等と直接契約関係に立ち、責任の範囲・上限が明確に定められていないと言うのである。また、保険業界（エイオンAON社）の人からは現時点ではどの標準契約書でも保険関係の扱いが不十分との意見が聞かれた。

　以上の様に、パートナリング先進国の英国でも1つの完全な標準契約約款の採用には至ってはおらず、どれ1つとして圧倒的に採用されている約款はない。またJCT（Joint Contracts Tribunal）は様々な標準契約約款を発行しているが、まだパートナリング用の標準契約約款の発行に至っていない。

　ここではNEC契約約款のオプションCとPPC2000契約約款を例に、パートナリングの特徴的な部分を述べるが、両契約約款については参考とすべき専門家による和訳文が現在のところないので理解が充分でない点があると懸念されるがあらかじめその旨をお断りしておく。

4-2　NECオプションC "アクティビティースケジュールの添付された目標価格"

4-2-1　NEC契約約款構成

　NEC契約約款は、英国の土木学会が作成したもので、道路庁、水道事業でこの契約書は使用されており、ヒースロー空港拡張工事でもこの契約約款を一部修正したものが用いられている。このNEC標準約款は中核（Core）条項と必須選択条項及び任意選択条項からなる。必須選択条項はオプションAか

らFまであり、このうちのどれかを1つを必ず選択しなければならない。参考にOption AからFを下記に示す。

オプションA　アクティビティースケジュールの添付された定価方式（Priced contract）
オプションB　数量表（BQ）の添付された定価方式
オプションC　アクティビティースケジュールの添付された目標価格方式
オプションD　数量表（BQ）の添付された目標価格方式
オプションE　コスト精算方式
オプションF　数量精算方式（Measurement contract）

任意選択条項は、オプションGからZまであり、こちらは全く採用しなくても良いし、複数採用してもかまわない。これらは、履行保証、親会社保証、前渡金、部分完工等に関する追加条項である。

必須選択条項のうちオプションC"アクティビティースケジュールの添付された目標価格方式"が通常パートナリング契約で用いられている。この契約書の中で特徴的と思われる条項は次の様なものがある。一部はパートナリング固有のものではないが、相互信頼の精神を表している。

4-2-2　NEC Option C 条項

NEC Option Cで特徴的な条項を次に示す。

10.1条　Actions

1条からではなく10条から始まるので、これが実質一番最初の条項であるが、ここに"shall act ……… in a spirit of mutual trust and co-operation"との表現がある。訳すと「発注者、請負者、エンジニア（プロジェクトマネージャー）、スーパーバイザーは当契約に記す如く、また相互信頼と協力の精神に則り行動しなければならない」と明記されている。その様な精神で行動したか否かの判断は実際には難しいだろうが、契約書に"しなければならない（shall）"として明記されているのだから、もしもその様な精神で行動をしなかった場合には、契約違反として先方から損害賠償を請求される可能性を秘

めている。従来の契約における紛争でも「エンジニアは公平であることを契約で求められている。しかるにエンジニアは公平ではなかった。よってエンジニアとして失格であり、エンジニアとして発行した証明書は無効である」という様な攻撃方法は弁護士の常套手段であり、それに習えば今後は協力の精神がなかったので契約が無効であるとの論議が行われるかも知れない。

11条　用語の定義で特徴的なものを下記に示す。
11.2（1）　契約当事者（The Parties are the Employer and the Contractor）
　契約当事者は発注者、請負者の2者のみである。これとは対照的にPPC2000契約約款では、契約当事者としてプロジェクトマネージャー、設計会社、専門業者等も名を連ねており同一の契約書に関係者全体が署名する様になっている。

11.2（20）　一式契約（The Prices are the lump sum prices）
　目標価格をNEC契約書の約款では目標価格（Prices）と呼び、一式金額となっている。もちろん、設計変更等の補償対象事象（compensation event）発生に伴う目標価格の増減はあるが、計測による数量精算ではなく一式契約である。

11.2（23）　出来高（Price for Work Done）
　請負者が払った実コスト（Actual Cost）にフィーを加えたもの。

11.2（27）　実コスト（Actual Cost）
　請負者の原価だが、実際の原価とは異なり、これには手直し費用等の不算入原価（Disallowed Cost）は含まれない。要するに、理想的な形で工事を進めた時にかかる原価。

11.2（30）　不算入原価（Disallowed Cost）
　パートナリングでは正規に要した費用は実コスト（Actual Cost）として認め、これらの合計が目標価格（Target CostまたはPrices）を上回った場合は、それらを発注者と請負者が事前に取り決めた比率で負担することになっている。しかし、どんな支出でも実コストとして認識するのではなく、実コストとして認めないものもある。これらの支出をここでリストアップしている。

例えば正当な記録のない費用、専門業者への過払い、正当な調達手続きに従わない調達費、他社へ早期警告（early warning）を行い得たにも拘わらず警告をしなかった場合、手直し工事費、未使用資機材、等は実コストとして認められない。

12条　法律（Law）

当契約は、契約法に従う。このNEC契約約款は全97条、30ページから構成される。準拠法の指定は、契約データ（CONTRACT DATA）に記入する。

13.6条　通知（Communications）

ここに、プロジェクトマネージャーは、発注者と請負者に対して証明書を発行すると記されている。よって、このNEC契約約款におけるプロジェクトマネージャー（Project Manager）とは、FIDIC等の従来の契約書におけるThe Engineerの役割に近い。さらに、スーパーバイザー（Supervisor）は、プロジェクトマネージャーと請負者に対して証明書を発行すると記されている。よってNEC契約約款でのスーパーバイザーとはFIDIC等のResident Engineerに近い。

14.3条　プロジェクトマネージャーとスーパーバイザー（Project Manager and the Supervisor）

プロジェクトマネージャーには、工事仕様図面（Works Information）を変更する権限がある。よってプロジェクトマネージャーは、FIDICなどのThe Engineerに相当する。同様にプロジェクトマネージャーが、The Engineerに相当する条項は、17条の書類の不明確な点、矛盾点の解決を行うこと、24条の請負者スタッフの承認、否認権を持っていること等である。

16条　早期警告（Early Warning）

工事費増加、工事遅延、施工上の障害等の解決のために、発注者側からでも請負者側からでも相手方に対し早期警告会議の開催を提案し、出席を指示できる。またその他の関係者にも出席を依頼できる。この会議上で問題解決のために誰が、どの様なアクションをとるかを決定する。

19条　不法不可能な要求事項（Illegal and impossible requirements）

不法な要求事項、不可能な要求事項は契約として成立しないので、この様

な場合にはプロジェクトマネージャーが是正することになっている。

20.4条　請負者の実コスト予想（The Contractor prepares forecasts of the total Actual Cost）

　請負者は、実コスト予想をプロジェクトマネージャーと相談しながら定期的に作成し、これをプロジェクトマネージャーに提出する。これにより定期的に、目標価格と実コスト予想が対比でき、将来の利益配分、原価負担配分等の情報が早く共有できる。

21条　請負者の設計（The Contractor's design）

　この条項は工事仕様図面（Works Information）に最初から請負者が、設計する旨記載されている設計事項に関し述べている。パートナリングではこの他にも施工途中で請負者が、代案を提案することもある。この代案が受入れられた場合、原価低減のメリットは当初の按分比率通りに配分される。また、逆にせっかくの代案が思惑通りにならず実コストが目標価格を上回ってしまった場合でも、当初の按分比率通りに原価が負担される。

　下水道トンネル工事のパートナリングの例だが、トンネルのレベルを4m高くする提案が請負者からあった。これにより立坑掘削深さが浅くなると共に、ポンプの揚程も低くできたのでランニングコストまでも低減できた。しかし逆にトンネルレベルを上げることにより、掘削地盤が悪化するリスクも伴っていた。発注者は、設計会社に地質調査結果を再検討させ、地盤の悪化リスクと原価低減のメリットを比較した結果、この代案を採用したとのことである。「貴社の提案のせいで損をしたのだから貴社が損を負担して下さい」と言わないところがパートナリングの本質で、このルールがあるから、皆が安心して原価低減の提案を出せるようになっている。

22条　請負者設計の利用（Using the Contractor's design）

　この条項によれば、発注者は請負者の設計を、一部制限があると思われるが、利用したりコピーしたりできる。西松建設英国事務所が施工しているチャンネルリンク工事でも、施工計画書などは1つのJVが作成すると他のJVにコピーが回覧され各社がそれを利用するとのことであった。これは、発注者から見たプロジェクト全体ではメリットもあるが、逆に各社の固有技術ノウ

ハウの流出を懸念する声もある。

25条　協力（Co-operation）

請負者は、工事に必要な情報の収集、提供に関し他社と協力し、工事仕様図面（Works Information）に事前に書かれているごとく工事用地を他者と協力して利用することも求められている。

この他、パートナリング工事でトンネルのズリ上げ装置を他請負者と共有する例、TBM発進時のバックアンカーの共有例があるとのことだが、工程上利用優先権がどうなっているのか興味が持たれる。

26条　専門業者外注（Subcontracting）

請負者が専門業者に外注したとしても、あたかも請負者が、自分で施工しているが如くの責任を持つ。NEC契約約款は、PPC2000契約約款と違い2者関係の契約であるため専門業者を元請け契約で縛れない。専門工事契約は通常プロジェクトマネージャーの承認が必要で、この専門工事契約中に専門業者当事者が相互信頼と協力の精神を持つとのステートメントが入っていない場合、この専門工事契約は承認されない。

27条　設計の第三者による承認（Approval from Others）

「必要とあらば、請負者は自己の設計に関して他者からも承認を得る」とだけ記載されている。例えば独立した第三者による設計のチェック（ICE：Independent Checking Engineer）等を想定しているとすれば、設計の責任、設計をチェックする責任、設計に対する保険等が絡んでくるはずであるが、これらに関する記載がない。

29条　指示（Instruction）

請負者は、プロジェクトマネージャーまたはスーパーバイザーからの指示に従う。

31条　工程（The programme）

このNEC契約約款はプロジェクトマネージャーがアクションをとる期限がFIDICと比べ短く設定されているようである。例えば30.2条では完工証明の発行は完工後1週間（FIDIC Cl10.1では28日間）、31.3条では工程表の承認/否承認の回答期限が2週間（FIDICは21日間）と明示されている。

50条 出来高査定（Assessing the amount due）

請負者の工程表提出が求められているのに、未提出の場合は出来高支払いの1/4が保留される。

52条 実コスト（Actual Cost）

請負者が受領する金額は、正当と認められた原価すなわち実コストとフィーである。ここには「実コストには含まれない請負者の原価は、フィーに含まれていると解釈される」と記されている。また、やり直し工事費用などは不算入原価（disallowed cost）として実コストへの算入を認められていないので、通常請負者が言う直接工事費とは異なる。実コストに算入する金額は市場価格、競争入札価格に基づくとされている。請負者は、原価記録、専門業者への追加支払いの経緯及び支払い記録を付け、プロジェクトマネージャーは就業時間内であればいつでもこれを閲覧できる。この請負者の原価を開示させることが、目標価格（Target Cost）と共にパートナリングの大きな特徴である。

53条 請負者の損益配分（The Contractor's share）

目標価格（Target Cost、NEC契約約款ではPricesと呼ぶ）と出来高（ここでは、Price for Work Done＝実コストActual Cost＋フィーFeeと呼ぶ）を比較して支出が少なければ、請負者は事前に定められた割合でインセンティブを受領できる旨記されている。

53.5条には、「もし請負者が、発注者の準備した設計等の工事仕様図面（Works Information）の変更を提案し、プロジェクトマネージャーがこれを受け入れた場合でも、目標価格（Prices）は減額されない」ことが明記されている。これが請負者にとって、原価低減を提案するインセンティブとなっている。

60条 補償対象事象（Compensation events）

設計変更、悪天候などの理由での目標価格増が認められている。この様な認められる理由/事象を補償対象事象（Compensation events）と呼んでいる。補償対象事象の特徴的なものは次の通り。

(1) 工事仕様図面（Works Information）の変更指示があった場合

⑹ プロジェクトマネージャーやスーパーバイザーが所定の期間内に請負者に回答を行わなかった場合
⑿ 経験ある請負者なら、当然予想原価に見込まないであろうほどの、非常に可能性の小さい現場状況（physical condition）に遭遇した場合
⒀ 10年確率の異常気象が発生した場合
⒁ 事前に発注者が負担すると決められたリスク（Employer's Risk）が現実に発生した場合

　また60.3条では、現場情報（Site Information）に関して、矛盾する情報があった際には、施工上有利な現場情報を採用したと解釈する旨記されている。これにより、請負者は、より安い工事費用見通しを立てられ、実状が想定より難しければ、それに応じて補償が得られる様になっている。

61条　補償対象事象の通知（Notifying compensation events）

　補償対象事象が発生した時の通知義務は、プロジェクトマネージャーと請負者の双方にある。請負者は、補償対象事象の発生に気づいた日から2週間以内に通知する。

63条　補償対象事象の査定（Assessing compensation events）

　実コスト（Actual Cost）を低減させる様な工事仕様図面の変更や以前の補償対象事象査定時のプロジェクトマネージャーの想定を修正した場合には、目標価格（Prices）は減額される。その他の場合は、補償対象事象の発生により実コストが低減されたとしても目標価格は低減されない。

　63.4条では、請負者が補償の対象となる事象の発生の通知を行わなかったとしても、この事象が経験ある請負者であれば通知したであろうものは請負者が通知したと見なされる。要するに自分で申し出なければ権利落ちという考えではなく、例え先方が権利の主張をしなくても、その権利を認めようという精神に基づいている。

70～73条　所有権（Titles）

　機械及び材料の所有権に付いて記載されているが、パートナリングとして特殊なものはない。

80条　発注者リスク（Employer's risks）

85条に示す様に、保険で補填されない部分で、発注者が負担するもののリスト。例えば、戦争、内乱などによる工事建設物、機械、材料の損害等。60条に示す様に発注者リスクが現実のものとなった場合、この分目標価格が増額される。

85条　保険（Insurance policies）

保険では補填されない金額については、発注者リスクとなっているものは発注者が負担し、請負者リスクとなっているものは請負者が負担する。

90条　紛争（Settlement of disputes）

「当契約または当契約から発生した紛争は、アジュディケーターに付託され、彼により解決される」。パートナリングの精神をもって着工しても、途中で紛争が発生し内部で解決できない事態は想定されるので、アジュディケーション等の紛争解決手段がここに記載されている。「アジュディケーターの判定（decision）は、裁判・仲裁によって覆されない限り、最終的で拘束力がある」。

91条　アジュディケーション（The adjudication）

「アジュディケーションに関する追加資料は、アジュディケーション申込みから4週間以内に提出し、アジュディケーターはそれの受領後4週間以内に判定を出す」。

92条　アジュディケーター（The Adjudicator）

アジュディケーターは、プロジェクトマネージャーやスーパーバイザーが行った証明を調べこれを修正する権限がある。当事者は契約上の権利・義務としてアジュディケーターの決定を執行（enforce）することができる。

上記のようなアジュディケーションの手続きは、代替紛争解決手段（Alternative Dispute Resolution）の1つとして近年発展してきたもので、必ずしもパートナリングに特有なものではない。NECにおける紛争解決方法としてアジュディケーションが選ばれたのは、以下のような特色によるものと思われる。

・完全に中立の第三者による紛争解決であること。FIDIC等の契約約款に

おいては、当事者間の紛争は、まずエンジニアの裁定（determination）により解決が図られることになっている。しかし、エンジニアは発注者から報酬の支払を受ける者であるから、独立のコンサルタントが起用された場合でも完全に中立な立場で裁定が行われているとは言い難い状況がある。この点、アジュディケーターは完全に中立の立場であり、全ての当事者にとって中立・公正な判定が期待できる。
- 早期の紛争解決が図られること。アジュディケーターは、原則として4週間以内に判定を出すものとされている。
- アジュディケーターの判定は、裁判・仲裁によって覆されない限り最終的で拘束力があるものとされており、当事者はこれを執行（enforce）できること。アジュディケーターの判定には、仲裁判断に認められているような法的確定力（既判力）はない。しかし、当事者は、契約上の義務として、これを執行することができるとされている。当事者がアジュディケーターの判定に従わない場合、他の当事者は裁判によって執行を求めることになるが、アジュディケーターの判定の存在・内容を立証することは容易であろうから、比較的簡単に判定の執行を実現することができると思われる。裁判・仲裁による再審査手続きが工事完成または契約解除までは開始しないとされていることもあり、アジュディケーターの判定は、事実上、非常に強力なものとなっている。

建設工事においては、当事者間に紛争が発生することはある程度不可避である。パートナリングを積極的に推進している発注者からも、紛争の発生自体は必ずしもパートナリングの失敗を意味しないとの発言があった。紛争が発生した場合、当事者が納得できる手続きにより早期に解決し、プロジェクトの進行を妨げないようにすることが重要であり、その意味で紛争解決方法としてアジュディケーションが採用された趣旨は、充分理解できる。

93条　裁判・仲裁による再審査（Review by tribunal）

アジュディケーターの判定に不服な場合、4週間以内に裁判・仲裁に提訴す

る意向を相手側に通知する。裁判は、工事完成後または、契約解除後に開始される。裁判所の権限は、アジュディケーターの判定、プロジェクトマネージャーやスーパーバイザーが行った証明を調べこれらを修正することができる。仲裁による再審査を合意した場合は、仲裁合意の内容（仲裁規則・仲裁機関・仲裁地等）を契約データ欄に特記するようになっている。

94条　契約解除（Termination）

　発注者または請負者が契約を解除させたいと望んだ場合、その旨をプロジェクトマネージャーに通知し、契約終了の理由が契約に認められていればプロジェクトマネージャーは、契約終了の証明を発行する。契約が解除できる条件は契約解除要件一覧表（Termination Table）に示される。請負者は契約解除要件一覧表に示される理由でのみ契約解除を申し込めるが、発注者はいかなる理由でも契約を解除できる。契約解除要件一覧表には、どの様な理由で契約を解除したかにより、どの様な補償が行われるかが示されている。

95条　契約解除理由（Reason for termination）

　　契約解除が可能な場合が列挙されている。主なものは次の通り。
- 請負者が自己の義務を果たさず、その様な状態を4週間以内に是正しなかった場合。
- 発注者の支払いが13週間遅れた場合。
- 放射性汚染により26週間以上工事に影響があった場合。
- プロジェクトマネージャーの工事中断命令が13週間経過しても解除されなかった場合。

契約データ（CONTRACT DATA）

　契約書に書き入れるデータのうち主なものを下記に示す。第1部は発注者が記入するデータで主なものは下記の通り。
- アジュディケーター（Adjudicator）の氏名及び住所
- 契約言語及び準拠法
- 手紙に対する返事の期限が何週間か記す。
- 請負者の設計に起因する請負者の瑕疵担保責任期間

- 保険付保金額
- アジュディケーターの選出に際し、双方の合意が得られなかった場合、アジュディケーターを選定する人
- 裁判の場所
- オプションとして裁判ではなく仲裁を行う場合の仲裁の方法
- 請負者が負担する原価の配分を示す。原価率（share range）の区分ごとに、原価の負担割合（Contractor's share percentage）を定めている。

第2部は請負者が記入するデータで主なものは下記の通り。
- フィーの率
- 主要スタッフの氏名、仕事内容、責任範囲、資格、経験

4-3 PPC2000 ACA Standard Form of Contract for Project Partnering
4-3-1 PPC2000契約約款の主な特徴

　PPC2000契約約款では、パートナリングチームの構成員は信頼、公平、相互協力の精神（in the spirit of trust, fairness and mutual corporation）に則り仕事を行うことが契約の条件になっているので、これに違反すれば契約違反になる。ACA（The Association of Consultant Architects）発行の説明書によればPPC2000契約約款の主な特徴は次の通りである。

①長期複数（3者以上）当事者間の契約に対応（Term-Based Multi-Party Approach）

　　PPC2000契約約款では、発注者、請負者、コンサルタント、主要スペシャリスト（サブコンサルタント、専門業者、サプライヤー）が1つのパートナリング契約に調印する。これにより、いくつもの2者間契約書を作成する手間が避けられる。1つの契約書を用いることによりチームとしての結束を高め、2者関係契約の後ろ盾に頼りたい誘惑を減らす作用がある。新しいメンバーも後からパートナリングチームに参加できる。

②一貫した設計/供給/施工プロセス（Integrated Design/Supply/Construction Process）

　　PPC2000契約約款では、早い段階でのプロジェクトパートナリングチ

ームを選定し、設計及び目標価格（prices）及びサプライチェーンを各者が協調してまとめられる様になっている。請負者、スペシャリスト等が現場着工前の段階から参画する様働きかけている。

③イーガンの目標（Eagan Objectives）

　PPC2000契約約款は1998年のイーガン・レポート「建設業再考（Rethinking Construction）」を念頭に置いて作られ、この中の提言を達成することを目標としている。この達成度は目標達成度指標（Key Performance Indicator、以下KPI）を用いて測られる。

④サプライ　チェーン　パートナリング（Supply Chain Partnering）

　PPC2000契約約款では、主要スペシャリスト（サブコンサルタント、専門業者、サプライヤー）がパートナリングチームの正式メンバーになれる様になっている。専門業者契約がPPC2000契約約款と矛盾しない限り、請負者が用いている様々な専門業者契約に対応している。

⑤コアーグループ（Core Group）

　PPC2000契約約款ではパートナリンググループを代表した人々が、コアーグループのメンバーとなり定期的に進捗、問題点を見直し早期警告（Early Warning）を行う。

⑥工程などの管理（Controls）

　PPC2000契約約款では1つのパートナリング工程表に従って、各メンバーが、行動する。実際の作業は2段階で行われ、着工前合意書（Pre-Possession Agreement）で着工前の準備作業等に関する取り決めを行い、着工後の工事に関する取り決めは着工合意書（Commencement Agreement）で行う。基本的には、パートナリングチームが着工合意書に署名する前に、全ての工事詳細が最終のものとなっていなくてはならない。

⑦インセンティブ（Incentives）

　PPC2000契約約款では利益、本支店経費（Central Office Overheads）、現場経費を定めており、各パートナリングチームの利益配分率を定めている。出来高支払いも目標達成度指標（KPI）で測られる実施実績とリンクしている。

⑧リスク管理（Risk Management）
　PPC2000契約約款では、リスクの低減、管理、負担方法及び設計変更の方法を定めている。
⑨協調的な問題解決（Non-Adversarial Problem Resolution）
　PPC2000契約約款ではパートナリングチーム内での問題解決の手順を定めており、当事者間で期限内に解決しない問題は、コアーグループに上げて解決が図られる。さらに調停、アジュディケーション及び仲裁による紛争解決手順も決めている。
⑩パートナリングアドバイザー（Partnering Advisor）
　PPC2000契約約款は、英国建設業協議会指針（Construction Industry Council Guidance）の提言に沿って、パートナリングアドバイザーを任命する様になっている。

4-3-2　PPC2000契約約款の構成
　PPC2000契約約款の全体の構成は次の様になっている。
- 合意書（Agreement）部分：日付、発注者名、工事名などを書き込める様に空欄が作られている。
- パートナリング条件（Partnering Terms）部分：28条からなる一般契約条件
- 付属書部分

4-3-3　PPC2000契約約款の合意書部分
　この合意書部分に該当工事固有の内容を記入していく。また、重要事項などもコンパクトにまとめて書かれている。以下に合意書部分の特徴的な箇所の概略を記す。

表題部分
　"プロジェクトパートナリング合意書（PROJECT PARTNERING AGREEMENT）"と明記されている。パートナリングというとプロジェクトを特定せず長期間（例えば6年程度）同じ施工業者に発注を続けるパートナリングと、

特定のプロジェクトに限定したパートナリングがある。ここで取り扱うパートナリングは表題に示す様、特定のプロジェクトに限定した後者である。

1.3条、1.5条に関して：契約当事者

　発注者代理人（Client's Representative、FIDIC等のThe Engineerに相当）等も契約当事者として署名をする形式になっている。従来の工事契約では発注者と請負者しか契約当事者とならないのが一般的である。特に、FIDIC等ではThe Engineerの名前は特別条件書に記載することとなっており、必須の記載事項でないため、誰がThe Engineerとなるのか追って発注者から通知されるまで分らないこともあるのと対照的である。

1.3条、1.6条、10.2条に関して：パートナリングチーム

　パートナリングチームとして参加する現時点で決定している専門業者・サプライヤー（Specialist）名を記入する。後日パートナリングチームに加わる者は付属書2のフォームを使用して名前を追加できる。

2条に関して：パートナリング契約構成図書

　パートナリング図書は、プロジェクトパートナリング合意書、パートナリング一般条項、パートナリング工程表、コンサルタントサービススケジュール、コンサルタント支払条件、プロジェクト概要書、プロジェクト提案書、価格予算書、目標達成度指標（KPI）から構成され、図書の特定のためにパートナリングチームメンバーによって日付を入れ署名する。

3.3条に関して：コアーグループ

　パートナリングチームの中にコア・グループ（Core Group）と呼ばれる主要メンバーを決め、彼らは定期的に会合を持ち問題点を解決する努力を行う。このコアーグループのメンバー名を記入する。

3.9条に関して：利害関係者

　パートナリングチームの一員ではないが、工事に関係のある者あるいは団体を利害関係者（Interested Party）と呼んでおり、これらの名称を記入する。

5.2条に関して：発注者代理人

発注者代理人（Client Representative、FIDICのThe Engineer）の権限の制約を記す。通常2者関係の契約書であると、エンジニアの独自の判断による設計変更には上限があるのに請負者に知らされていないことがある。このPPC2000契約書では、関係者が全員署名するので、この様な制約があったとしても全員が知ることができる。

5.6条に関して：パートナリングアドバイザー

パートナリングアドバイザー（Partnering Advisor、別称Facilitator）名を記入する。パートナリングアドバイザーは、定期的な会合等を通じパートナリングの導入を手助けするが契約当事者ではない。

8条に関して：設計会社/チーム

幹事設計会社（Lead Designer）名と設計チーム（Design Team）を構成する会社名を記入する。

8.3条、8.6条に関して：設計プロセス

パートナリング条件に設計を煮詰めるプロセスが記されているが、これを変更する場合には、ここに変更箇所を記入する。ただし該当しない場合は削除する。

8.4条に関して：現地調査

現地調査などを誰が行うかを記入する。ただし該当しない場合は削除する。

1.6条、10.11条に関して：指名専門業者

発注者が直接指名する指名専門業者名を記入する。ただし該当しない場合は削除する。

13.2条に関して：利益損失按分比率

パートナリングでは各構成員の動機付けとして、先ず目標価格（PPC2000契約書ではAgreed Maximum Priceと呼ばれるが、一般にTarget Costと呼ばれるものと同じ）を設定した後、実際の原価がそれを下回った場合に利益をどのメンバーがどの様な割合で受け取るかを決めておく。この取り決め内容を記入する。契約後の原価低減は、設計者の功績が大きいもの、施工業者の業績が大きいものと様々であっても、原価低減の功労者が誰であっても一律にここで取り決めた割合に応じて利益を配分する。これも、皆の努力のメ

リットを皆で分かち合うというパートナリングの趣旨に基づくものだろう。不要の際または配分比率が未合意の時は削除する。

19.3条、19.4条に関して：第三者保険、設計責任保険
　第三者保険、設計責任保険等の金額及び該当するパートナリングチームメンバー名を記入する。

20.9条：金利
　支払い遅延の場合の金利を記入する。

21.4条：瑕疵担保責任期間、修理期間
　瑕疵担保責任期間を記入する。その他、欠陥の修理期間を記入する。

22.1条：注意義務・保証
　パートナリングチームの各メンバーはそれぞれの役割・技術経験・責任について合理的に期待される注意を払うべきものとされ、各々が相互に注意義務を負うものとされている。この注意義務に関しては、標準で以下の特約が用意されており、不要なものを削除する様になっている。

- 請負者は、発注者に対して全責任を負う（つまり、発注者は免責される）。ただし、発注者以外のパートナリングチームメンバー（例えば幹事設計会社、専門業者、サプライヤー）が損害発生に寄与している場合、請負者がそのメンバーに対して責任を追求することは妨げない。
- 請負者が、完成物が発注者の意図に合致している（fit for purpose）ことを保証する。
- 複数のメンバーが損害発生に対する原因者である場合、各々が連帯して損害額全体について責任を負うのではなく、各々の責任は当該メンバーの責任割合に応じた金額に限定されるものとする。
- 発注者を除くパートナリングチームが、発注者に損害を与えた時、損害発生に対する各々の寄与割合を問うことなく、事前に合意した比率でパートナリングチームメンバーが責任を分担する。

25.4条、27.6条、27.7条に関して：準拠法、裁判管轄地
　準拠法と裁判管轄地を記入する。

27.4条、27.5条に関して：調停及びアジュディケーション

調停人（Conciliator）、アジュディケーター（Adjudicator）を紛争が生じる前に決めておき、その名前を記入する。該当しない場合は削除する。

27.6条：仲裁

仲裁人を誰にするか合意できない場合、仲裁人の選定を誰に依頼するかを記入する。（仲裁人本人の名前ではない。仲裁人を選ぶ人または機関名を記す）該当しない場合は削除する。

署名に関し

通常の契約だと契約当事者である発注者と請負者が署名するだけだが（NEC契約約款でもこの両者のみが契約に署名）、PPC2000契約約款では、設計者も、専門業者も、サプライヤーも同じ1つの契約書に署名する。また雛形では、単純契約と捺印証書契約のどちらかを選ぶ様になっている。

4-3-4 PPC2000契約約款の一般条件部分

重要事項部分はすでに上に述べた合意書部分に記載されているので、下記にパートナリング条件（Partnering Terms）に関してその他の特徴的な条件を記す。

1.3条　役割と責任

パートナリングチームの構成員は信頼、公平、相互協力の精神（in the spirit of trust, fairness and mutual corporation）にのっとり仕事を行うことが契約条件になっており、これに違反すれば契約違反になる。

1.5条　コンサルタントへの支払い

コンサルタントへの支払いは、発注者のみが行い、請負者などの他のパートナリングチームメンバーからは支払いは行われない。ただし、コンサルタントが10.10条スペシャリストとして参加した場合はこの限りではない。

1.6条　専門業者への支払い

発注者が指名した指名専門業者以外の専門業者への支払いは、請負者のみが行い、発注者などの他のパートナリングチームメンバーからは支払いは行われない。

1.7条　合理的妥当性（Reasonableness）

　パートナリングチームメンバーは合理的妥当性を持って遅滞なく行動しなければならないとされる（shall act reasonably and without delay）。これに反すれば契約違反になる。

2.5条　パートナリング書類の相互補完

　パートナリング書類に矛盾点が見つかった時は、各パートナリングチームメンバーが解決策を検討し、提案する。この提案は、コアーグループが検討した後、発注者の承認が必要。

2.6条　パートナリング書類の優先順位

　2.5条に従って解決が得られない場合、パートナリング書類の優先順位は次の通り。

・合意書、一般条件書、工程表、着工合意書、パートナリング憲章、コンサルタントサービススケジュール、プロジェクト概要書、プロジェクト提案書、パートナリング参加合意書、工事価格フレームワーク（Price Framework）、KPI、その他のパートナリング書類の順となっている。

3.3条　コアーグループ

　パートナリングチームは、コアグループを選出する。コアグループは、定期的に会合を持ち問題の早期解決にあたる。コアグループのメンバー名はプロジェクトパートナリング合意書に個人名が記名されている人から構成される。コアグループのメンバー交代に当たっては、パートナリングチームの事前承認を必要とする。

3.5条　コアーグループ会議

　コアグループ会議の招集は、コアグループメンバーが行う。議題は事前にパートナリングチームメンバーにも配布されるので、パートナリングチームメンバーも希望すれば参加の権利がある。毎回その会議で合意された人が、その会議の議長を行う。

3.6条　コアーグループ会議の決議

　コアーグループ会議の決議は、出席者全員一致とする。パートナリングチームメンバーは、コアーグループ会議の決議内容に従う。

3.7条　早期警告

　パートナリングチームメンバーは、工事に悪影響が発生すると予想された場合、その旨の警告とそれに対する解決案の通知を行う。通知後5日以内に発注者代理人は、コアーグループ会議を召集する。

3.8条　パートナリングチーム会議の決議

　コアーグループ会議では議長が毎回替わるが、パートナリングチーム会議の議長は常に、発注者代理人が行う。決議は、出席者全員一致とする。

3.11条　記録

　パートナリングチームメンバーは、工事に関する記録を保管するが、この記録を他のパートナリングチームメンバーやプロジェクト概要書に示された人が閲覧することを許可しなければならない。

5.1～5.5条　発注者代理人

　FIDICレッドブックにおけるThe Engineerに類似の役割であるが、発注者代理人とされており、「中立」であることは必ずしも要求されていない。外部のエンジニアであったり、発注者内部のエンジニアリングセクションの人間であったりすることが想定されていると思われる。発注者代理人は、契約上定められた裁量を行使するに当たり「公平」であるだけでなく「建設的」であることも義務付けられていることが特徴的である。発注者代理人は請負者に指示を出し、その指示に不満があれば請負者は、発注者と発注者代理人に対しその旨を2日以内に通知する。発注者代理人が関係するパートナリングチームメンバー等の意見を聞き先の指示を見直し、再度請負者に指示を出す。請負者はこの指示受領後2日以内に実行に移さねばならない。もし請負者が実行に移さない場合、発注者は請負者に警告を発し、それでも警告から5日以内に請負者が実行に移らない場合は、発注者は他の者を雇い工事を進め、その費用は請負者が負担する。

8.3条　着工前の設計プロセス

　幹事設計会社は、他の設計チームの協力を得て、基本設計を作成し発注者とコアーグループに提出する。またこの際、代案も提出する。設計チームはこの基本設計に沿って設計を進めコアーグループによる考慮と発注者による

承認を得る。発注者の承認後、幹事設計会社は、設計チームの協力の下に設計をさらに進める。この設計が完成しコアーグループと協議後発注者の承認を得た後、幹事設計会社は、発注者の名前において各種開発許可申請を提出する。

8.11条　請負者の設計に対する異議
設計の各段階で全ての図面のコピーは請負者に廻される。請負者は設計に異議があれば、受領5日以内にその旨通知する。幹事設計会社は、設計を見直し請負者に通知する。請負者はこれを受け入れるか、さもなければ2日以内に17条変更、18条リスクマネージ、27条問題解決に定める方策に従う。

9.2条　特許の使用権
各パートナリングチームメンバーの特許権利は、そのまま保有するが、工事の目的に限り他のパートナリングチームメンバーが無料でその特許を使用することを認める。さらに発注者に対しては、該当プロジェクトのオペレーションに必要な特許の使用も認める。

10.3～10.9条　推薦専門業者
請負者はある部分を自ら直庸するか専門業者に外注するか等によって作成した建設実施計画を発注者に提出する。この際、請負者は推薦する専門業者も示すが、もし発注者がこれに不満な時は、発注者が選んだ複数の専門業者から見積もりをとり、決定する。専門工事契約の内容は、事前に発注者の承認を得てから、専門業者に発行される。

10.11条　発注者の直接雇用専門業者
発注者が直接専門業者を雇い、直接支払うことも可能である。この専門業者を解雇、交代させる場合は、請負者の承認が必要となる。また後日、発注者の直接雇用から請負者の専門業者に変更することも可能である。請負者は、発注者直接雇用の専門業者以外の、専門業者に対して責任を負う。

11条　大量調達契約
もし、パートナリングチームメンバーが、大量調達契約を当該プロジェクト以外で行っているか、または、行う予定である場合、パートナリングチームメンバーは発注者代理人に報告する義務がある。発注者代理人とコアーグ

ループはこの大量調達契約を調べ、その当該プロジェクトに有益であれば、その旨発注者と請負者に提案する。

12条　価格

着工合意書前に発生した請負者の費用は、発注者の工事価格フレームワークに従って支払われ、さらに現場に予定より早く乗り込み発生した費用は、着工合意書に従い支払われる。この様に本工事の成立前に発生する費用を支払うことを確約することにより、請負者が早い段階で安心して準備等に取りかかれる様にしている。特記がない限り、請負者の利益、本支店経費、現場経費は、固定金額である。

17条　変更

どのパートナリングチームメンバーであれ、何時でも変更を提案できる。(Partnering Team proposed Changes) この提案は発注者、発注者代理人で検討され、発注者が承認すれば、請負者に通知される。発注者もいつでも変更を提案できる。(Client proposed Changes) この際請負者は、その変更の具体案、予想金額等のパッケージを正式に請負者変更提出物（Constructor's Change Submission）として10日以内に提出する。この後5日以内に発注者は、発注者代理人等と相談後、変更を実施するか、変更を取り下げるか請負者に通知する。この変更に伴う増額、工期延長を発注者と請負者間で合意できない場合は発注者代理人が公平合理的な査定を行う。この査定にどちらかが不服であれば、さらに27条の紛争解決手段に進むことも可能である。

18条　リスク管理

請負者は、リスク分担合意書などに特記ある以外は、着工合意日から完工日まで、工事と用地に係るリスクに関して責任を負う。工期の延長は、請負者はその低減努力を求められているが、次の様な場合には認められる。発注者に起因する遅れ、遺跡の発見、着工合意書に記されている第三者からの承認の遅れ、予見不可能な法令の改定、極度の悪天候、官庁等が行う前途工事の遅れ、試験検査のために掘り返し等を行い試験が合格した場合、保険対象になる様な事項の発生、パートナリングチーム会社以外の従業員のストライキ、労務者及び材料製品に影響を与える政府の法令変更、発注者の工事用地

供与及び進入路確保の遅れ、工事代金の不払、工事不可能による工事中断、工事または工事従業員を対象にしたテロの発生・懸念、請負者が早期警告を与えたにも拘わらず発注者・コンサルタントのパートナリング契約書に関する契約違反があった場合、発注者の指定専門業者による遅れ、その他特約で決めた場合。

請負者はこの様な事態を知った時から2日以内に発注者代理人に解決策を含めて通知し、発注者代理人から反論がなければ2日以内に実行に移す。発注者代理人は現場経費の追加、工期延長、目標価格等を査定する。この査定に発注者・請負者が不服であれば、さらに27条の紛争解決手段に進むことも可能である。

この様にして決まった工期延長は、コンサルタントの過失の場合は別として、コンサルタントの役務サービス期間も同様に延長される。

専門業者（Specialist）による原価増加、工期延長は、発注者指定専門業者の場合以外は、請負者の責任である。

19条　保険と保証

付属書4に示される保険は、着工合意書に記載されるパートナリングチームが付保する。

設計に関するPI保険とプロダクトライアビリティー保険は、付属書4に示す内容に従って、パートナリングチームが付保する。通常の保険市場で調達不可能か、保険費用が不合理でない限り、保険期間は27.8条の定める期間とする。

着工合意書に記載があれば、環境リスク保険（Environmental Risk Insurance）や隠れた瑕疵保険（Latent Defect Insurance）やプロジェクト保険（Whole Project Insurance）をかける。

プロジェクト概要書に記載されていれば、請負者は、履行保証、親会社保証、保留金解除保証を提出する。

20条　支払

コンサルタントと請負者はそれぞれ定められた期間ごとに、定めがなければ毎月、請求書をそれぞれが発注者に提出する。請求書受領後5稼働日以内に

発注者代理人はこの査定を行い支払証明書を発注者と請負者に発行する。発注者は、証明書発行から15稼働日以内に支払を行う。

専門業者へは請負者が支払うが、これらの記録を保管し、発注者代理人からの要請があればこれを閲覧させる。パートナリングチームメンバーは、工事に係る金銭的記録を発注者代理人に閲覧させなければならない。

完工後20日以内に発注者代理人は、発注者と請負者に対して目標価格との差額を示す費用配分計算書を提出する。これに合意が得られれば20日以内に支払証明書が発行される。

請負者・コンサルタントに対する支払期日が過ぎ、発注者に催促しても7日以内に支払がない場合は、満額の支払がなされるまでは請負者・コンサルタントは作業を中断することができる。しかし、契約解除できるとは記載されていない。

21条　完工

請負者は、工事が完成したと判断した時、5稼働日前に発注者代理人にその旨通知し、立会・竣工検査・試験を求める。発注者代理人は、この立会・竣工検査・試験終了後2稼働日以内に発注者と請負者に対し、竣工証明書または、工事補修リストを提出する。発注者と請負者が合意すれば部分完工引渡を行うことができる。

22条　注意義務と保証

パートナリングチームは、各自設計・調達・施工・工事完成に関して合理的な範囲での注意義務を負う（reasonable skill and care）。請負者は、専門業者に発注者宛の保証状を発行させ発注者に提出する。

23条　目標達成度指標と継続的改善

コアグループは、各パートナリングチームのサービスを目標達成度指標（Key Performance Indicator）に照らして定期的に評価する。各パートナリングメンバーは、発注者代理人に対して目標達成度指標の改善状況を開示する。コアグループは、目標達成度指標が達成できない場合の対策につき検討する。

24条　ストラティジック・アライアンス（Joint Initiatives and Strategic

Alliancing)

　PPC2000契約約款は個別プロジェクトを対象とするパートナリング契約であるが、対象となるプロジェクトだけにとどまらず、パートナリング関係を発展させ他のプロジェクト実施のための長期的パートナリング関係を形成することに各パートナリングメンバーが合意する旨の規定を置いている。長期的パートナリング関係の形成は、各メンバーのKPIの成績いかんと具体的な条件の合意が条件とされている。

25条　一般事項

　パートナリングメンバーは、英米法でいうところのパートナーシップを設立するわけではないので、外部に対しその様な誤解を招かせてはいけない。パートナリングメンバーは、パートナリングを通じて知った他社の情報を外部に漏らしてはならず、そこで知った情報は当該工事のためだけに用いる。

26条　契約解除

　発注者は、14.1条に記す契約の全体条件が満たされないか、予見できない状況が発生したか、あるいは契約継続を望まない場合は、契約を解除できる。発注者は、パートナリングメンバーに20稼働日の事前通告を行い、各メンバーは工事を終止する。発注者代理人は、請負者の施工を査定する。

　パートナリングメンバーが倒産等した場合は、このメンバーとのパートナリング契約は自動的に即時解除される。

　発注者・請負者以外のパートナリングメンバーが、契約違反をし10日以内に改善されなかった場合には、コアーグループに通知しさらに10日以内の猶予を与えた後、そのパートナーは即時解約解除される。

　請負者が、工事を不法に中断した場合、発注者代理人の指示に従わなかった場合、不法に専門業者に発注した場合、法律に違反した場合で、10日間これを是正しない時には、発注者は契約解除できる。この場合発注者は他の者を雇って工事を完成させる。これにより全体の工事費用が目標価格を超えた場合には、契約解除された請負者は、その差額を発注者に対して支払わなければならない。

　発注者が、正当な支払いを行わなかった場合、自己の権限責任を他のパー

トナリングチームの同意なしに他の者へ譲渡した場合、法律に違反した場合で、10日間これを是正しない時には、これにより被害を被るパートナリングメンバーは、発注者とのパートナリング契約を解除できる。

27条　問題解決、紛争の回避と解決

パートナリングチーム間での問題に気付いた時は、相手にその旨通知し、コピーを発注者代理人に送る。問題当事者は、必要に応じてパートナリングアドバイザーの指導のもとに、諮問機関に上げる（Problem-Solving Hierarchy）。ここでも、解決に至らない場合は、発注者代理人がコアーグループを召集し解決策を提示する。これでも解決に至らない場合は調停または、パートナリングアドバイザーが推薦し、当事者が合意する代替紛争解決手段（ADR）にて解決策を提示する。

上記のプロセスの他に、当事者はアジュディケーションを行うことも許されている。これで解決に至らない場合は、裁判に進むか、特記で定めている場合は仲裁へと進む。

4-3-5　PPC2000契約書の付属書部分

付属書部分のうち、付属書1の用語定義に関して、特徴的なものを下記に示す。

目標価格（Agreed Maximum Price）

一般的には目標価格（Target Cost）と呼ばれることが多い。これは、工事着工に際し取り決めた工事金額であり、実際の費用がこれより下回った場合には差額分を事前の取り決めにより関係者で配分し、実際の費用がこれより上回った場合には同様に事前に取り決めた比率で増加分を発注者、請負者などが負担する。上限（Maximum）との単語が使用されているが上限金額を固定しているのではない。

請負者（Constructor）

通常の契約書ではコントラクターが施工を行う請負者の意味で使用されるが、PPC2000契約約款では設計会社、サプライヤーなどが同じ契約書に署名するので、混同しないようにConstructorの単語を使用している。英国人も奇

妙な表現だとコメントしていたが、米国の契約書ではこの表現も使用されている。

コア・グループ（Core Group）—パートナリングの中心となる組織

契約書にコア・グループとなる会社名（例えば発注者、エンジニア、請負者等）を記載し、これらの会社を、定期的に会議を持って問題点の早期発見対策を行う中心的存在と位置付けている。

デザイン・チーム（Design Team）

通常の契約であれば設計は設計会社が行い、それに不備があればクレーム等で対処するが、パートナリング契約では、施工業者等も代案設計案を持ちより原価低減を目指すことから、これらの設計関係者からなる設計チームというものを定めている。この中で主に設計を行う者をLead Designerと定めている。

早期警告（Early Warning）

英国では従来相手がミスするまで黙って待ち、ミス発生後にクレームをするのが常套手段だったとのことである。パートナリングでは、問題点を早い時期に相手に伝え改善の機会を与える様になっている。

利害関係者（Interested Party）

パートナリングチームの一員ではないが、パートナリングに利害関係のある人、組織と定義されている。これらの名前も契約書に記入される様になっている。

目標達成度指標（Key Performance Indicator）

パートナリングチームの実績は定期的にコア・チームが、事前に取り決めたKey Performance Indicator（目的達成度指標）に照らして評価する。

着工前作業内容（Pre-Possession Activities）

パートナリングのメリットは、計画の早い段階から施工者などのアイデアを取り入れられることにある。この目的で付属書3にConstructor（請負者）が早い段階で行う作業内容と、それに対する支払いなどを記入する様になっている。

4-3-6 NEC契約約款とFIDIC契約約款の比較

NEC契約約款とFIDIC（for Construction 1999年第1版）契約約款との大きく異なる点は「NEC契約約款比較と相違」（The NEC Compared and Contrasted、2002年 Thomas Telford出版）によると、次の通りである。

- NECは協力を前提にしているが、FIDICは対立を前提にしている。
- NECは契約が1つにまとめられており特記をその都度該当箇所に書き入れるので読みやすいが、FIDICはPart1とPart2に分かれており、Part1の条件が妥当であっても、Part2の特記で大幅に改定されていることが多いので読むのに注意を要す。
- FIDICは数量精算であり、NEC（Option C）は数量精算とは限らない。支払い時期もFIDICは、出来高を請負者が請求してから56日目に入金だが、NECでは21日目と早くなっている。
- アジュディケーションと仲裁

	NEC	FIDIC
アジュディケーション・ボード	1人	1人または3人
選定方法	契約に記名、または、合意事項	合意事項、または、独立機関が推薦
任命時期	契約開始時	契約開始時
作業開始時期	紛争発生時	定期的に現場訪問
プロセス	契約で定める通り	契約で定める通り
決定	契約上当事者を拘束 （Enforceable under contract）	契約上既判力あり （Must be implemented under contract）
決定を受け入れなかった場合	契約で定めた通り裁判、または、仲裁	協議による決着を目指し （amicable settlement）、決着しない場合は仲裁

4-3-7 NEC契約約款とPPC2000契約約款との比較

NEC契約約款とPPC2000契約約款の相違は、上記「NEC契約約款比較と相違」等によると、次の通りである。

- NECは土木系の人間が中心に作成したが、PPC2000は法律家がドラフト

作成に参加していると言われる。
- NECは、発注者—請負者、発注者—エンジニア、請負者—専門業者の様に2者関係を基本とした契約だが、PPC2000は1つの契約書に発注者、請負者、エンジニア、専門業者がサインし、複数当事者間の契約となっている。
- NECは、オプションとして様々な契約方式（一式契約、目標価格設定契約、数量精算契約）が選択できるが、PPC2000は1通りである。
- PPC2000は複数者間の契約のため、パートナリングアドバイザーが複数者間の紛争解決のための方法等について助言する（解決策自体は提示しない）。

	NEC	PPC2000
パートナリングアドバイザー	存在しない	存在する
発注者代理人	存在する	存在する
パートナリング中の中心的なコアグループ	存在する	存在する
パートナリング契約構成図書の優先性	定めなし	定めあり
段階的な紛争解決手段順序	定めあり	定めあり
コアグループによる紛争の見直し	定めあり	定めあり
早期警告	定めあり	定めあり

4-4　豪州におけるパートナリング

　伝統的建設工事契約に特有の敵対的関係から生ずる不都合に対する反省を踏まえ考察されたのがパートナリングである。パートナリングは米国で誕生したコンセプトであり、1990年代初期に豪州に導入された。パートナリングを行うに当たっては当事者が「パートナリング憲章（partnering charter）」に署名するが、この憲章は建設工事契約の一部を構成することはなく、従って法的に拘束力のあるものではない。

　しかし、その後豪州においてはパートナリングの精神と手法を工事契約に盛込む努力がなされている。後のセクションにて契約約款の実例を紹介するが、パートナリングと契約の関係はおおむね下記のようなものである。

- 契約の中にパートナリングに関する規定が盛込まれている。
- パートナリングの関連規定は契約当事者のより良い関係を促進し、プロジェクトのコスト、工期及び品質面で寄与することを目的とする。

契約に盛込まれるパートナリングに関する規定には下記のようなものがある。

- 公正、誠実の義務（an obligation to observe good faith and fair dealing）
- 連絡窓口となる主要な担当者の特定
- 優良な施工に対するボーナス支払い
- 体系的なプロジェクト・ミーティング
- 問題を早期に通知する規定
- 段階的な紛争解決条項で、最高執行責任者による交渉、調停を含む

加えて下記のようなパートナリングの要素を盛り込む。

- パートナリングワークショップ
- 継続的改善活動のための目標設定

［パートナリングへの批判］

　パートナリングは法的な拘束力がないがゆえに豪州ではかなりの批判に晒されてきた。プロジェクトが大きな問題に直面したとき契約当事者は訴訟を提起するのが通常であった。法的拘束力以外にも例えば、

- パートナリングはwin/winを目差すが、当事者間の権利義務を規定する建設工事契約は依然としてwin/loseの状態である。
- パートナリングを採用し実行するためには追加の労力と費用を要する。
- パートナリングでは品質の劣る設計図書や隠れたる障害等のプロジェクトに固有の瑕疵やリスクを解決できない。

といった批判が寄せられた。パートナリングの根本的な問題は、パートナリング憲章に書かれた当事者の義務には法的拘束力はないにもかかわらず、建設工事契約は依然として敵対的であるということである。従って、問題なく施工されたプロジェクトではパートナリングが成功を収め、問題のあるプロジェクトでは当事者が訴訟等の敵対的な紛争解決方法に訴え、パートナリングは失敗してしまうのである。また、パートナリングが成功しなかったその

他の原因としては下記が挙げられている。
- パートナリングを豪州の文化に合うように調整、変更しなかった。
- パートナリングに含めるべきであった当事者を含めなかった。
- 公共事業発注官庁の大臣または幹部のパートナリングに対する関与の度合いが少なかった。

4-5 豪州のパートナリング契約の例

　パートナリングの精神を建設工事契約に盛込んだ例として、ニューサウスウェールズ州の工事契約約款 "GC21(Edition 1), General Conditions of Contract" を紹介する。ここでは約款の全文を掲載するのではなく、パートナリングの手法を盛り込んだ主な条項を紹介することにする。以下は該当する条項の要約（参考訳）である。

GC21の基本原則
　GC21の基本原則は、協力的な契約関係、より良いコミュニケーション、役割の明確な定義、結果に対する責任、最良の仕事をすること、である。

第3条　協力
　契約当事者は本契約に関すること全てにつき、妥当な範囲でできる限りの協力を行うものとする。ただしこの条項により当事者の契約上の権利義務は変わらないものとする。

第4条　履行を妨害しない義務
　契約当事者は妥当な範囲でできる限り、他の当事者の契約履行を妨害しないものとする。

第5条　早期の警告
5.1　契約当事者は工事の金額、工期及び品質に影響を与えると思われる事項に気付いた場合はできる限り速やかに他の当事者に知らせるものとする。契約当事者は工事及び工程に与える影響を回避または最小化すべく検討する。

5.2　5.1の規定は当事者の契約上の権利義務を変えるものではない。

第6条　モニタリングと評価

6.1 契約当事者は契約履行状況のモニタリング及び評価を行うために定期的に会合を持つ。評価には添付のAttachment 2（Performance Evaluation）及びAttachment 3（Performance Evaluation Record）を使用する。
6.2 当事者は工事に関係する下請負業者、資材納入者、コンサルタント、及び必要に応じて監督官庁の代表者、エンドユーザー等の参加を得て評価を行う。この会合は参加者にいかなる権利・義務も与えるものではない。
6.3 Attachment 1（GC21 Start-up Workshop）、2、3は契約書の一部を構成しない。

第35条　プロジェクト開始時のワークショップ（Start-up Workshop）
　プロジェクトを成功させるための協力関係を築くために契約当事者及びその他の工事関係者はStart-up Workshopを開催する。
35.1 開催時期は契約調印後28日以内。
35.2 全契約当事者このワークショップに参加しなければならず、他に誰が参加すべきか決定をする。
35.3 このワークショップの目的は協力関係とチームワークの文化を促進することである。
35.4 ワークショップの費用は参加者それぞれが負担する。

第70条　プロジェクト終了時のワークショップ（Close-out workshop）
　このワークショップでは契約の管理状況を検討し、参加者の契約履行状況に対する現実的な評価を行うことを目的とする。
70.1 発注者は工事竣工後21日以内にclose-out workshopを開催する。
70.2 全契約当事者このワークショップに参加しなければならず、他に誰が参加すべきか決定をする。
70.3 ワークショップの費用は参加者それぞれが負担する。

問題の解決
第73条　問題の通知（Notification of Issue）

73.1 請負者は発注者の査定、決定または指示に関して、それらが出されてから28日以内に発注者に対して問題の通知を出して争うことができる。

73.2 契約当事者は本契約に関する解釈またはその他のいかなる問題についても、問題を知ってから28日以内に相手側当事者に対して問題の通知を出すことができる。

73.3 契約当事者は73条、74条及び75条に定める問題解決の手続きに従わなければならない。

第74条　上級管理職による解決

74.1 73条に基づき問題の通知がなされた場合、本契約書に指定された上級管理職は問題解決のために速やかに討議を行わなければならない。

74.2 契約当事者は73条に定められた問題の通知から21日が経過するまで問題を専門家による決定（Expert Determination）に付することはできない。

74.3 契約当事者が問題を専門家による決定に委ねる場合は、相手側当事者にその旨の通知を行わなければならない。

第75条　専門家による決定

75.1 74条の規定に基づき問題が専門家の決定に委ねられる場合、どの専門家を使用するかにつき合意すべく努力しなければならない。74条3の通知後28日以内に合意されない場合は、本契約に指定された人が専門家を指名する。

75.6 一方の当事者が本契約に定められた一定額を超える金額を他方に支払うとの決定、または支払いを一切含まない決定を専門家が下した場合、どちらの当事者もその決定から56日以内に訴訟を開始できる。

75.7 75条6に定められた訴訟を開始する権利がない限り、
   1. 契約当事者は専門家の決定を最終かつ拘束力のあるものとし、従わなければならない。
   2. 専門家の決定に基づく支払いは28日以内に行われなければならない。

以上GC21約款を概観すると下記のようなパートナリングの精神及び手法が取り込まれている。
- 契約当事者間の協力関係
- 契約履行のモニタリング、評価、ワークショップ等の手法
- 訴訟に至る前にできるだけ紛争を解決すべく構成された紛争解決条項

　ただし、パートナリングは法的拘束力を持たないという基本的な理解を逸脱するものではなく、それは第3条の但し書き及び第5条2項に現れており、「当事者の契約上の権利・義務を変更するものではない」と明記されている。第6条2項にも、「この会合は参加者にいかなる権利・義務も与えるものではない」と規定されており、さらに第6条3項にはモニタリング、評価、ワークショップは契約の一部を構成しない旨の規定もある。これは、パートナリングの精神、手法は契約に取り込みたいが、パートナリング関連条項を取り入れたことにより紛争の原因を増やしたくないという意図の表れであると思われる。ただし、豪州の大手建設会社の社内弁護士によると、第3条及び第4条に起因する紛争は未だに絶えないとのことであった。

5. アライアンスと建設工事契約の関係

5-1　プロジェクト・アライアンスとは

　プロジェクト・アライアンスは豪州において実施されており、広義のパートナリングに含まれるプロジェクト遂行形態である。パートナリングの理念をより積極的に建設工事契約に取り込むことにより、パートナリングの欠点であった法的拘束力の問題を克服しようとするものである。当パートナリング研究会は豪州においては広義のパートナリングの中に狭義のパートナリングとプロジェクト・アライアンスがあると理解しており、その意味ではプロジェクト・アライアンスはより進化したパートナリングの形態であるといえる。伝統的な建設工事契約ではリスクを当事者間で割り当てるが、発注者はより多くのリスクを請負者に移転しようとする傾向が見られたのはすでに述べた通りである。一方プロジェクト・アライアンスでは当事者間で工事に伴

うリスクを共有する。さらに経済的な報奨を重要視し、プロジェクトが目標価格を下回った場合、または上回った場合の差額を当事者間で共有、分配するいわゆる「ペイン/ゲイン・シェアー（pain/gainshare）」のメカニズムも契約中に取り入れられている。パートナリングとプロジェクト・アライアンスは当然ながら非常に似通った理念と合理性を持ち合わせており、それは当事者間の協調と目的の一致ということであるが、プロジェクト・アライアンスはさらに一歩先を行き、その合理性を契約中で明文化したのである。

5-1-1　プロジェクト・アライアンスの概要

プロジェクト・アライアンスは発注者、請負者を含んだ当事者がアライアンスチーム（alliance team）を結成し、プロジェクトを遂行するもので、伝統的な敵対的アプローチではなくリスク共有の協調型アプローチである。アライアンスチームは個々の当事者とは別の事業体という概念であり、プロジェクトのリスク評価、計画、業務の管理調整、決定事項の実行及び日常管理を行う。プロジェクト・アライアンスは少なくとも下記の3つの要素を含む。

　①全当事者がプロジェクト遂行につき集団的責任を負う
　②全当事者がプロジェクトに関するリスクに対し集団的責任を負う
　③全当事者が事前に合意した目標価格に対し「ペイン/ゲイン・シェアー（pain/gainshare）」の取り決めを行う

5-1-2　プロジェクト・アライアンス契約の構成

プロジェクト・アライアンス契約には下記の3つのタイプがある。

　①プロジェクト・アライアンス合意書（Project Alliance Agreement（PAA））のみのタイプ。
　②暫定プロジェクト・アライアンス合意書（Interim Project Alliance Agreement（IPAA））とPAAの2つの契約書を用いるタイプ。
　③マスター・アライアンス合意書（Master Alliance Agreement（MAA））とIPAA及びPAAの3つの契約書を用いるタイプ。

Master Alliance Agreement（MAA）

MAAはプロジェクト・アライアンスの大枠を定めるための契約書である。プロジェクト・アライアンスの手法を用いて特定のプロジェクトを遂行することへの当事者の意思確認、今後IPAAを締結することへの当事者の意思確認等が含まれる。加えて、誠実義務や秘密保持等の一般的な規定が含まれることもある。

Interim Project Alliance Agreement（IPAA）

IPAAはプロジェクト・アライアンスの手法を個々の業務に適用するための枠組みとルールについて規定するための契約書である。IPAAのステージでどのような作業が行われるかについては第2章2-5に述べられているので参照されたい。契約書としてのIPAAに通常規定される主な条項は以下の通りである。

- IPAAステージでの作業内容（scope of IPAA services）
- 役割と責任
- 支払い条項
- 保険条項
- その他

Project Alliance Agreement（PAA）

PAAはプロジェクト・アライアンス契約書類のなかでもっとも詳細にわたる契約書で、プロジェクト・アライアンス当事者の権利と義務を確立するもっとも重要な契約書である。プロジェクト・アライアンス・ボード（Project Alliance Board、以下PABという）及びプロジェクト・アライアンス・チーム（Project Alliance Team）の構成、手続きに関する規定、誠実義務等のプロジェクト・アライアンスの行動原理、契約解除条項、支払い条件、さらに工期、金額、品質等の規定が含まれる。

5-1-3 プロジェクト・アライアンス契約の特徴

プロジェクト・アライアンス契約の主な特徴は以下の通りである。

- プロジェクト・アライアンスに対する会社幹部のコミットメント、従ってプロジェクト・アライアンスを受け入れる企業風土が求められる。

- 合意されたペイン/ゲイン・シェアー。
- 全当事者がリスクと報酬を共有する。
- プロジェクトの目標価格、請負者の報酬算出に際しては、請負者の一般管理費・利益の実績値、業界標準を参考にする。
- 請負者への支払いはコストプラスフィーが基本。
    — オープンブック方式
    — 支払超過、受領超過にならないキャッシュニュートラルな支払いを基本とするが、請負者は一般管理費（overhead）と利益を失うリスクを負う
    — 優良な履行に対する報奨のシステム、ただし報奨が保証されるとは限らない
- 全当事者に課せられた誠実（good faith）義務。
- プロジェクト・アライアンスの当事者に対する支払いは下記のように構成される。
    — 現場経費
    — 一般管理費と利益をカバーするためのフィー
    — 事前合意された目標値に従って算出される利益または損失の分配
- 全当事者の代表者により構成される「プロジェクト・アライアンス・ボード（PAB）」を設置する。PABはプロジェクトの最高かつ最終の意思決定機関で、全会一致とする。
- アライアンス憲章（Alliance Charter）の作成と遵守。
- 訴訟を避け、問題はアライアンス内部で解決する旨の合意。ただし、故意による不履行や破産等の基本的な違反は除く。
- 発注者は発注者のつごうで契約解除できるが、請負者の不履行を理由に解除はできない（故意の不履行、破産を除く）。請負者は契約解除できない。
- 財務、経理面の絶対的な透明性。外部監査人による監査を行う。
- 目標価格に対する追加・変更は工事の重要または根本的な変更にのみ限られる。

・予定損害賠償金（liquidated damages）の規定は存在しない。

5-1-4　プロジェクト・アライアンス契約の特筆すべき点
　前節にてプロジェクト・アライアンス契約の特徴を箇条書きで述べてみたが、同契約は伝統的・敵対的な建設工事契約と比較すると特筆すべき点が何点かある。

発注者の権限とPABの権限
　プロジェクトに関する重要事項はPABにて討議され、決定は全会一致を原則とする。従って伝統的な建設工事契約では発注者に与えられている権利がPABに与えられている。例としては、追加変更工事の指示、瑕疵の判定、設計の承認、工事が完成したか否かの判断等である。

リスクの共同引受け
　プロジェクト・アライアンス契約では原則としてプロジェクトに関する金額、工期、品質のリスクは全当事者が共同で引き受ける。従って予定損害賠償金（liquidated damages）や隠れたる障害物に関する規定は存在しない。ただし発注者以外の当事者は直接工事費の全額支払を受けるものとし、負担するリスクの上限はこれら当事者の利益と一般管理費までとする。それを超えるコストオーバーランについては発注者が負担する。

免責
　免責と紛争に関する点がプロジェクト・アライアンス契約の最も特筆すべき特徴であると言える。伝統的、敵対的建設工事契約の問題点として増加傾向にある訴訟についてすでに述べた。パートナリングは増加する訴訟を減少させるために編み出されたプロジェクト遂行方式であると言える。さらにパートナリングの精神を契約書に盛り込むことにより法的拘束性を確保する、パートナリングの進化した形態がプロジェクト・アライアンスである。「訴訟をなくするためにはどうすべきか？　それは責任（liability）をなくすることである」、という極めて大胆な発想に基づきプロジェクト・アライアンス契約では当事者が法的責任をお互いに免除している。つまり契約違反（ただし故意による契約違反を除く）による責任、さらには過失による責任をも相互に

免責する。この相互免責の精神は上記に述べたリスクの共同引受けより導かれる結論でもある。発注者は設計の瑕疵、施工の瑕疵について設計者、請負者を訴えることはできないし、瑕疵が原因で発生した建設費の増加は上記「リスクの共同引受け」の原則に従い全当事者が共同で負担することになる。

紛争解決

紛争の解決には訴訟、仲裁を行わず、PABで解決する旨の規定を設けるのが一般的である。ただし前述のようにPABの決定は全会一致を原則とするため、解決不能の事態が発生する可能性もある。このような事態に対処するために、簡便な紛争解決方法（例えば英国で行われている「Adjudication」のようなもの）を採用すべきであるという意見もある。

ただし、訴訟を行わない旨の規定は裁判所の管轄権を奪うものであり、公序良俗に反するとして法的には強制できないと言われている。従ってプロジェクト・アライアンスの当事者は紛争を裁判所に持ち込むことは法的に可能であるが、豪州では未だそのようなケースは報告されていない。これはプロジェクト・アライアンス方式で行ったプロジェクトが今のところ全て成功していることを物語っている。

5-2　プロジェクト・アライアンス契約の例

次にプロジェクト・アライアンス契約の例を紹介する。これはクイーンズランド州、ブリスベーンの公共工事に使用された契約の範例である。以下はアライアンス契約に特有の主な条項の要約（参考訳）である。

第1条　最重要なコミットメント（Overriding Commitments）

1.1　アライアンスの原則へのコミットメント

　1.1.1　アライアンスの参加者（Participants）はアライアンス対象の工事の成功のために共に努力することを誓う。

　1.1.2　参加者はアライアンス憲章作成し、憲章に従うことを誓った。

1.2　誠実義務（good faith）の誓い

　1.2.1　参加者は本契約を誠実に遂行することを約する。誠実に遂行するとは下記を含む、

a) 公正、合理的及び正直であること。
b) 契約上及び他の参加者が当然期待するであろうことをすること。
c) 他の参加者の履行を妨げないこと。
d) 自己の利益と同様にプロジェクトの利益に重きを置くこと。

第3条　プロジェクト・アライアンス・ボード（PAB）

3.1　設立、義務及び権限

3.1.1　PABは本契約を管理し、アライアンス対象の工事に関する参加者を指導するために設立された。

3.1.2　参加者は本契約に従い、アライアンス対象の工事に関するPABの決定及び指示を実行する。

3.2　代表

3.2.1　PABは各参加者よりの1人またはそれ以上の上級の代表者により構成される。

3.2.5　本契約の定めによりPABの権限内である事項に関し、個々のPABメンバーはPABの決定に従ってそれぞれが代表する参加者を拘束する権限を有する。

3.3　投票及び意思決定手順

3.3.1　PABの決定は全て投票でなされる。

a) PABメンバーは一人につき1票を投ずる権利を有する。
b) 全ての票が投ぜられなければならない。
c) 決定は全会一致を原則とする。

3.4　PABの義務

3.4.1　PABの義務は以下の通り。

a) 本契約に定められた範囲でアライアンスの方針を定め、理性的かつ戦略的な指揮を行う。
b) アライアンス・マネジメント・チーム（AMT）の人選を行い、AMTの履行状況を監視すると共に、望ましくない傾向を修正する適切な方策を講ずる。

c) 権限の委譲につき実施、検討及び制限を行う。
d) 本契約で求められる各種の指示、承認及び決定を行う。
e) 必要に応じてプロジェクトへの協力、各種資源の提供を要請、承認する。
f) 紛争、問題の解決を行う。
g) リーダーシップを発揮し、上級管理職がアライアンス憲章に従って行動することの目に見える形での見本を示す。

第4条　意見の不一致の解決（Resolution of Disagreements）
4.1　意見の不一致の取扱い
　4.1.1　参加者はアライアンス憲章に従い、アライアンス上の意見の不一致を誠実に解決するよう努める。
　4.1.2　参加者の努力にも拘らずアライアンス上の意見の不一致が未解決の場合、参加者は他の参加者に問題をPABにて討議してもらう旨の書面による通知を出すことができる。
　4.1.3　PABは持ち込まれた意見の不一致につき検討を行う。検討に当たっては、全参加者の意見、プロジェクトマネージャーの意見その他の情報も考慮する。
4.2　訴訟、仲裁の回避
　4.2.1　4.2.2の定めを除き、以下が参加者の意図するところである。
　　a) PABはアライアンス上のいかなる意見の不一致にも対処し、参加者はPABがその重要な機能を効果的に果たすように最大限の努力をする。
　　b) 参加者はアライアンス上の意見の不一致につき仲裁または訴訟を行わない。
　4.2.2　債務不履行の場合を除き、本契約またはプロジェクトに関する参加者のいかなる作為、不作為も他の参加者に対し法的に強制可能な訴訟の権利を与えるものではない。
　＊注：以下の場合は債務不履行とみなされる。
　　a) 参加者が他の参加者に対し、契約の定めによる期日通りに支払

いを行わなかった場合。
b) 参加者が契約上の重要な義務、条件に関し、他の当事者に害を与えると知りつつ故意の作為、不作為を行った場合。ただし過失であるか否かを問わず誠実に行った判断の誤り、錯誤、作為または不作為を除く。
c) 参加者が契約の保険条項に従って付保し継続しなければならない保険の付保を怠り、または保険を継続するための手続きを怠った場合。
d) 参加者が会計監査を拒否した場合。
e) 参加者が契約の知的所有権に関する条項に違反した場合。

第13条 報酬（Compensation）

13.1.1 発注者以外のアライアンス参加者に対する報酬は添付の報酬条件書（Terms of Compensation）に規定されている。

＊注：報酬の概要は第2章に述べられているので本章では割愛する。

第16条 財務監査

16.1 一般

16.1.1 本契約における商業的事項（commercial aspects）は透明性をもって管理されるということがもっとも重要であると参加者は理解しており、全ての支払いは契約条件に従って行われていることが明らかにされなければならない。

16.2 アライアンス財務監査人

16.2.1 アライアンス財務監査人（AFA）は発注者によって任命され、本契約の付属書類に記載されている。

16.2.2 AFAは報酬監査計画に基づき会計監査を実施し、発注者以外の参加者への支払いが本契約書に従って行われていることを確認する。

16.2.3 発注者は、AFAが参加者からの請求または参加者への支払いに関する報告書で問題を指摘した場合、PABの会合にて報告する。

16.2.4 発注者は他の参加者に対して書面にて通知することによりAFA

を変更することができる。

第18条　変更及び追加工事
18.1　変更指示の権限
　18.1.1　発注者またはPABが変更を指示する権限を有し、参加者は指示に従うものとする。

第20条　完成証明書
20.1　実質的完成証明書
　20.1.1　プロジェクトマネージャーはアライアンス対象の工事が実質的に完成したと判断したら、実質的完成証明書のパート1を記入しPABに提出する。
　20.1.2　20.1.1の実質的完成証明書受領より21日以内にPABは検討を行い、
　　a）実質的完成証明書のパート2を記入することにより実質的完成日を証明する。または、
　　b）実質的完成証明書発行の前に補修が必要と判断した場合は、アライアンス対象の工事の瑕疵のリストを発行する。
　20.1.3　プロジェクトマネージャーは参加者が20.1.2 b）のアライアンス工事の瑕疵を補修したと判断したら、PABに実質的完成証明書を再度提出し、PABが20.1.2 a）の実質的完成証明書を発行するまで手続きを繰り返す。
20.2　最終完成証明書
　20.2.1　添付書類に記載された瑕疵担保期間が経過し、未補修の瑕疵がないと判断したら、プロジェクトマネージャーは最終完成証明書のパート1に記入しPABに提出する。
　20.2.2　20.2.1の最終完成証明書受領より21日以内にPABは検討を行い、
　　a）最終完成証明書のパート2を記入することにより最終完成日を証明する。または
　　b）アライアンス工事の瑕疵のリストを発行し、参加者に補修の

指示を行う。
- 20.2.3 プロジェクトマネージャーは参加者が20.2.2 b)のアライアンス工事の瑕疵を補修したと判断したら、PABに最終完成証明書を再度提出し、PABが20.2.2 a)の最終完成証明書を発行するまで20.2.1及び20.2.2の手続きを繰り返す。
- 20.2.4 発注者は、PABが最終完成証明書を発行することにより、発注者以外のアライアンス参加者は本契約上の義務は全て果たしたことに合意する。

第3章 パートナリング適用工事の
プロジェクト・マネジメント

　当章では、英国、米国、豪州、香港におけるファシリテーター、ワークショップ、ターゲットコスト方式とペイン/ゲイン・シェアー、パートナリングのモニタリング、評価、問題処理プロセスに関してこれまでに英国、米国、豪州、香港にて行った調査記録をまとめる。

　上記の項目に関しては、いずれの国におけるパートナリング工事においても、基本手法をもとにプロジェクトごとにアレンジされているが、各々の概念の実務的適用に際しては、地域特性はあまりないという印象を受けている。

　そこで、地域ごとの各項目の比較というよりは、各地域での調査結果を項目ごとに並記することにより、各地域での調査内容を相互に補完できるものと考える。

1. ファシリテーターの配置

　各国のパートナリング工事においては、ファシリテーターがほとんどの場合存在している。

　ファシリテーターの業務内容は工事において若干の違いはあるが、共通した基本的役割は、「パートナリング関係者間で初期のパートナリング会議にて全員で了解した目標を達成するために、工事期間中発生する事象に関し関係者間の意見・意思等の調整をする等の補佐的役割」であると言える。

　ファシリテーターとなりうる条件は、「工事に関する経験・知識が豊富なこと」が挙げられている。以下に英国、豪州、香港のファシリテーターに関する調査記録を国別にまとめる。

1-1 英国

　ファシリテーターは、ワークショップの議事日程を取り決め、紛争処理、ヒアリング及びコミュニケーション技能に関する研修の実施、ならびに各メンバーの問題解決方法の洞察において非常に役立つ立場にいる。その役割は牽引役ではなく、あくまでもパートナリングの方法に集中し、それを改善し、利害関係者がワークショップから得たいもの、彼らの目標、プロジェクトの明確な目的を導き出すことである。ファシリテーターは、憲章、問題解決システム、共同評価システムのようなワークショップで取り決める必要のある事項の作成を支援する。従って、ファシリテーターは、中立的な業界の出身で、建設に関する基礎的な知識を有する者が理想的であり、また、組織編成に関する能力を有しているべきである。行動心理学者、組織心理学者、産業心理学者、経営コンサルタント、教育者のような職業がファシリテーターに適していると考えられる。ファシリテーターを利用するかどうかは、全ての利害関係者によってビジネス面を考慮して決定されるものとする。有資格のファシリテーターならば、パートナリングを有効に実施することを容易にし、自信も与えてくれる。ファシリテーターを利用する価値があるかどうかは、プロジェクトの総コストに占めるファシリテーターの費用と各メンバーにとっての研修の利点を、長期的な視点から考慮して決定すべきである。もし、ファシリテーターを参画させる場合には、パートナリングの初期段階から実施することが特に重要である。

　ファシリテーターの選定に関して、『パートナリング・ガイド・フォー・エンバイラメンタル・ミッションズ（Partnering Guide For Environmental Missions Of The Air Force, Army, Navy）』によると、上記内容の他に以下のような2点を特筆している。

①ワークショップの構成人員が多い場合（参加者15名以上）には、ファシリテーターを2名にする。1名は打合せを統率し、もう1名はグループの活動を観察してトレーニングを指導すること。

②ファシリテーターは継続してフォローアップ・セッションを統率し、ワ

ークショップチームを正しく評価する能力を有すること。
　次に、西松建設と鹿島ヨーロッパ社の事例を紹介する。まず、西松建設のコントラクト-220プロジェクト（チャンネル・トンネル・レール・リンク/セクション2）では、発注者がファシリテーターの役割を果たしたとのことである。ただ、その背後にアドバイザーの存在があったようだ。

　鹿島ヨーロッパ社の場合には、そのプロジェクトマネジャー（PM）あるいは社内スタッフがファシリテーターとして、スケジュールを作成してワークショップを運営した。鹿島ヨーロッパ社によると、こうすることでより多くの効果を上げることができたとしている。また、鹿島ヨーロッパ社がファシリテーターとなる理由は次の通りである。

①サブコントラクターに対して鹿島ヨーロッパ社の立場を見せることで、彼らに対してより優位な立場を維持できる。
②状況に対して、工期・関係者等の調整を有効に行え、何事にも迅速に対応できる。
③ワークショップでの教訓を容易に共有できる。
④良い結果を生むことで、このアプローチを効果的に実証でき、将来においてより効果的なマーケティングを展開できる。

1-2　豪州

　ワークショップにおいては多くの場合、ファシリテーターが採用される。その役割としては参加者をパートナリングのプロセスに先導することである。そのため、特に規模の大きなプロジェクト、複雑なプロジェクト、参加者にパートナリングの経験があまりないプロジェクトにおいてはファシリテーターの採用はプロジェクトの成功に不可欠な要素となる。過去の例から見るとファシリテーターは参加者と無関係な独立の者がなるケースがほとんどであるが、小規模なプロジェクトや参加者にかなりのパートナリングの経験がある場合は参加者組織からパートナリングに精通した者をファシリテーターとして採用し、パートナリングの費用を削減するケースもある。

　例えば南東クイーンズランド水資源公社のダムプロジェクトではファシリ

テーターが採用された。このファシリテーターは入札開示、ショートリスティング、2日間ワークショップ、契約及び仮アライアンス契約の締結に従事した。また最初の3回はアライアンス理事会会議にも出席したが、プロジェクトが軌道に乗ったこともありそれ以降は出席していない。このプロジェクトでは発注者もプロジェクト・アライアンスの経験を持っていなかったのでプロのファシリテーターを採用したが、プロジェクト・アライアンスの経験をつむことでプロのファシリテーターの力を借りなくてもプロジェクト・アライアンスの運営は可能である。

1-3 香港
1-3-1 ファシリテーターの必要性
1-3-1-1 ファシリテーター（Facilitator）とは

　建設プロジェクトを進めるには必ず2つ以上の複数のステークホルダー（利害相反者）が存在する。伝統的な契約に基づくプロジェクトであればステークホルダー間の関係には、各参加者の利害が表面化し、必ずしも円滑なプロジェクト運営とはならない。

　特に発注者と請負者は工事遂行中に起きる様々な事象に対して、契約条項に基づいた自己の権利を最大に使って自社の便益増進に努める結果、工期遅延、コスト超過を忘れた徹底した論争となり法廷まで持ちこまれることも少なくない。

　建設プロジェクト（伝統的契約であれ新しい形態であれ）にパートナリングを実施する場合には、この様なステークホルダー間を一方向に向かうチャーター（憲章）に合意させ、工事中はそれから逸脱しないように調整する役割を持つ役どころが不可欠である。

　この調整から始まり、工事中たびたび起こるステークホルダー間の意見の相違を、当初合意したチャーターの目的に向かって脱線しないようにリードして行く役割がファシリテーターである。その役割、進め方の詳細については以下に説明する。

1-3-1-2　ファシリテーターの必要性

　パートナリング方式適用を決めた発注者は、パートナリング運営体制を作らねばならない。香港においては請負業者がパートナリング適用の主導権を取ることはなく発注者主導であるが、パートナリング体制作りには業者側も積極的に参画している。

　パートナリング参加者は発注者、請負者、エンジニア、専門業者等、それぞれがステークホルダーで構成される。

　ファシリテーターを必要とする理由は下記である。

① これらの人々、機関をひとつの方向に向け、いわゆる共勝ち（win-win）の結果に導くには、まったく中立な立場の人、あるいは機関が不可欠である。
② プロジェクト参加者はそれぞれその道のプロであり、かつ参加者ごとにプロジェクトに対してミッションを持っている。
③ 全参加者がパートナリングを理解・納得してチャーターに署名することが第一関門であり、施工中には全員がチャーターの達成に努力して結果を出させるのが最終目標である。
④ 上記①～③を実現させるにはプロジェクト実施経験を踏まえ契約条項にも精通しており、かつ人間心理や経営にも理解がある専門家、すなわちファシリテーターが必要である。

　また、いまだにパートナリングを自己発注プロジェクトに適用していない機関や、今後考えて行こうとする部署、会社では、まずトップダウンの表れとして、ファシリテーターを呼んでレクチャーを受けたり、社員教育を行っている。

　このような観点からファシリテーターのパートナリングチームをまとめ、あるいは途中で空中分解させないプロフェッショナリティは相当に高度な能力が求められる。

　香港では英国系列やオーストラリア系列のファシリテーションを専門とす

る限られたコンサルタントが活動している。我々は2社への調査を行ったが、そのいずれもファシリテーターとしての国家資格の類はないが、技術を含めた建設工事にプロジェクトマネージャーとして従事した経験と、経営観から心理学に及ぶ広範囲の能力の必要性を強調していた。

　また全員が、かつて建設プロジェクトに従事したことが共通事項であった。これは米国、豪州でも同様の調査結果である。

　なおプロジェクト遂行時に良く使われる個人、あるいは機関の役割として、コーディネーター、ミティゲーターとファシリテーターの違いについては次のように説明される。

　ファシリテーターはパートナリング プロセスの独立マネジャーとして経験と知恵を参加者に与え、動機付け、裁定を行い、かつ参加者に尊敬されねばならない。

　さらにチームを協力的な仕事振りと問題解決への教育をすることで、予防的に活動する。

　これに対してコーディネーターはジュニア的ファシリテーターの役割と言えるが、ワークショップやミーティングの準備等よりもテクニカルな仕事であり、ミティゲーターはパートナリングでは使わないが、英国ではパートナリングや通常プロジェクトの発生してしまった問題解決手段として使う場合もある。

1-3-2　ファシリテーターの選定基準と基本的業務内容
1-3-2-1　選定基準

　プロジェクトにパートナリングを適用するか否かの決定は発注機関の政策、方針によるが、今回調査対象としたところでは、大体入札時には決定している。

　すなわち入札時にパートナリング適用の意図を告知しておき、着工後にパートナリングを始めるケースが政府側（道路局、住宅局）、電力会社、NPO住宅供給社であり、一方で計画の段階から業者を特定してパートナリングを実施しているのが地下鉄会社、民間開発業者であった。

　いずれの場合でも外部のファシリテーターを雇用しており、インハウスの

ファシリテーターは公平性、中立性に問題があり、特に大型や複雑なプロジェクトでは使っていない。

ファシリテーターは発注者が雇用するケースがほとんどであるが、民間開発業者では請負業者に選定させている。

どちらの場合でも費用は50/50の割合で負担しているケースが多い。ファシリテーターの選定基準については全てが指名・ネゴベースで決まっている。

背景としては公共工事、民間工事において、パートナリングに関する知識が豊富であり、かつファシリテーターとしての実績が満足できるコンサルタントは限られている実態がある。

今回調査した2社は年間100件以上のプロジェクトでファシリテーターを行っている。

またファシリテーター費用は基本的に人件費＋経費であり、通常のコンサルタントの時間当たり単価あるいは1日当たり単価に該当しており、総事業費に占める割合は極めて小さいと言える。

実態としてはファシリテーターのコストよりも実際の効果で得るメリットをはるかに重視できる点もある。

1-3-2-2 基本的業務内容

ファシリテーターの機能についてはあくまで"ファシリテーション"であって、プロジェクトリーダーでもなければプロジェクトの岐路におけるデシジョンメーカーでもない。

工事上の品質、安全、コストあるいは工期等の問題にぶつかった時に、いろいろな材料、事例や契約内容からパートナリングチームに問題をブレークスルーする方法や方向を示唆しながら、チームの総意を形成するコミュニケーション促進を助成することである。

そのためには、まずチーム全員の、あるいはステークホルダー各社の性格・考え方を良く把握しておくことはもちろん、建設工事に精通し、工事契約、各製品の仕様にも明るくなければならない。

加えて議論伯仲した場合には（利害相反者同士が議論すれば避けられない

が)、議論を出させた上でチームが壊れない方向に向かわせることが最も求められる能力である。

これらの業務をスムーズに、臨機応変に遂行するためには、建設に関わる知識、目的施設の運営に関わること、政治・社会・環境に関すること等への見識はもとより各パートナリング参加者の心理分析及び対応までの能力が求められる。

従って基本的業務内容の説明は時系列的にあげると下記となる。

(1) プロジェクト企画時～入札時
  ・発注者の意向、目的、満足度を確認
  ・発注者(下位担当者を含む)へのパートナリング教育
  ・業者調達方針/入札評価基準作成
  ・この段階で業者が決まっている場合は、業者への教育を含む

(2) パートナリング立ち上げ時
  ファシリテーターは下記事項の進行役兼パートナリング実施への教育役を行う。またこれに関わる費用は全て発注者と業者が負担する。
  ・ワークショップの開催 (1～2日)
  ・メンバーの紹介
  ・発注者側のプロジェクトへの設計思想、注意点、期待値等の説明
  ・業者側の施工計画、工程、安全、品質、環境等の説明
  ・徹底した議論を基幹アクティビティについて行わせる
  ・パートナリング方式によるプロジェクト推進方法を説明
  ・1日目終了時の飲食会 (できるだけインフォーマルスタイル)
  ・アクティビティごと(トップ層、工事部隊、工務部隊、安全・環境部隊等ごと)の分科会ワークショップの開催
  ・パートナリングを実施することへの賛否議論
  ・チャーター作成
  ・パートナリング立ち上げパーティー

(3) プロジェクト初期遂行時
  工事開始初期においては全てが新しいアクティビティで、かつすぐに手を

付けねばならない事項が多く、パートナリングがおろそかになりやすいが、初期こそチャーター通りのパートナリングを実施すべきである。

特に諸政府機関や関係者への申請・許認可が多く求められる時こそ、ファシリテーターはパートナリングの基盤を築くべく、関係者の気持ちをパートナリングに焦点を合わさせる。

(4) プロジェクト巡航遂行時

プロジェクがスタートし、複数の工程が同時進行している時はパートナリングが最も力を発揮する時である。

すなわち参加者は自分の義務部分にある、あるいは将来出現する可能性のある問題を机上に出すことにより、他の参加者は、ひとつのチームとしての協力的態度から自己の分野への影響をなくす考えまで含めて、多様な予想される問題の事前解決策を提案する。これはファシリテーターがそのように導く機会を逸さずにするスキルが求められる。

これらの議論はファシリテーターが良いコミュニケーションを誘発して、全員が納得するまで行い、全員のコミットメントを固めることが肝要である。その後、参加者はモニタリング項目にスコアを入れ、各者間でスコアの差異が大きい事項について当事者から意見を聞き、ファシリテーターは原因を明らかにした上で改善策を作り行動することをチームメンバーに求める。

ファシリテーターはワークショップの傾向を分析し全員に配布し、チームプレーの重要性認識を昂進させる。モニタリング結果と講評を全員に配布し改善を図る。

(5) 問題発生時

問題を未然に防ぐのがパートナリングの大きなミッションであるが、防げなかった場合はただちに発注者及び関係者と協議を進める。この場合に良く使われる手法として、正式なワークショップと並行して非公式な意見交換による打開策の模索である。ファシリテーターは常にベスト・フォー・プロジェクト（best for project）の考えで、論争にならないようにチームを導かねばならない。

(6) プロジェクト完了時

まず第一に、工事中に完全に解決できていない項目の再確認を参加者全員で行う。ファシリテーターは個別事項のステークホルダー同士の話し合いをファシリテートし、合意、解決に導く。工事中では不合意の問題も、完成した時は全体との関係で建設中の問題も小さくなり、解決するケースが多いにある。

第2はペイン/ゲイン・シェアー判定のためのKPI査定を迅速かつ公平にオープンできるシステムでやることである。これに関しては工事中のモニタリングスコアや完成施設のできばえ評価を、当初に設計した尺度で数値化することである。

基本的にはターゲットコストやリスク引当予算の増減については工事中つど、数値化されているので、この段階では集計して見落としや過払いをチェックすることとなる。

それでも不合意の場合は契約に定められたプロセスを行うことになるが、香港ではこのケースはいまだない。

最終的な整理が完了すれば、ファシリテーターは全ての実績と評価をラップアップして全参加者に配布する。さらに次のパートナリングの機会に向けての全員の改善提案、意見を集約し、パートナリングの継続的進歩に向けての材料とする。

最後に完成を祝して全員でパーティーを行い、改めてコミュニケーションの促進を図る。これの繰り返しによりパートナリングの裾野拡大と人の輪が広がる。

(7) メンテナンス完了時

プロジェクトによってはメンテナンス期間もパートナリングを同様に継続するところもある。これは工事中の協力的方針と文化を継続して発注者と建設業者の間が伝統的な敵対関係に逆戻りすることを防ぐためである。

よくあるケースとして、工事完成後のメンテナンス期間において、発注者は建設業者のスコープ外の仕事をメンテナンスとして強要することがある。ファシリテーターは建設中に培った協力関係からスムーズな関係継続を図る。

ひとつの方法としてはある一定額を発注者が用意して、新しい要求に引当

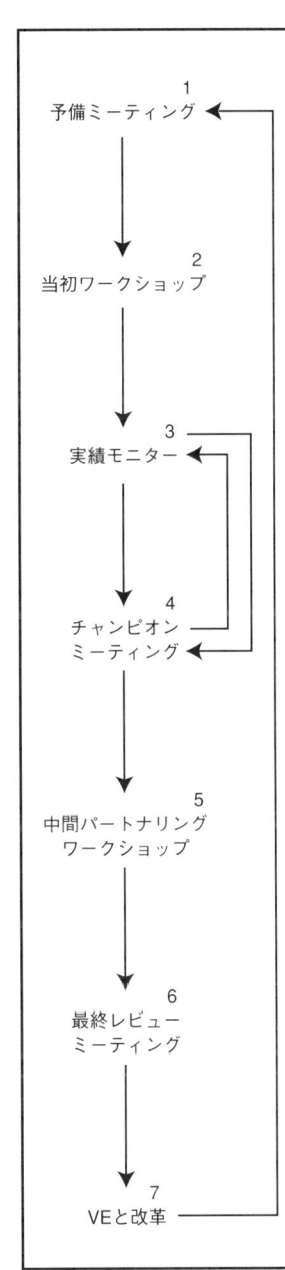

1 予備ミーティング	1. この会議は発注者、その代理人、コンサルタント、アーキテクト等で開催し、チームを立ち上げる先導役をすると共に彼等の期待と懸念を評価したりパートナリングの概要を主導する。
2 当初ワークショップ	2. 協力を基にした仕事関係を達成するために態度やふるまいを変える出発点。パートナリングへの変更を管理するための目的、チャンピオン、運営委員会を確立したり、全てを改善するアクションリストを確立、パートナリング憲章を確立し署名する。
3 実績モニター	3. 実績のモニタリング調査結果を使う。これの実施はチャンピオン会議での主要な項目のデータ分析を基に定期的に行う。
4 チャンピオンミーティング	4. 当初、ミーティングは外部ファシリテーターや指導書を使い、パートナリング文化の開発へのフィードバックと共に議事進行されることが多い。また、実績モニタリングの分析もこれらの会議中になされる。
5 中間パートナリングワークショップ	5. 定期的レビュー会議を執り行うことは進行中の関係を成功させるために必要な手順である。それらは次のような問題に効果がある：人事異動、パートナリング強化、今日までの出来高の確認、実績モニタリングから生じる大きな問題を確認し、共勝ち(win-win)への機会を開発する。
6 最終レビューミーティング	6. この会議はプロジェクトのどんな未解決の問題も終わらせ、最終パートナリング報告を準備するものである。それはまたパートナリングプロセスから得た知識を抱合する。最終報告は、パートナリング効果の測定として定量的データ（実績モニタリング記録から）と同時に定性的データ（コメント、観察、成功、失敗）を含む。これは憲章（チャーター）の完了を迎える人々のために、次の仕事が十分に予想できる努力へ道をつける機会である。
7 VEと改革	7. このワークショップは新しい仕事の開始前に行われる。前回の仕事からの知識が、新しい仕事に価値を生む選ばれた人々が、知識の移転と改革促進を進める会議に加わるよう招待される。これらのワークショップはそれぞれの組織や、さらにそれ以上の中にすでにある知識の梃子を創造するために企画されている。

図3-1 ファシリテーターが進めるパートナリングプロセスのモデル

金としておき、建設業者はいかに早く経済的に作るかを提案する方法がある。
(8) 地下鉄会社552A工区のファシリテーション実施例
 1) パートナリング導入の背景

当該工事は営業運転中の空港高速線への影響を与えないで、同線と併行して設置されたトンチョン線にレールと信号線を敷設する工事である。

テストとコミッショニングは営業運転時間外の深夜の短時間である。工事価格はHK$82mで、工期は8. June. 2001～15. April. 2004であったが、11週早く31. Jan. 2004に完成した。

パートナリングを導入した背景は、当該工事着工後6ヵ月しても請負業者の進捗は進まず、実質6ヵ月遅れであった。この業者は仕事を設計・製作はフランス、少量の設計とソフトウエアーはオーストラリア、取り付け・テストは香港とそれぞれの会社が担当していた。

発注者はパートナリング導入を決定し2日間のワークショップを行い、業者から懐疑的ではあるが合意書を取った。これが当該工事の変換点となりチームのコミュニケーションの改善から最終的には上記のように早期完成を達成した。

 2) ファシリテーターのパートナリング運営の特徴

以下の業務は基本的にファシリテーターが主導してパートナリング運営を行った例である。

ファシリテーターは「ジョンカーライル パートナーシップ」である。

(a) 先だってファシリテーターは業者のメンバーと発注者のチームをインタビューし、各人の性格や考え方を把握し彼らにワークショップへの準備をさせた。これらへの出席者はプロジェクトのキーとなる分野にいる人々が選ばれた。最初のワークショップの後でパートナリングアクティビティはチームにより多くの方法で継続された。

(b) ひとつは一体化した発注者と業者チームを造る「コントラクト パートナリング運営グループ」である。このグループは発注者と業者の各部署の上級管理者と、それぞれのプロジェクトマネージャーから成り立っている。契約とパートナリング問題についての考え方は全てのチ

ームメンバーにより評価され、発注者により調査され、毎月のプログレスミーティングで議論される。これはチームメンバーが関係（リレーションシップ）について感じる方法や工事の進捗や、メンバーに心配を主張させたり改善を助言したりすることを認める価値ある洞察力を用意する。

(c) パートナリング レビュー会議は少なくとも6ヵ月以内に開催する。これらはパートナリングファシリテーターがリレーションシップ建設を継続し、パートナリングの便益を再確認する一日会議である。またそれは新しいメンバーに準備の精神を紹介する良い機会である。社会的行事として、主なマイルストーンを達成した後で、夕食や夜勤後の朝食の形を取ってチームの集まりを持つ。これらは勇気づけられ、発注者と業者が費用を折半する。

(d) 工事完成に向けて、完成ワークショップが全員の記憶に残るような特別な場所で開催される。ワークショップは良かったりそんなに良くなかった工事の様相やパートナリングの関係を反省したり補完するのが主である。同時に工事の成功やチーム努力の認識や、作られた仕事の関係を祝うためである。

(e) ソフトとハードのKPIで成功度を測定する。

「ソフト」
・共通目的と価値
・態度

　これらは工事に関わる発注者と業者の全てのスタッフにより知覚作用（パーセプション）として測定された。これらは、ある項目のスコアが前月から下がっている部分に対して焦点を合わせるのを導く上で、貴重であることを証明した。

「ハード」
・マイルストーン、クリティカルDateの達成
・タイムリーな提出、返答、再提出
・品質

・持ち上がった安全問題
　　・電車運行への障害
　　・社会の苦情
　　・クレームの数
3) パートナリングのハイライト

　パートナリングのハイライトとしては、組織の上級経営者のコミットメント、最初のワークショップでのチャーターの合意、問題解決に向けてMTRがフランスへ専門家を派遣して脱線を回避、解決後の反省会で現任はコミュニケーション不足と判定された。

　パートナリング成功の大黒柱は開発された関係、全員が同じゴールに向かって仕事をしている認識、である。もっとも常に静かな航海ではなく何度も摩擦が起きるが。

4) パートナリング実績の測定

　パートナリング遂行の測定は下記による

　(a) ノークレーム
　(b) 安全問題もなく、怪我もない
　(c) 11週間早期完成
　(d) 基本的に予算内完成
　(e) 完成時に未解決のコマーシャル事項はない
　(f) 小さな補修工事は12週間以内に完了

　　次のプロジェクトが新しいメンバーが加わってより堅固になったチームで進行中である。問題解決が早いこのパートナリングより良い方法はないことを認識する。これはフラストレーションや、ぐずぐずする悪いフィーリングを伴うことをなくする効果を有する。

5) 工事パートナリング評価点記入シート

　(John Carlisle Partnership社のPartnering Score Input Sheet for Contract)

　この調査の目的はチームとしての我々の進捗のより良い理解と、改善と考え方の異なる分野を特定するのを助けることである。

[パートナリング・スコアー・インプット・シート・フォー・コントラクト]

　チャーターに述べられているそれぞれの目的を成就するのにチームはいかに遂行したか、についての貴方の感想を、1～6段階で評価して点数を入れて下さい。
　最後に貴方の名前を書いて＊＊＊＊＊＊＊＊＊＊＊へ送信下さい。

　　　スコア段階
　　　1＝まったく不合意
　　　2＝不合意
　　　3＝どちらかと言えば不合意
　　　4＝どちらかと言えば合意
　　　5＝まあまあ合意
　　　6＝まったく合意

[共通目標（Mutual Objective）]
①マイルストーンと工程を達成（Meet all milestones and agreed project programme）
②コストと無駄の削減（Reduce cost and waste）
③早期技術的問題解決（Quick resolution of technical problem）
④コマーシャル問題の効果的解決（Efficient resolution of commercial issues）
⑤品質確保（Quality implementation）
⑥安全工事達成（Delivery of a safe system）
⑦営業障害なし（No disruption to operational service）
⑧良い仕事関係の創生・維持（Provide and maintain a good working relationship）

[評価とふるまい（Values and Behaviours）]
⑨信頼（Trust）パートナリング・スコアーインプット・シート・フォー・コントラクト
⑩公開性と正直性（Openness and honesty）
⑪協力（Cooperation）
⑫一致（Consistency）
⑬共同問題解決（Joint problem solving）
⑭予防的矛盾解決（Proactive conflict resolution）
⑮顧客第一・焦点（Customer focus）
⑯決意（Commitment）
⑰効果的伝達・コミュニケーション（Effective communication）

　　貴方の名前：_____
　　所属会社：_____

1-3-3　パートナリングチャンピオンとファシリテーターとの関係

　パートナリングを遂行するに当たり、チャンピオンやリーダーの必要性は強調されている。これはプロジェクトパートナリングに参画する全ての機関（発注者、発注者代理人、建設業者（複数）、エンジニア、専門業者（複数））から選ばれる。各リーダーは自分の組織をパートナリング憲章の下で他の参加者と共同作業をするように指導していく。

　チャンピオンの選定は通常、当初の立ち上げワークショップの全員の合意で選ばれる。各チャンピオンがプロジェクトの運営委員会を構成し、重要事項の協議、将来の問題化しそうなアクティビティについて事前に対策を講じる案の作成や、それの実行の可か不可を決定する。

　また重大事項については本社の経営判断を仰ぎ、その結果が運営委員会と異なる場合はただちに他の参加者に告知し、再協議をする。もしあるチャンピオンが、その組織内をタイムリーにまとめられないか、前の決定と異なる意見を出してパートナリング体制を揺るがすならば、他の参加者は当該チャンピオンの交代を求めることができる。

　論理的にはそうであるが、香港では非常に稀であるとのことである、またチャンピオンフィーはない。

　ファシリテーターの大きな仕事のひとつは、これらのチャンピオン間の調整をして各社間のコミュニケーション保持、協力関係を維持することである。ファシリテーターはフィーを参加者から得るが、チャンピオンは自己のプロジェクトからの配当だけであり、フィーを得ない。

1-3-4　ファシリテーターに関する考え方のヒアリング結果

　今回調査をした機関、会社、ファシリテーターの「ファシリテーター及びファシリテーションに関する考え方」を
　①ファシリテーターとなる資格
　②組織内部ファシリテーターか外部ファシリテーターか
　③参加時期

④雇用者と費用負担
⑤主な業務
　1）企画・チーム教育
　2）ワークショップ
　3）KPI評価
　4）問題処理・紛争処理
　5）その他
　　に分類して比較してみる。（表3-1）

表3-1 ファシリテーターについて一覧（1）

項目＼訪問先	A) 香港ハウジングオーソリティ（発注者、NPO）	B) 地下鉄社会（発注者、政府過半数保有のインフラ会社）	C) 中華電力（発注者、民間インフラ会社）	D) 道路局（発注者、政府）	E) 住宅局（発注者、政府）
① ファシリテーターとなる資格	・独立している、プロフェッショナルのファシリテーター	・ファシリテーターはローカル文化を理解すること ・低レベルの労働者が理解する様に広東語が話せるファシリテーター	・法的見解ではファシリテーターに資格は不用、資格は不用だが何かを知っていれば大変良いこと ・ファシリテーターは「貴方は間違っている」と言えるようなチームの信頼が必要 ・お金を注意深く使い無駄を減らせば共勝ちと言うことを全員に信じさせられる ・プロジェクトチームが問題に焦点を合わせる様に導くことができる	・ファシリテーターの能力で良くなったプロジェクトもある ・ファシリテーターが良い評価に導く ・ファシリテーターは独立していること	・独立でプロフェッショナルな人
② 組織内部ファシリテーターか外部ファシリテーターか	・外部ファシリテーターで大学の教授を雇用	・大規模国際プロジェクトでは外部の独立ファシリテーターを使う（ローカルではできない） ・プロジェクトタイプでファシリテーターを決める ・小さなE&M工事では内部の訓練部からファシリテーターを選ぶ。状況による ・独立の無所属の第三者であること	・社内と社外の場合がある ・金が掛かるが外部が良い（良い投資と言える） ・外部ファシリテーターはより中立であり、問題の中庸を得られる ・外部ファシリテーターは参加者の共通利益を引き出せる ・香港ではファシリテーターは数多くいる	・外部ファシリテーターの独立性により両面を見て参加者の態度を変えることに挑戦できる	・外部ファシリテーター2年間の期間契約 ・内部ファシリテーター練していない ・ファシリテーター費用さいもので見積もりを取める（指名制）
③ 参加時期	・伝統的入札で業者選定、工事契約後	・入札後パートナリングを主とする ・複雑なプロジェクトは入札前にパートナリングによる業者選定 ・アライアンスや特命のような非パートナリングも行う	・工事発注後	・伝統的入札、発注後	・工事契約ができたとき
④ 雇用者と費用負担	・発注者が負担する（？）	・ほとんど地下鉄会社が雇い費用を負担するが、たまに業者が一部負担する	・費用は負担する（業者の負担割合は言及なし）	・言及なし（ただし、ファシリテーターが道路局についてコメントしているので雇って費用を払っていると推測する）	・業者が住宅局を信用してら住宅局が任命する ・費用は業者と等分負担。業者も発言権がある ・費用は小さいので決め積もりをとって契約する ・ファシリテーターフィシリテーターによりされたワークショップのによる
⑤ 主な業務 ⑤-1) 企画・チーム教育	・ファシリテーターを初回のみ雇用、後は自社内職員が実施	・当初パートナリング導入前の数ヵ月間に教育の一部をファシリテーターに依頼した ・地下鉄会社はファシリテートされたワークショップや設計を特許するのに主要な問題の教育に2～5年かけた	・ファシリテーターを使わない	・ファシリテーターを使わない	・ファシリテーターを使い

	F) ...ランド社（発注者、民...開発業者）	G) ヒップヒン建設（建設会社、ニューワールド開発グループ）	H) ギャモン建設（建設会社、ジャーディン開発グループ）	I) ジョンカーライルパートナーシップ（ファシリテーター）	J) エバンス＆ベック社（ファシリテーター）
	...港のファシリテーター...いたい良い...関係が良い人	・言及なし	・工事の様相に合わせてその分野が得意のファシリテーター ・ファシリテーターはパートナリングプロジェクト成功への欠かせない触媒	・ワークショップで参加者にパートナリングのシステムを理解させられる ・内部から問題解決策が出るのを待ち強要しない ・発注者の態度と心を変えられるようにパートナリングのコーチングができる ・法的資格はなく、明確に熟練である（正直で良く働く） ・プロジェクトマネジャーではない ・ファシリテーターはコミュニケーションを促進するが大切なことは聞く能力である	・我々はファシリテーターである ・ファシリテーターは目標達成に責任はないが我々は大変大きな役割をもっていると感じている ・我々はチームの一員と考えとおりうまく行けば活気づけられ失敗すれば全員が失敗する
	...部ファシリテーターを...	・言及ないも発注者が決めているニュアンス	・高リスクの設計施工プロジェクトでは香港ポリテク大学を使う ・工事の様相により異なったファシリテーターを使う	・Mr.Clifford は元土木技術者で今はPMコンサルタントとしてファシリテーター ・ファシリテーターはワークショップで参加者にパートナリングシステムを理解させる	・我々は外部ファシリテーターとして雇われる ・ファシリテーターは発注者や業者から「こうせよ」と言う命令は受けていない ・我々は数百のパートナリングのファシリテーターをやったが事前あるいは予備的な命令を受けていない ・ファシリテーターは契約条件についての助言を発注者に余りしない（要求されない）
	画段階（ギャモン社に...してから施工法、工期、...トを決める）	・入札後パートナリングをする	・受注後や問題発生後では遅過ぎる（企画、調達段階を主張） ・参加者が何かのパートナリング形態で入札しても、ギャモンが契約に後に入るのは遅すぎる	・ファシリテーターとしては、パートナリングは遅くともプロジェクト開始後6週間以内に開始すべきで、さもないと遅すぎる	・入札評価段階を主張（入札後、発注前） ・工事着工前に失敗を矯正できる ・ほとんどの発注者は着工まで何もしないで後で慌てる ・着工前に嵐を起こして、着工後は静かに
	インの業者に選ばさせ...コストや給料は等分負...する	・パートナリングをするとファシリテーター費用が追加コストとなる	・ファシリテーターコストはギャモンが負担する。大きな取引ではない。 ・発注者のみが負担すると公平性に疑問がある。皆で負担すればよいが発注者が決める	・発注者と業者が一緒にファシリテーターを選び費用は彼らが等分負担する	・費用は発注者と業者が50：50で負担し、ファシリテーターは双方に雇用される
	...ファシリテーターを使わ...	・ファシリテーターを使わない	・職員にパートナリング教育をしているし今後拡大する ・ファシリテーターが関与すべき点 「業者の問題と必要なもの」 ＊建設前の助言（矛盾等）＊改革 商業的守秘事項・価値の理解（プロジェクト目的、要点、ケース）＊リスク（配置、管理）＊統制と柔軟性＊設計変更管理＊インセンティブ（公平なゲイン・ペイン配分）＊パートナリング義務（契約、KPI） 「発注者の問題と必要なもの」 ＊プロジェクト要点説明（必要な点、欲しい点）＊調達戦略（方法、契約、選定、評価）＊競争の方法＊正しい人物の見極め＊確実性＊価値とリスクの定量化＊透明性、清廉性（特に公共体）＊管理、統制＊パートナリング義務（契約、KPI）	・ファシリテーターは発注者の態度と心が業者より以上に変わるようにせねばならない ・政府、発注者はパートナリング教育にもっとお金を使うべきである。地下鉄会社は政府の3倍の職員教育費用を使っている ・パートナリングを好まないボスが部下にそう命令するのでうまくいかない	・280名のワーカーにパートナリング推進手法を漫画化して見せ初期教育 ・問題解決レベル、モニター、チャンピオン、チャーターの必要性と目的を示す ・ワーカーはおおむね低レベルゆえ漫画が有効 ・パートナリングの成功には啓蒙された発注者と成熟した業者が絶対必要 ・通常の調達では着工前までは「嵐の前の静けさ」 ・E&Pは入札後、発注前に参加して発注前評価によりリスク、価値等の監査をする。さらに着工前に「まず嵐を起こして後は静かに」をターゲットにワークショップを運営する ・ほとんどの発注者は着工まで何もしないで後で慌てる ・香港に合うように仕様を合わせて入札手続きの中で助言する

表3-1　ファシリテーターについて一覧（2）

項目＼訪問先	A) 香港ハウジングオーソリティ（発注者、NPO）	B) 地下鉄社会（発注者、政府過半数保有のインフラ会社）	C) 中華電力（発注者、民間インフラ会社）	D) 道路局（発注者、政府）	E) 住宅局（発注者、政府）
⑤-2) ワークショップ	・ファシリテーターが初期、中間、完成後ワークショップを行う	・ファシリテーターはワークショップをチームのためにファシリテートする ・ファシリテーターがプロジェクトを運営するのではない ・ファシリテーターは目的を明確にし、目的を達成するためのチャーターを用意する ・ワークショップには業者、コンサルタントが参加者としており、ファシリテーターはチャーターを作り、中間ワークショップを月一度開く。ファシリテーターはチャーターに対する遂行度合いをスコアでモニターする ・最終ワークショップでは継続的改善を成就するために全ての工事を検査する	・ファシリテーターが寄与する大きな点にはパートナリングワークショップがある ・ファシリテーターは参加者に、パートナリングで何が大きな挑戦か、どんな問題を貴方は考えるか、パートナリングで何をしたいかを尋ねる ・ファシリテーターは共通の目的を見い出す（例えば安全ならば参加者全員が安全を欲していることを告げる） ・ファシリテーターは参加者全員を一緒に仕事をすることに駆り立てることができる	・ファシリテーターはワークショップを進め、一緒に仕事をするために参加者とミーティングをもつ	・ファシリテーターの存在意義は大変重要である ・性質上の独立性ゆえにての利害相反者が参加者発言を促すことができ、てのアイデアやアクション計画を全面に押し出せる

F) 港ランド社（発注者、民間発業者）	G) ヒップヒン建設（建設会社、ニューワールド開発グループ）	H) ギャモン建設（建設会社、ジャーディン開発グループ）	I) ジョンカーライルパートナーシップ（ファシリテーター）	J) エバンス＆ベック社（ファシリテーター）
・言及なし	・言及なし	・下請けとはワークショップで長期の関係について話す	・最初のワークショップでは参加者の態度を変えることに努力する ・ファシリテーターは全参加者にお互い挑戦するかまたは何かを持ち込むかをして、建設的アイデアを常時出す様にする ・ゲーム理論が良く使われる。ゲーム理論は個人の本能をテストしたり協力的態度を勇気付けるのに使われる ・ファシリテーターはコミュニケーションを促進するのが大切なことは聞く能力である ・継続的改善がなされない時、ファシリテーターはプロジェクトのキー問題に焦点を合わせ、予防的に対応する ・個人の態度は個人のレベルで変わらねばならない ・協議はまず態度に焦点を当てプロジェクト問題はその次 ・継続的改善がなされない時、ファシリテーターはプロジェクトのキー問題に焦点を合わせ予防的に対応する ・もし誰かの思い込みを変えるのが難しいと分かれば（例：チームプレーヤーでない）、彼は交代させねばならない ・感情的知覚（情態）についていかに異なる人々と処理するか。ファシリテーター Mr.Cliffod の仕事の90％は人々を管理することである ・文化の壁が断定的に問題である（民族の違い、会社の違い、個人の違い） ・ファシリテーターは各々の違いを認識し評価することが助力になり、各々のベストを一緒にするのが理想である ・利己的態度は完全な得失の状況を作り、しばしば法的処理に向かうことを個人は理解せねばならない	・主要な点は物理的仕事が始まる前に高遂行チームを用意するために、現場外で非常に多くのことがなされる、と言うことである。最適の遂行を得る前にファシリテーターの多くの注力が求められる ・我々は Tean Dvelopment を狙い、レビューと監査（prolect Review & Audit）を行う。発注者は発注前にファシリテーター（E&P）にチームの評価と選定を依頼する ・これは業者を昂ぶらせチームは非常に協力的に働く ・この方法はときどきは質問状やワークショップであり、またときどきは我々が業者をすでに知っている経験からであるリスクと文化の評価をするにはいろいろな方法がある ・これはデリケートな仕事でありある例では我々は発注者にプロジェクト担当者を代えるように進言し、大きな改善がありうまく行った。発注者は我々の助言を採ったり採らなかったりする ・我々は着工前に失敗を正しくできる ・ワークショップでは我々は参加者に議論をやらせて論争させる。そしてチームに一つの総意を合意させるように努力する ・最初のワークショップでは数多くの目的が出されるが、ファシリテーターはその中から選択を助言したり合意や総意を探る。6〜12項目を合意する ・我々がやろうとしていることは工事の進捗をしたりモニターする基準値を持つことである ・我々はファシリテーターとして絶対にしないことは2ヵ国語を使わないことである。英語または広東語 ・我々の役割はファシリテーションであり中身を用意することではない ・ワークショップは職場で行い、携帯不使用、中立な環境 ・前のワークショップの経験だが、必ずしもファシリテーターの推薦を受け入れる必要はない ・上級管理者を参加させたいが同時に職場で働く低層の人々も重要である ・パートナリングは巣や下請けのような前線で働く人々次第である ・何層にも重なった層に合うような言語でファシリテーションする ・ファシリテータはアジアの特徴である議論しない風潮を、議論するように仕向けることで、我々はよく漫画を使う ・ワークショップの議長はファシリテーターがやる。ファシリテーターは独立でありそうに見なされねばならない ・我々は入札評価に加わりリスクと文化を評価する ・ファシリテーターはリスク及び価値管理を立ち上げる

表3-1 ファシリテーターについて一覧（3）

項目＼訪問先	A) 香港ハウジングオーソリティ（発注者、NPO）	B) 地下鉄社会（発注者、政府過半数保有のインフラ会社）	C) 中華電力（発注者、民間インフラ会社）	D) 道路局（発注者、政府）	E) 住宅局（発注者、政府）
⑤-3) KPI評価	・言及なし	・ファシリテーターはチャーターに対する遂行度合いをスコアでモニターする ・最終ワークショップでは継続的改善を成就するために全ての工事を検査する	・言及なし	・言及なし	・PASSシステムを使いア、KPIを月次、四半期ごとに見直す ・品質のみならず参加者の関係を見る。例えば書の提出状況、問題解決のための非公開会議の回数、は数量的測定はできない参加者が協力的であった否かが判る。大学に依した調査結果ではパートナリングの導入はこれらに顕な効果が見られた ・住宅局は環境への影響、地域社会への影響、問題決のスピード等をKPIに含 ・期間契約のファシリテーターがワークショップやニターを通してKPI査定を作る
⑤-4) 問題処理・紛争処理	・紛争時は専門家を雇い判断を委ねる	・ブロッカーやロッカー（問題な人々）に対して、ファシリテーターは何が問題かをインタビューする。これを仲裁または干渉と呼ぶ ・地下鉄社会は定期的にファシリテーターに、何が問題でどうすれば解決するかをオープンに干渉したり話したりするように要請する ・問題人が変わらねば出て行ってもらう合意がある。これをするためにも第三者のファシリテーターが必要である。	・ブロッカーやロッカー（問題な人々）に対して、ファシリテーターは何が問題かをインタビューする。これを仲裁または干渉と呼ぶ。 ・地下鉄社会は定期的にファシリテーターに、何が問題でどうすれば解決するかをオープンに干渉したり話したりするように要請する ・問題人が変わらねば出て行ってもらう合意がある。これをするためにも第三者のファシリテーターが必要である	・言及なし	・パートナリングは契約超越できないゆえ、問題契約に返る（ファシリテーターは関与しない）
⑤-5) その他	・言及なし	・地下鉄社会はパートナリングシステムを長期間やってきた ・複雑なプロジェクトではアライアンスや特命等の非公式パートナリングを適用する ・四半期ごとに発注者と業者の上級管理者がファシリテーターなしで話すこともある	・言及なし	・いくつかのプロジェクトでは参加者間の仕事の関係はそう良くてパートナリングをもつ必要がない ・道路局は契約外のパートナリングをやろうとしているが、コスト、時間、無駄が減らせられるか否かは確かではないが、パートナリングなしではもっと多くの紛争や仲裁があるだろう ・伝統的契約の工事に比べてパートナリングをするのはもっと大変な仕事である	・言及なし

	F) ランド社（発注者、民間開発者）	G) ヒップヒン建設（建設会社、ニューワールド開発グループ）	H) ギャモン建設（建設会社、ジャーディン開発グループ）	I) ジョンカーライルパートナーシップ（ファシリテーター）	J) エバンス＆ベック社（ファシリテーター）
	・言及なし	・言及なし	・KPI項目：単一目的責任、より良いチームワーク、合体を通しての改善された品質と遂行、コスト削減、工期短縮、管理費削減、早期コスト知識と確実性、より良いリスク管理	・毎月マネジャーが集まって異なった科目にスコアをつける ・ファシリテーターはKPIの評価に対してお互いのより良い相互理解の方法を作成し助けるが、プロジェクトの人々がパートナリング精神をもつことが肝要である ・KPIの評価は必ずしも量的に計れずフィーリングでなされることが多い。パートナリングは文化である。・パートナリングによる節約＝6％、費用＝0.3％。ゆえに2000％効果	・リスクと文化の評価をなすにはいろいろな方法がある ・着工前にパートナリングを始めた結果として右肩上がりのナイキマークのモニタリング結果を得ている ・我々は信頼を開発するために誰かが素敵なことをしたと言う多くの経験を持つ
	・言及なし	・言及なし	・言及なし	・ファシリテーターは紛争の解決にオープンに会話することが大切。オープンは信頼に繋がる。 ・パートナリングは予防的手段であり、ADRは事後対応手段 ・パートナリングは心の声明であり態度の一揃いである ・リーダーが聞かないときは、ファシリテーターは内部から問題が上がり解決策が出るのを待ち、決して強要することはしない。トップダウンとボトムアップが両方ワークせねばならない・現在はICACが確立し不正はほとんどない	・大体において生産品に問題ないものはほとんどない。業種はバラバラで対立的文化、長期的関係に興味がない。最低価格社への発注傾向。 ・重層的下請け、未熟労働者、新技術への対応力不足 ・CII報告書の問題は報告書の中では解決していないが、解決の方法はまず「問題解決ラダー」の活用。その次は「問題解決フォーム」による
	別パートナリング会議催しオープンな議論を手で充分なことを知るから拘束する契約に積もりはない	・公共機関、あるいは市民はパートナリングを受け入れないし、場合によっては非難する ・土木工事では設計変更があって価格が合意できないときは第三者のコンサルを雇う。ファシリテーターは2〜3週間この解決に係わり解決する。これを仲裁とはとらず調停として扱う ・発注者は自分たちにゲインがあるときはパートナリングをし、かつてペインをシェアーしたことはない ・政府はパートナリング実施に熱心ではない ・ニューワールドはパートナリングも興味する業者を選ぶ	・調達方法を変更することが必要である ・パートナリング成功の3要素は、1番が発注者がボードにいる、2番が早期に発注者と契約、3番が最終決定前の協力	・私の意見では日本人は本能的に協力的であり、注意深くあるべきだが、しかし発言せねばならないし発注者に挑戦することを学ばねばならない ・人間の態度は過去の経験に基づいていることを個人は理解せねばならない ・パートナリングへの動機は尊敬である。人々はお互いの能力とアイデアで一緒に仕事をし、最後に言葉でなくカウントできる行動をする ・利己的態度は完全な得失の状態を作りしばしば敵対的処理に行くことを理解せねばならない ・パートナリングは態度と文化で心理的なものである ・香港の発注者はもっと業者を信じて話をきかねばならない ・政府がパートナリング実施を決めたとしても実施は難しく一つひとつにコーチングが必要 ・現在香港の市場では約30％の無駄があり、これは非効率から来ておりもっと人に投資すべきである ・パートナリングのアイデアは無駄をなくしてお金を作ることである、クレームをすることによってお金を増やすことではない ・ロスを少なくするのもパートナリングの目的の一つであるが、利益のあるプロジェクトの方がファシリテーターもやりやすいしうまく行く	・成功あるいは失敗パートナリングの理由は①正式工事契約書の制限、②深刻な対人対立関係、③参加者が実際に、資金的に、感情的に未熟、(4)政府役人は規制があり柔軟性がない、等である ・パートナリングシステムは正直に拠る。本物の正直に拠る ・合体したアプローチには関係、リスク、価値管理等と同じゴールを全員がもつ ・パートナリングの成功には、啓蒙された発注者と成熟した業者が絶対必要。もし業者が未熟なら止めなさい。我々はGMPを推奨するが、GMP業者が早期に参加するほどペイン/ゲイン・シェアー効果がある

2. ワークショップの運営

ワークショップは大きく分類して立ち上げ時、工事中、プロジェクト終了時に分けられる。

立上げワークショップは各地域に共通して、請負業者決定後早い段階に行われ、その基本的内容は、

①パートナリング関与者全員で共通目標を作成し了解すること。
②パートナリング概念の習熟。（各関与者固有の思惑の排除）
③工事期間中に開催されるパートナリング会議の運営方針

が挙げられる。

ここで①について補足すると、各国のパートナリング工事においては共通目標を標記したパートナリングチャーターが存在し、共通の目標に同意した関与者全員はチャーターに署名をすることになる。全員が署名したチャーターが法的に効力を持つかという点は国によって扱いが違い、明確ではない。しかしながら、工事の目標を明確化せしめ、共通の目的を達成すべく目的意識を1つにすることに役立っている。

また立上げワークショップにて合意した内容について、中間ワークショップにてモニタリングを行い、最終ワークショップにてパートナリングの評価を行う。

以下に英国、米国、豪州、香港のワークショップに関する調査記録を国別にまとめる。

2-1 英国

2-1-1 ワークショップの編成と役割

一般的には、請負契約等の締結後、できるだけ早い時期に全ての関係者は、パートナリング・ワークショップに参加する。ワークショップにおける各当事者組織の主要関係者とは、関係作業の実施者及びその関係者と意思決定の権限を有する者である。このような主要関係者の具体例は以下の通りである。

・プロジェクト・マネジャー

- 請負業者の監督者・現場主任ならびにその他の重要作業者
- 監督者及びプロジェクト・エンジニア
- 建築家、エンジニア及びその他の重要なコンサルタント
- 建設事務担当者及びコンサルタント
- 主要な下請業者の代表者
- 発注者の管理者または代理人

プロジェクトによっては、試験研究所の代表とか主要な公務員等の特別な関係者の参加が求められることもある。

パートナリング・ワークショップの開催は、プロジェクトの開始時に実施することが非常に効果的ではあるが、プロジェクトに係る事項及び問題解決に対してどの段階でも効果が見込める。パートナリング・ワークショップにおいて取組む事項・課題については、以下の通りである。

- パートナリング・チャーターの立案・作成
- 問題解決プロセスの立案・作成
- 合同評価プロセスの立案・作成
- 各メンバーの役割・問題点に関する討議

パートナリング・ワークショップの目的は、適切なコミュニケーション、ならびに発注者、設計者、請負業者及びその他の当事者間のチームを相互に形成し、パートナリングの手法の中でそのようなチーム・メンバーを教育することである。パートナリング・ワークショップは、適切かつ早期にプロジェクトを完了するために必要な各メンバー間の信頼と尊敬の環境を確立するための最初のステップである。

上記の事項・課題について、以下の通り若干補足説明をする。

パートナリング憲章は、各利害関係者間の共通の目的で形成される。相互に合意したこれらの目標には、バリュー・エンジニアリングによるコスト削減の達成、コスト・アップに対する上限設定、契約内容の検討期間への制限設定、工事の早期完成、訴訟準備に必要な事務処理の軽減、提訴の回避、その他プロジェクトの特徴に合わせた内容のものがある。パートナリング憲章は、単なる利害関係者のパートナリングへの誓約のシンボルではなく、利害

関係者がパートナリングの方法を実行しているかどうかを評価する尺度としても用いることができる。利害関係者のパートナリング憲章への正式な署名は、全ての利害関係者間の誓約を正式なものとする上で重要である。

パートナリング・ワークショップにおいて、主要メンバーがプロジェクトに関する問題を解決するための独自のシステムを作成する。請負契約の特定の技術的部分に関する知識を有する様々なメンバーで構成される特別チームが、予想される問題及びそれらを処理する方法を討議する。この特別チームは、自分達のレベルでは解決できない問題を迅速に上のレベルへ移管する方法を決定する。これにより、意思決定の手順がより効率的になり、意思決定が長引くことによるコスト増を回避できる。

合同評価プロセスとは、パートナリングの方法への関与の効果を全参加者によって定期的に見直し、評価するものである。この評価は、主要なメンバーにより、定期的に書面にて行う。

各メンバーの役割及び問題点を討議することにより、他の当事者のリスク及び問題点を理解し、各自担当する業務が他人の担当業務のどの部分に適合するかを理解することは、基本的なチームの体制を確立するのに役立つ。このようにすることで、問題が発生する前に他のメンバーを知り理解することができる。この時点の人的な面への投資は、プロジェクト期間中またはそれ以後にきわめて大きな利益をもたらすことができる。

他に、パートナリング・ワークショップのチーム構成を定期的に見直す必要がある。このフォローアップ・ワークショップは3ヵ月間隔で実施されるのが理想的である。これは最終評価へとつながっていく。

また、パートナリング・ワークショップを編成する際に特筆すべき点は次の3つである。①個別参加者の選定、②ワークショップ・デザイン、③開催場所の選定等である。①に関しては、通常のパートナリングチームメンバーとワークショップに参加するメンバーとは同一である必要はなく、その選別には留意する必要がある。②については、主要なワークショップは通常2～3日要し、参加者同士を知り合うことから始まり、技術・チーム原則に関するトレーニングとチームとしての合意事項の作成へと発展することを念頭におき

実施する。③の場所の選定に関しては、プロジェクトサイトではない所で、ワークショップ参加者の所有施設ではない方が良い。すなわち、場所に関しても"中立"なことが必要である。

次に、今回調査対象となった英国空港公団、ハイダー社、アラップ社及び西松建設の各社の事例について述べる。

英国空港公団では、当初カナダのコンサルタントを雇いワークショップを運営させ、成功した。その後数年間、プロジェクトは順調に運営されてきたが、2年程前からその運営に問題が生じてきた。そこで原因を調べてみると、プロジェクトに関与する人々がだいぶ入れ替わったにもかかわらず、ワークショップの開催がなかったために相互理解と運営方法に関する周知が欠落していた。そこで、担当者は新しいワークショップ・プログラムを18ヵ月にわたり検討し、現在それを運営している。1ヵ月に1回程度の割合で開催し、そのつど20～30名の2次、3次下請を含めた参加者がいる。参加者は、パートナリングを実施しながら学ぶことになる。ワークショップは下請業者を含めているが、パートナリング・チームとしては、元請のみとのことである。現在は、ファシリテーターあるいはパートナリング・アドバイザーは不在で、英国空港公団がその役を担っている。

ハイダー社プロジェクトでは、ワークショップ・マニュアルはないが、ファシリテーターがロールプレイ、ゲーム等を通してワークショップ・メンバーの和を高めるとしている。

アラップ社によると、パートナリング参画者は『パートナリング教育コース』を受講することが望ましく、通常、全てのメンバーは独立したコンサルタントによるオリエンテーションを受けるという。

西松建設のコントラクト-220プロジェクト（チャンネル・トンネル・レール・リンク/セクション2）においては、プレ・コンストラクション期間にパートナリングの実践練習が行われた。これは、グループディスカッション等を通してコミュニケーションの練習を図るというもので、マネジメントクラスだけで行うものから担当者レベルまで参加するものまで様々である。また、ワークショップは専門の指導者のもとで、想定した議題に沿って設定された

問題について議論し、指導者がパートナリングを上手く機能させるためにはどうすればよいかという結論へ導いていくものである。さらに、工事開始前には、コントラクターとデザイナーの協働期間を5ヵ月間程度設け、これが信頼関係の向上に役立った。

パートナリング・アドバイザーという名称があるが、これは"ファシリテーター"と称されるものと同じである。CICガイド（Construction Industry Council）に基づくと、同職はパートナリングのメンバーに助言や支援を提供するとされる。パートナリング（契約）に精通するスペシャリストとして、パートナー・リレーション促進の機能を付与されている。当然ではあるが、公正さが求められ、紛争回避のための問題解決への建設的助言を行うことができる十分な経験が必要である。深い経験と知識をもつ法律家、デザイナー、施工プロフェッショナルなどがアドバイザーの任を負うことができる。しかし、それぞれの立場を有利にしようとすれば、パートナリング関係者がそれぞれのお抱え弁護士をアドバイザーに任命するような馬鹿げた事態も起こりうる。

2-1-2　共通目標の設定

プロジェクトを成功裡に進めるという共通目標を有していれば、一方の当事者にとって望ましいことは、他の当事者にとっても望ましいことが多い。各パートナーのチームは、自分達の目標をブレーン・ストーミングし、単に各々の最終目標を達成するだけでなく、その途中にある中間目標を達成することにも集中する。その際、何が必要で望ましいのかをリストにして洗い出す。そのうち共通の目標となり得るものを残し、それを達成するためにはどのような運営をすればよいかを協議する。例えば、利益の適性配分を共通の目標として設定した場合、パートナーはあらかじめ利益の適性配分に関する合意をする。その他、共通の目標と達成方法の例は以下の通りである。

アラップ社では、共通の評価尺度として、目標達成度指標が紹介された。パートナーがあらかじめ合意した評価基準に従って業績評価、報酬とペナルティ等を決める趣旨である。

目　　　標	達　成　方　法
・作業効率の向上	・定例ミーティングで随時協議する
・コスト削減	・継続的な改善とバリューエンジニアリングを行う
・コストを確実なものとする	・適切な危険管理をする
・工期を厳守する	・クリティカルパスを随時見直す
・安定した標準作業量を確保する	・効率的なプログラミングを策定する
・リスクを適正に配分する	・ペイン・シェアーを事前に合意する
・設計情報を信頼できる方法で伝達する	・ソフト、パスワードをあらかじめ決めておく
・訴訟費用を抑制する	・紛争解決手順をあらかじめ決めておく
・プロジェクトの宣伝効果を高める	・広報活動の案を集め、実践する

2-2　米国

2-2-1　ワークショップ（プラニング・実施・フィードバック）

　ワークショップを成功させるためには、適切な計画と準備が必要である。プロジェクトの複雑さとパートナリングの経験という要素によって異なるが、計画には時間がかかり、時には数週間を必要とする。パートナリング・オフィス、パートナリング・リーダー、ファシリテーターの3者が、この段階で重要な役割を果たす。

(1) ワークショップ計画段階におけるファシリテーターの役割
- 背景的なインフォメーション（例えば、プロジェクトの歴史、仕事の数等）の収集。
- パートナリング・リーダーと話す。
- パートナリング・リーダーの要望に基づき、追加のパートナーと接触する。
- 要望があれば、パートナリング・リーダーとともにパートナリングのミーティングやプロジェクトを訪問する。
- 何が大きな問題（関係と技術）かを特定する。
- 種々の認定されたワークショップモデルを用いて、パートナリング・メンバーからのインプットによりワークショップを形成する。
- チームの関係に焦点をあてて問題解決・分析手段を改善する。

- ロジステイクスを確認する。
(2) パートナリング資金
- パートナリングを構築するための資金を確保しなくてはならない。ワークショップの前段階の計画（ファシリテーターとの打ち合わせ）、ワークショップ（ファシリテーターと施設）、及びフォローアップ・アクテイビテイ（報告書の作成・配布を含む）に関連した費用がある。パートナーは共同してこのコストを分担する。

(3) 計画前段階
ワークショップの前段階計画時の打ち合わせを行い、以下の事項に合意する。
- 重要事項とパートナリング・チャレンジ。
- チャーターのドラフト（例えば、ミッション・ステートメント）。
- 誰がワークショップに参加すべきか（例えば、エージェンシーの代表、コントラクター、サプライアー、デザイナー、公益事業体、公営・民営企業、及びその他ステークホルダー）。
- 何が主要パートナリング・リーダーの役割かを確定する。
- ワークショップ・タイプ、期日、期間、場所等。
- ファシリテーター（まだ任命されていなくて、ワークショップ前段階の打ち合わせに出席する場合）。
- ワークショップ議事次第。
- 打ち合わせに参加できないパートナー及びパートナリング活動未経験のパートナーと一緒に活動する方法。
- 資金源。
- 命令・指揮系統について。
- パートナリングを構築するための全体計画について。
- ワークショップの責任を分担する方法。

2-2-2　パートナリングモデル

独特な要素に基づいたパートナリングを、個別のケースに合わせながら構

築する数多くの方法がある。種々の目標、ステークホルダー・グループの数、多様性の程度、問題の数、期間の長さ、資金及び政治的な関与の程度等を含むパートナリングの複雑さについては、各状況に対する最適モデルを決定する時に検討されることとなる。

(1) 複雑度が低レベルモデル

　パートナリングを構築する主要素の複雑さが最小限である。
- 単純な計画：2〜3名のパートナリング・リーダーがファシリテーター、招待者、期間及び主要課題に合意する。
- 全関係者に対して、2〜4時間程度のワークショップを実施し、基礎的なパートナリング要素をカバーする。
- 最終終フィードバックと評価。

(2) 複雑度が中レベルモデル

　パートナリングを構築する主要素の複雑さが中庸である。
- ワークショップの前段階の活動を調和（開発に対しては、スコープの確認と契約交渉を含む）。
- 1日のワークショップ（いくつかのパートナリングにとってはキックオフと考えられる）。
- 新規パートナーに最新情報を与えたり、異なるステークホルダー・グループに集中フォーラムを与えるための分科会打合せを開催。
- 毎週の打ち合わせ。
- 定期的な確認、評価及びフィードバックに基いたプロセス改善活動。
- 最終のパートナリング打ち合わせ（終了ワークショップ、習得した教訓及び必要な引継ぎ等を含む）。

(3) 複雑度が高レベルモデル

　パートナリングを構築する主要素が非常に複雑である。
- ファシリテーターを予定した後、主要パートナリング・リーダーを含むワークショップの前段階の連続した計画打ち合わせ。
- 複数のリーダーシップとステークホルダー・グループの種々の要求に対応するべく一連のパートナリングワークショップを開催する。

- コアチーム以外のステークホルダー打ち合わせに先立つコアチームの打ち合わせ（2～4時間で、正式なファシリテーターがファシリテートする）。
- コアチームとエグゼクティブチームの打ち合わせ（2～4時間程度で、コアチームあるいは正式なファシリテーターがファシリテートする）。
- エグゼクテイブ、コア及びフィールドチームの打ち合わせ（4時間程度で、正式にファシリテートする）。
- ステークホルダー・ワークショップ（グループに適応した時間で、正式にファシリテートする）。
- 継続したパートナリング・サポートを展開する。
- コアチームの週間打ち合わせ（月1回の週間打ち合わせにおける評価とフィードバックに基づくアクションプランを討議し、展開する）。
- 四半期ごとのコアチーム、エグゼクテイブチームの打ち合わせ（4～6時間程度で、正式なファシリテーターが参加する）。
- パートナーの定期的なチェックインと評価の実施。
- 終了ワークショップの開催。

2-2-3　ワークショップにおいて

　ワークショップの目的は、パートナリング・メンバーが集い、良好かつ密接な関係を構築し、チームワークの基礎を築き、将来の仕事の準備をする機会を提供する。ワークショップの参加者には、パートナリングの目標を上手く完成させることを主眼とする各グループの代表が含まれるべきである。

(1) 参加者の実施項目
- パートナリングを展開する。
- パートナリングの原則を概観するプリントを受取る。
- パートナリング・チャーターを記載する。
- 問題解決プロセスの要素をレビューし、これを完成する。
- チームとパートナリングを測定できる評価プロセスを理解する。
- 継続的にパートナリングを構築し、パートナリングの目標への進捗を計

測し、評価するフォローアップ戦術を計画する。
(2) パートナリング・ワークショップのガイドライン
- あらゆる考え方が討議され、考慮されるようにする。
- 各自の立場の表現方法に責任をもつ。
- 理解を促し、守りの姿勢を少なくするような形で意見交換する。
- 全員にとって最善の結果を生むような形で参加する。

(3) パートナリング・ワークショップの構成要素
- パートナリングの原則（概観、目的及び利益）。
- チャーター（共有されたミッション、目標及びガイドラインに関する記述されたコミットメント）。
- 問題解決のプロセス（ステップ、レベル、組織及びプロセス）。
- 評価プロセス（評価、目的、目標、役割、ステップ及び頻度）。
- アクション・プラン（何をいつまでに誰が完了する必要があるかを特定する）。
- フォローアップに関する合意（パートナリングを順調に進めて、目標達成の手段）。

2-2-4　パートナリング・チャータ

パートナリング・チャーターは、全プロジェクトチーム・メンバーにとっての共通のミッション、目標、ガイドライン及び主要な合意事項を明記し、主要なチームメンバーの署名を記録したものである。（図3-4を参照）

2-2-5　パートナリングの目標

パートナリングの目標は、①品質、②コミュニケーション、③問題解決、④チームワークと関係、⑤スケジュール、⑥プロジェクトの遂行、⑦予算等である。チームメンバーはこれらの目標をブレークダウンすることで、これらの目標が彼らの独自のパートナリングに対してどのような意味を持つかを明確にする。もし必要ならば、最大5項目まで目標を追加するように奨励している。

PARTNERING AGREEMENT
Joshua Tree Parkway

Mission: The challenge of the Joshua Tree Parkway project team is to complete this job safely, within budget, and on schedule. We commit ourselves to building a successful Partnering relationship, strengthened by honest, straightforward communication and fair dealings in every action. We set forth the following goals and objectives:

1. **QUALITY**
   - Smooth ride — target for a smoothness measure of 22.
   - Maximize bonus on material quality and compaction.
   - Build a finished product that lasts (minimum maintenance needed over time).

2. **COMMUNICATION**
   - Good public relations — minimize inconvenience to traveling public.
   - Good coordination with other SR93 corridor projects.
   - Timely responses to all communication needs.
   - Good coordination between the field and support groups.

3. **ISSUE RESOLUTION**
   - Timely resolution.
   - No unresolved issues.
   - Involve the right parties at the right time — keep them involved regarding decisions.
   - Resolve at the lowest level possible.

4. **TEAM WORK & RELATIONSHIPS**
   - Have fun!
   - Develop friendships
   - Create a relationship where we look forward to working together again.
   - Build trust, and continue building it over time.
   - Deal fairly with one another.

5. **SCHEDULE**
   - Beat schedule
     — Commence road work in early January.
     — Begin paving the ACFC by March 15.
   - Develop realistic work schedules and stick to them.
   - Accommodate Gold Rush Days activities (Feb. 12-14).

6. **SAFETY**
   - Incident free.
   - Recognize that safety is everyone's responsibility.
   - Maintain effective signing.
   - Develop an emergency plan; maintain emergency access.
   - Keep delays under 15 minutes.
   - Minimize drop-offs at end of each day's paving.

図3-2　パートナリング・チャーター（サンプル）

2-3 豪州
2-3-1 豪州におけるワークショップの編成
　パートナリングはイニシャル・パートナリング・ワークショップによって正式に開始することになる。期間は半日から4日間とプロジェクトにより様々である。主題は以下の通りであるが、原則としてはパートナリングの概念の導入、パートナリング憲章あるいは約款や目標の展開について議論される。
- パートナリングの理解
- チーム手法のトレーニング
- 目標の展開
- 紛争解決プラン
- 予想される問題点
- 問題解決プラン
- パートナリング憲章あるいは約款の展開
- 懇親

　参加者としては参加組織のトップ（トップ・マネージメント）、ミドル・マネージメント、設計コンサルタント、各参加チームのスーパーバイザー等であるが、この中でも参加チームのトップ・マネージメントの関与は非常に大切であると報告されている。実際ほとんどのトップ・マネージメントがワークショップには参加している。

　パートナリングの実施にあたってはパートナリング実施計画（partnering implementation plan）が作成される。ここで以下の事項が計画される。
- 各参加チームの役割と責任
- パートナリングの目標に応じた、評価可能な目標
- 書面に明記した紛争解決のプロセス
- リスクと利益のシェアリングの方法（これについては過去の事例ではあまり設定されていない）
- 新しい参加チームへの指針

　また、プロジェクトの進行に合わせてフォローアップ・ワークショップが

開催される。これは下請業者を含めたワークショップであり、テクニカル・コーディネーション委員会の設置や各参加者の顔合わせ、新規加入メンバーへのパートナリング指導などが行われる。

　パートナリングの開始時に立てた目標に対してパートナリングの活動を継続的に評価していくことは非常に重要である。評価の場は様々であるが、月1回程度のミーティング等での評価表への記入等により行われる。このワークショップには下請業者も参加する。またプロジェクトに問題が発生するとパートナリング・ミーティングに問題があげられ、その中で解決策が論じられるが、どうにもならない場合に限って紛争審査会（Dispute Review Board）に問題が上げられる。ただしここでの決定事項、助言事項は拘束力を持たない。

　パートナリングのプロセスの最後には総括ワークショップが開催され、一連のパートナリングの問題点の分析、最終評価を行った後、懇親会にて締めくくりとなる。

　最後にパートナリングの費用負担についてであるが、多くの場合は各参加者によって負担されているが、発注者や請負者が負担しているケースもある。これらの費用は参加者にとって圧倒的に大きいというわけではないが、小さな下請業者レベルでは時間的な負担が大きいため参加が出来ないという問題点も発生している。

2-3-2　クイーンズランド州幹線道路局のワークショップ事例

　クイーンズランド州幹線道路局のケースでは、適正な請負者の選抜後、基礎ワークショップ（foundation workshop）が開催された。この基礎ワークショップにおいて関係者はプロジェクトの共通の目標をたてるとともに、目標達成度指標（key performance indicators）を作り上げ、毎月の会議において成果の確認を行った。

　これらの会議は各構成メンバーによりローテーションで司会進行され、パートナリングに関わる全ての問題についての議論が行われた。

　基礎ワークショップの2ヵ月後には監理者、検査者レベルのスタッフを加え

た別のワークショップが開催された。これは特に技術ワークショップ（skilling workshop）と呼ばれ、決定、紛争の処理、共同での問題の解決といった運営上の手法についてのメンバーの教育が目的であった。この技術ワークショップによりメンバーはパートナリングのもとでよりよく動けるようになり、良いコミュニケーション、良い関係を築く手助けとなった。

　これらのワークショップについて、同局では発注金額がA$5M（500万豪州ドル）以上では基礎ワークショップ、技術ワークショップの両方を開催し、これらの費用の支払も契約に盛り込んだ。A$1MからA$5Mの場合、少し長めに基礎ワークショップを開催する。A$1M以下についてはワークショップを開催するが費用は請負業者の負担とする規定を設けている。

2-4　香港
2-4-1　パートナリング実施ガイドライン

　香港では「パートナリング ガイドライン」が2003年に出版され、2004年に「2004 Update」が出された。これらは香港プロジェクトマネジメント協会の「パートナリング特別研究会」（APM Partnering SIG, Association for Project Management Hong Kong Partnering Specific Interest Group）により執筆され、筆者達は便益を得る全ての人々にパートナリングを普及するために努力している。以下当ガイドラインのワークショップに関する記述を紹介する。

組織の感知度合い（どこまで気付いているか）

　関係する参加者がパートナリングを理解していることを確立することは重要である。
- 内部や単一組織の事前パートナリングセッションの目的は
- 内部スタッフにパートナリングとは何かと協力的仕事がいかに便益を生むか
- パートナリングの賛否両論の率直でオープンな議論を奨励する
- 上級管理者のパートナリングへのコミットメントを演習する
- スタッフが外部組織へ出る前に内部でパートナリングのふるまいと改善

プロセスの練習をする
初期パートナリング ワークショップは
　ほとんどのプロジェクトマネジャーは個人よりもチームが協力的に仕事をする方がより生産的であることが分かっているが、難しさは、敵対的作法で長年仕事をして来た後で染み付いている態度とふるまいを変えることを持ち込む所にある。最初のワークショップでは、変わることの可能性の実感を持たせるためにクリティカルであり、ワークショップは独立したファシリテーターにより最も良くファシリテートされる。ファシリテーターは仕事の終了時の姿を描くことで参加者を励ます。

ワークショップで達成を目指す一般的概念は
- 改善は変わろうとした時のみ達成されることの、認識
- 協力的な態度とふるまいを基とした新しい関係を創ると言う、意味
- お互いの方針、目的、価値が成就される手法を概略するのが、憲章（チャーター）
- お互いの目的を達成する戦略のために変化することを管理するグループ（チャンピオン、運営委員会）の確立を含む。
- 実績をモニターするシステム
- 問題解決の、意味
- プロジェクトを促進するために工事期間中に提案された機会の優位さを取る、意味
- 継続的改善のための手順

パートナリング関係の開発
　人々が古い習慣に戻ったりすることを予防したり、最初のワークショップで確立した変わろうとする勢いを保持するために、プロジェクト チームはファシリテーターの下でレビューワークショップの形での助けが必要である。パートナリングチャンピオンや運営委員会はプロジェクトで仕事をする全員に、障害となるハード及びソフトの問題を処理し、パートナリングの実績をモニターする必要があるから、それは簡単ではない。

チームメンバー

建設チームはどんなプロジェクトでもほとんど常にゼロから開発される。チームリーダーにとってもっとも重要なことは、いかに各人の性格が他と絡みチームに寄与するかを把握することである。例えば、懇親会はチームがお互いに知り合うことや絆の創生を助成する上で大変有効である。

レビューワークショップ

独立したファシリテーターやパートナリングチャンピオンが最初の数回のセッションの議長をすることが良い。一度手順が確立されチームチャンピオンが経験し自信を持てば彼等の継続的モニターにハンドオーバーできる。

継続的改善の必要性

パートナリングは、もしチームが得た知識はワークショップの終わりに簡単に消え去らないことを信じるならば、常に改善されている。

3. パートナリングのモニタリングと評価

各国のパートナリング実施における評価は、工事期間中定期的にまた工事終了時に、いずれも（ワークショップ＝パートナリング会議）の中で行われている。それはパートナリングを成功裡に達成するため、また、将来の新しい工事にパートナリングを採用するかどうかの判断材料とするため、にパートナリングには不可欠な評価方法である。

評価方法の呼び方は、香港・豪州・英国の場合はKey Performance Indicator（以下"KPI"と言う）、米国の場合はPerformance Evaluation Program（以下"PEP"と言う）と言う。

以下に米国の「PEP」及び香港の「KPI」に関する調査記録をまとめる。

3-1 米国

3-1-1 パートナリング・エバリュエーションとパフォーマンス

目標とフィードバックに関するチーム評価は、パートナリング・エバリュエーション・プログラム（PEP）を展開することで定型化している。チームメンバーは、チームにとって関心のある分野を改善したり、彼らが継承する分

野を認知したりするためにアクションを取るべくフィードバックを実施する。
(1) パートナリング・エバリュエーション・プログラム（Partnering Evaluation Program：PEP）

  PEPの利点は以下の通りである。

- あらゆるパートナリング・チームメンバーは、彼らの関係と課題に気付く機会を得る。
- ステークホルダー間のコミュニケーションは、定期的及びタイムリーなフィードバックを奨励する。
- タイムリーかつ定期的なフィードバックは、パートナリング・チームメンバーが可能な限り早く、しかもオペレーションレベルに最も近いレベルで種々の問題を解決する機会を増やす。
- 自動化プログラムは正確に計算し、グラフ・チャートを作成する。
- グラフ及びチャートは良いコミュニケーション手段であり、視覚的な助けとなる。
- 使いやすい。

(2) サンプルPEP評価フォーム（図3-3、3-4）

  PEP評価フォームのサンプル記入用紙を示す。標準目標5項目の他に、5つのオプション評価目標を記入できる。このフォームには、評価基準、評価点、2次目標、コメント及び評価点に基いて「アクションを取る」「中立な立場にいる」あるいは「認知する」等を示すボックスがある。

  このPEP評価フォームは、あるパートナリングチームによって完成された1例である。2次目標に合意することで、PEP目標を各プロジェクトに合うように作成している。各パートナーシップは、目標が自分達にとって特別にどのような意味を持つかを明確にする。

  コメントはチームにとって貴重なインフォメーションとなる。コメントを調べて、問題に対して矯正的なアクションが取られた、あるいは取られるということと、肯定的なパフォーマンスは認められているということを確かめること。コメントの提出者が分かっていたら、フォローアップして追加のインフォメーションを入手して、矯正的なアクションが問題を解決したかどう

かを確かめる。
(3) PEPチャート
　PEPチャートは、PEP評価フォームからのデータを見る一例である。PEPデータから作られたグラフは、ある期間におけるステークホルダーあるいは全体としてのパートナリングごとの参加状況、平均、傾向等に関するインフォメーションを提供する。
　パートナーは、パートナリングの目標への進捗度を評価する道具としてPEP評価フォームを用いる。パートナリングメンバーは、週間あるいは月間打ち合わせで、あるいはチーム・ビルデイング・セッションの間に、あるいはチーム干渉時とかチェックインの際に、あるいは主要パートナリング・マイルストーン時とかパートナリング完了時に評価する。パートナリング評価の結果、貴重なインフォメーション、パートナリングが取るべきアクション・タイプに関する洞察及び学習・改善するための経験がもたらされる。
　このPEPチャートのうち、以下に記すものを参考として添付する。
1) ADOT目標1：アリゾナ全体のヒトとモノの動きを改善する
　(a) 目的1：70％以上のプロジェクトで工事開始時ワークショップを開催（図3-5）
2) ADOT目標2：成果とサービスの質、タイミングの良さ、コスト面の有効性を向上する
　(a) 目的3a(1)：90％以上のプロジェクトをPEPプログラムで評価する（図3-6）
　(b) 目的3a(2)：5標準目標に関して、3.25以上のプロジェクトチームの評価を得る（図3-7）
　(c) 目的3a(3)：ステークホルダーのPEPへの参加を促す（ADOTコンストラクション・プロジェクトチーム・メンバー：45％以上、コントラクター：40％以上、サブコントラクター/サプライヤー：10％以上、その他：5％以上）（図3-8）
　(d) 目的3b(2)：7標準目標に関して、3.05以上の開発プロジェクトチームの評価を得る（図3-9）

(e) 目的3b(3)：PEPの活用を促す（ADOT開発チームメンバー：60％以上、オペレーション：10％以上、その他：30％以上）（図3-10）
　　(f) 目的4：工事完了時のパートナリングワークショップの開催（図3-11）
　3) ADOT目標3:高度な遂行能力をもち、成功する実施部隊を作る
　　(a) 目的1a：正式なクラスでいろいろな人々に教育することを促す（図3-12）
　　(b) 目的1b：各パートナリング・クラスの評価を4.0以上にする（図3-13）
　　(c) 目的2：ワークショップの質とファシリテーターの有効性評価点を3.40以上にする（図3-14）
　4) ADOT目標4:全資源を最大限に活用する
　　(a) 目的1a：ファシリテーター、契約コンサルタントの活用を促す（図3-15）
　　(b) 目的1b：タイプ別のワークショップの状況（図3-16）
(4) パフォーマンスに役立つフォローアップ
　パートナリングを成功に導くためには、新しいパートナーを歓迎し、常に現状を認識させる方法、パートナリングの主要なフェーズで案件を討議する方法、パートナリングの各マイルストーンで評価と報奨を与える方法、必要に応じて再度集中して軌道に戻す方法等を計画し、実践する必要がある。フォローアップを提供する種々の方法がある。
- 補習ワークショップ：このワークショップは長期的なワークショップを提供したり、あるいは当初の合意事項をレビューし、要求された変更を行う機会を計画する。
- コーチング・チェックイン・継続：これは、次のような形態をとる。カンファレンス、ワークショップ、最終報告書あるいはパートナリング評価完了報告フォーム、グループマネジャーと共に四半期報告のレビュー、月間報告書のスタッフレビュー等。
- 調停：これは、論争している人々が協調的に問題解決できるように中立的な第三者を活用する内密のプロセスである。典型的には、第三者ファシリテーターは法に拘束され、事実を暴露せずに調停プロセスの手続を

完了する。これらは証拠として使われないように保護されている。
- 週間・月間打ち合わせ：これらの打ち合わせの開催は一定しており、ここでは、パートナリングメンバーがアクション項目に関して前回打ち合わせからの状況をフォローアップしたり、スケジュールを作成したり、パートナリングに関連した問題を特定して解決したり、次回打ち合わせを計画する。
- 完了ワークショップ：パートナーは、パートナリングを反映するような発見を収集する（例えば、プロジェクト完了報告）。
- チーム干渉：これは、パートナリングの抱える現在のチャレンジ項目を特定できるように設定された打ち合わせあるいは講習の形態を取る。
- PEPレビュー：健康的なパートナリングに対する合意された基準に従ってパートナリングを計測し、評価する。また、パートナリングの目標に対する進捗度を評価する。

Project Number:		TRACS Number:	
Project Description:			
Period Being Evaluated:			

Standard Evaluation Goals	Evaluation Criteria and Scores				
(1) Quality	Significant Problems	Performed below Expectations	Met Expectations	Exceeded Expectations	
The **process** to construct and document quality has:	0.5 1.0 (1.5)	2.0 2.5	3.0 3.5	4.0	Don't Know
SUB-GOALS: Workmanship, Document Control Material Quality, Achieve 100% of Quality incentives.	Comments: Document Control Needs Improvement, Quality Incentives are at 65%				
	[X] Take Action	Neutral		Provide Recognition	
(2) Communication	Below Levels to Support Project	At Marginally Acceptable Levels	At Expected Levels	Exceeding Expectations	
The **process** of timely, accurate information flow is:	0.5 1.0 1.5	2.0 2.5	3.0 3.5	(4.0)	Don't Know
SUB-GOALS: Receive information in a timely manner Develop distribution list (return capability with email) Communicate issues to Weekly Project List	Comments: Communications are excellent, all information is being received in a timely manner				
	Take Action	Neutral		[X] Provide Recognition	
(3) Issue Resolution	Not Functioning	Functioning, but	Established and Functioning	Exceeding Expectations	
Team members and their counterparts identify issues and find that the **process** of timely resolution or escalations is:	0.5 1.0 1.5	2.0 (2.5)	3.0 3.5	4.0	Don't Know
SUB-GOALS: Resolve Issues at earliest opportunity. Anybody has power to escalate Follow escalation ladder. Experience no delays associated with failure to escalate. Clarify the issues before escalating.	Comments: Issues need to be clarified before escalating, some team members need training in the escalation ladder process				
	Take Action	[X] Neutral		Provide Recognition	
(4) Team Work & Relationship	Not Yet Achieved	Occurred in Most Cases	Met Expectations	Exceeded Expectations	
Interrelationships of team members are understood and an open and coordinated effort by all members has:	0.5 1.0 1.5	2.0 2.5	3.0 (3.5)	4.0	Don't Know
SUB-GOALS: Maintain cooperative and helpful attitude. Be responsive to requests for help. Be open to new ideas & innovative solutions Communicate when working outside of individual and organizational boundaries	Comments: We have good cooperation with most team members, we have open communication among team members, this job is a pleasure to work on				
	Take Action	Neutral		[X] Provide Recognition	
(5) Schedule	Unresponsive	Marginally Successful	Meeting Expectations	Exceeding Expectations	
The **process** to monitor and assure the project's completion is:	0.5 1.0 1.5	2.0 2.5	3.0 (3.5)	4.0	Don't Know
SUB-GOALS: Do everything necessary: To anticipate possible delays To maintain or accelerate the schedule	Comments: Project schedule dates are being met 90% of the time				
	Take Action	Neutral		[X] Provide Recognition	

図3-3　パートナリング評価プログラム（PEP）：プロセス配点フォーム（施工）

Optional Evaluation Goals	Evaluation Criteria and Scores				
(6) Safety The **process** to establish, educate and assure compliance with safety is: SUB-GOALS: Written safety plan, Periodic safety audits Measuring frequency, incident rate & severity Implement safety meetings, Weekly meetings Aware of safety procedures, Accident free	Non-Compliance 0.5 1.0 1.5 Comments: Compliance with safety is excellent so far on the project Take Action	Meets minimum requirements but not consistently 2.0 2.5	Meets requirements 3.0 3.5 Neutral	Pro-Active regarding requirements, issues, enforcement (4.0) X Provide Recognition	Don't Know
(7) Public Relations The public is kept well informed & the **process** to distribute & receive information is: SUB-GOALS: Disseminated accurate information timely Gain public support & understanding for project Minimize public inconvenience Achieve 70% rating from customer survey	Untimely & lacks clarity 0.5 1.0 1.5 Comments: Not as many negative comments this month, however, some closures did hinder traffic due to late pickups Take Action	Marginally clear & timely 2.0 2.5	Generally clear & timely expectations (3.0) 3.5 X Neutral	Clear & exceeding expectations 4.0 Provide Recognition	Don't Know
(8) Traffic Management The **process** of timely, effective traffic management is: SUB-GOALS: Coordination of traffic, Strong communication Adhere to schedule Minimize delays	Recurring traffic control concerns 0.5 1.0 1.5 Comments: Take Action	Traffic control concerns corrected timeliness could improve 2.0 2.5	Traffic control concerns are quickly corrected 3.0 3.5 Neutral	Exceptional traffic control program 4.0 Provide Recognition	(Don't Know)
(9) Design Quality The **process** to produce plans & specifications with sufficient constructable detail is: SUB-GOALS: Design plans are clear and complete Design is constructable Design meets established standards	Not functional 0.5 1.0 1.5 Comments: Design quality is much better that I expected to see on this project, plans are clear and constructable Take Action	Preforming below expectations 2.0 2.5	Meeting expectations 3.0 3.5 Neutral	Exceeding expectations (4.0) X Provide Recognition	Don't Know
(10) Design Responsiveness The **process** to contractor design respond to clarifications in the field is: SUB-GOALS: Submittals/Reviews are timely/responsive Design issues turnaround is timely/responsive	Unresponsive 0.5 1.0 1.5 Comments: Response time to contractor questions and design clarification exceeds expectations Take Action	Marginally successful 2.0 2.5	Meeting expectations 3.0 3.5 Neutral	Exceeding expectations (4.0) X Provide Recognition	Don't Know

図3-4　パートナリング評価プログラム（PEP）：プロセス配点フォーム（施工）

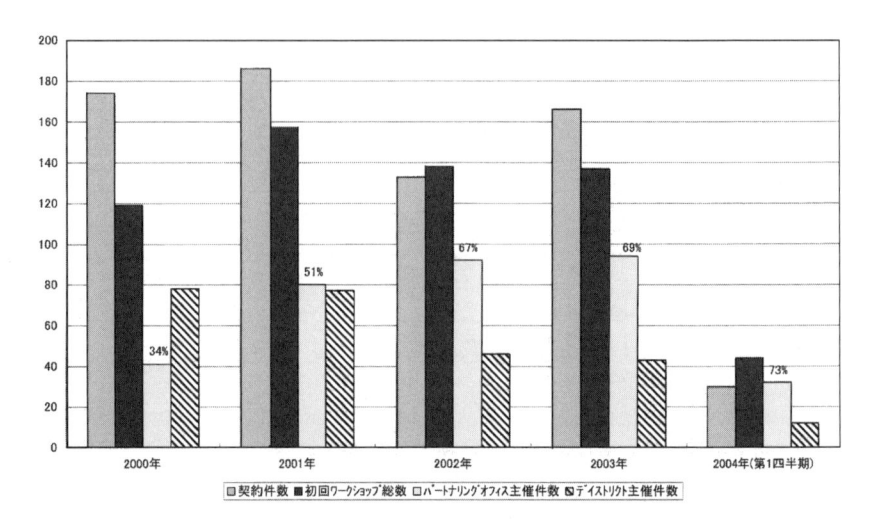

図3-5 ADOT：初回パートナリングワークショップ件数

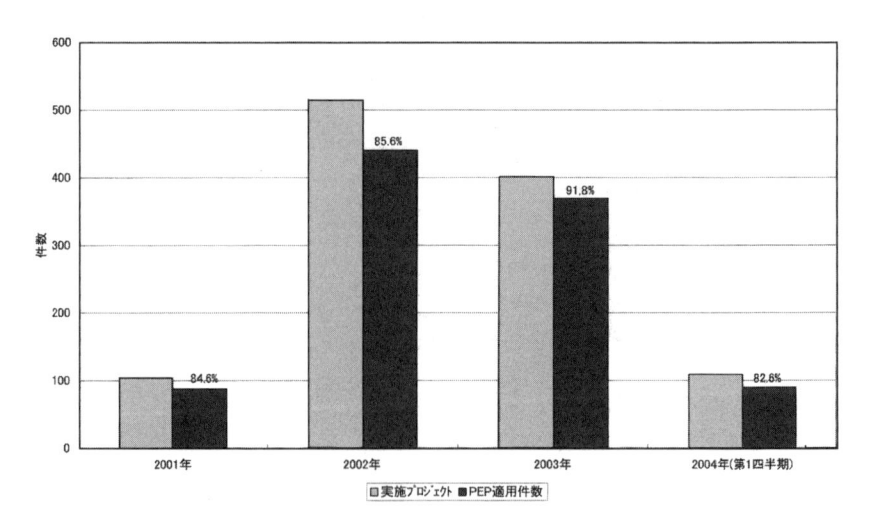

図3-6 ADOT：PEP適用プロジェクト

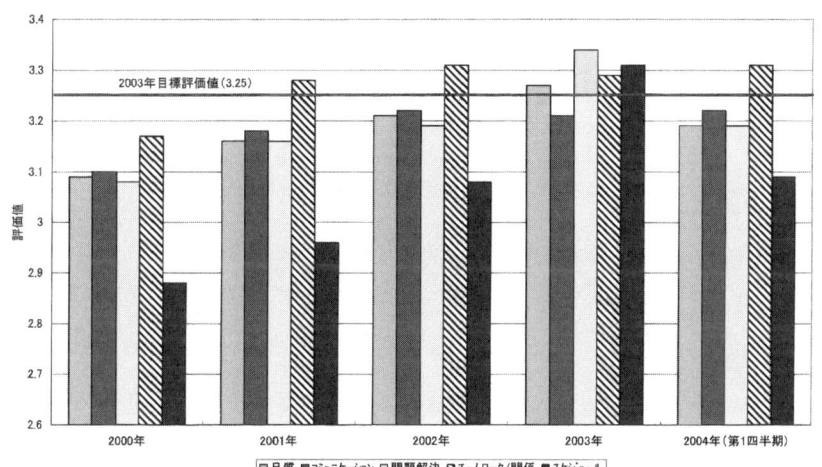

	2000年	2001年	2002年	2003年	2004年（四半期）
プロジェクト数	140	191	179	196	90
評価件数	5,029	5,642	6,051	6,145	1,130

図3-7　PEP：5標準目標に対する評価値

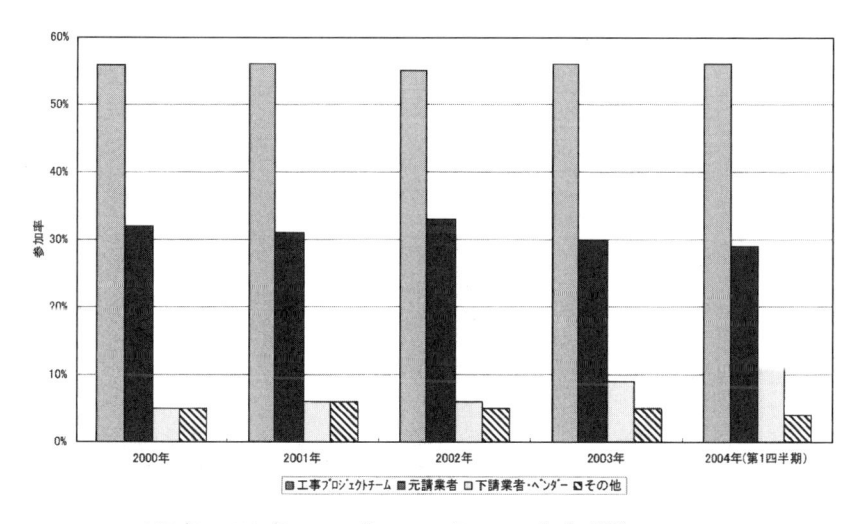

	2000年	2001年	2002年	2003年	2004年（四半期）
プロジェクト数	140	191	179	196	90
評価件数	5,029	5,642	6,051	6,145	1,130

図3-8　PEPステークホルダー参加率

第3章　パートナリング適用工事のプロジェクト・マネジメント　173

	2002年	2003年	2004年
PEP提出チーム数	11	15	8
プロジェクト数	24	40	18
評価件数	689	2,357	488

図3-9　PEP：7標準目標に対する評価値

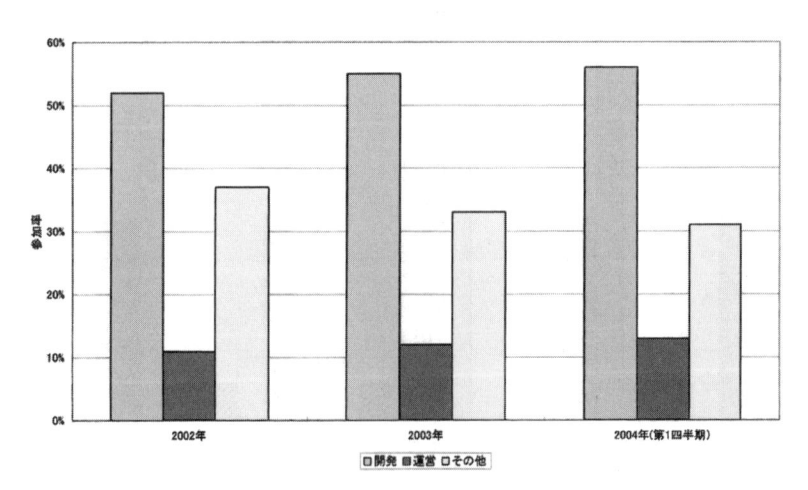

	2002年	2003年	2004年（四半期）
プロジェクトチーム数	11	15	8
プロジェクト数	24	40	18

図3-10　PEP：ステークホルダー参加率

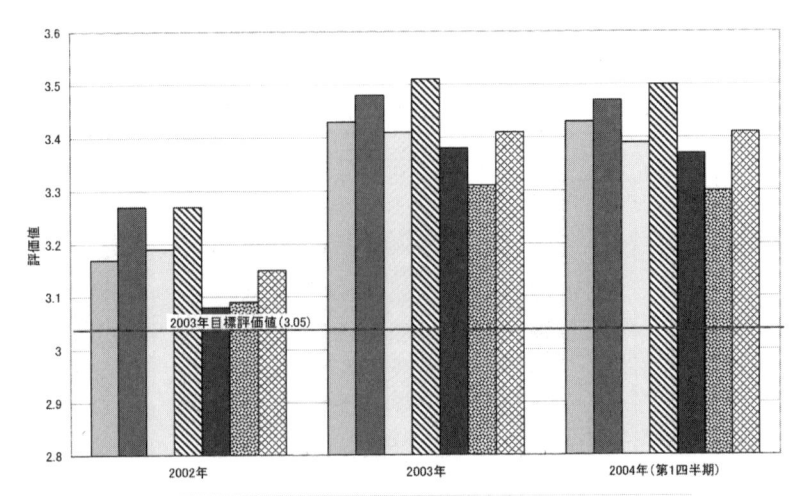

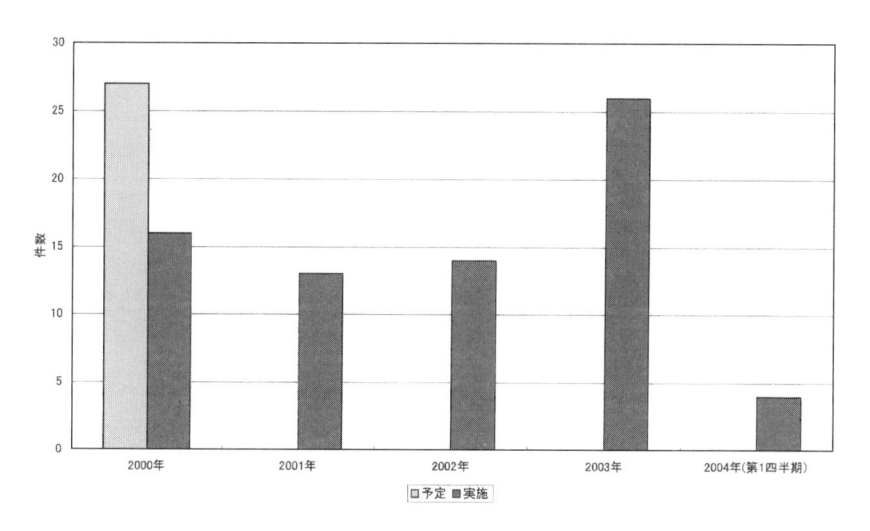

図3-11　工事完了時パートナリングワークショップ

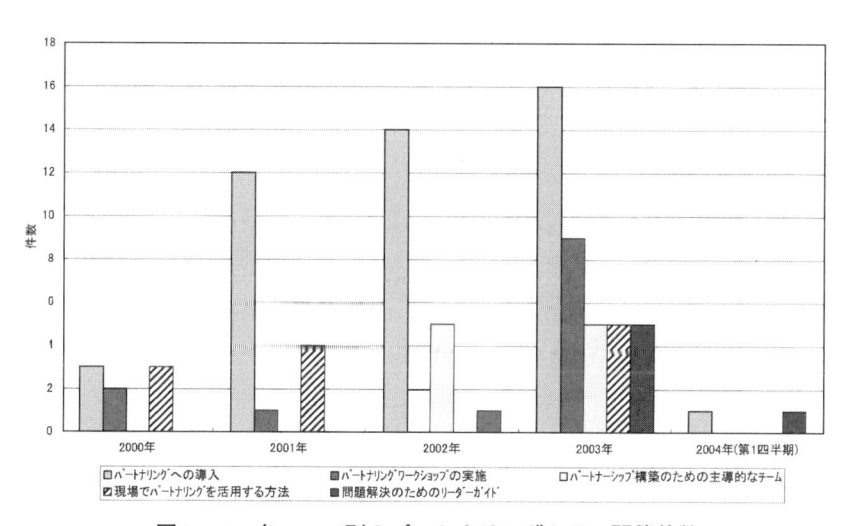

図3-12　各コース別のパートナリングクラス開催件数

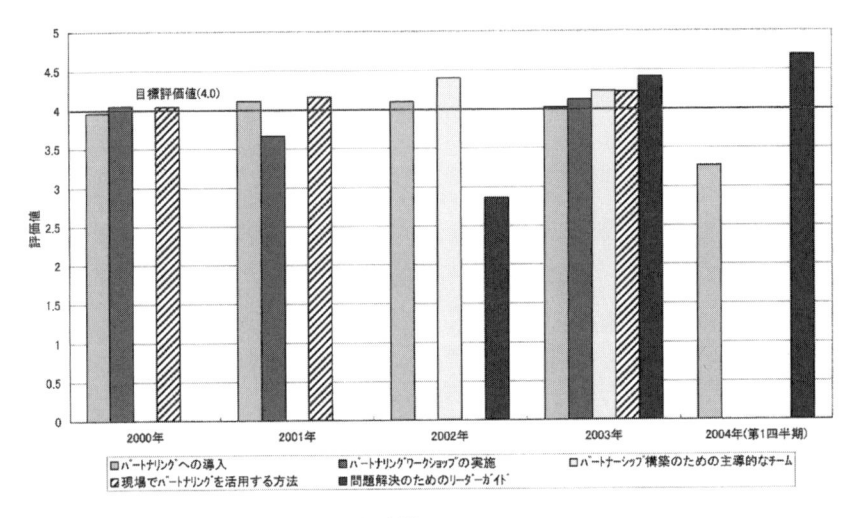

	2002年	2003年	2004年（四半期）
クラス数	24	40	2
評価件数	194	341	22

図3-13　パートナリングクラスの質評価

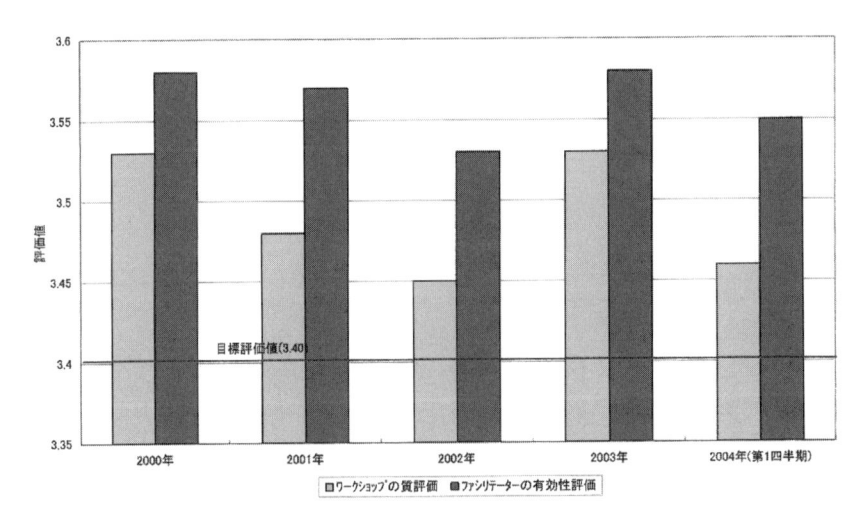

	2002年	2003年	2004年（四半期）
評価件数	2,433	2,499	619

図3-14　ワークショップの質とファシリテーターの有効性評価

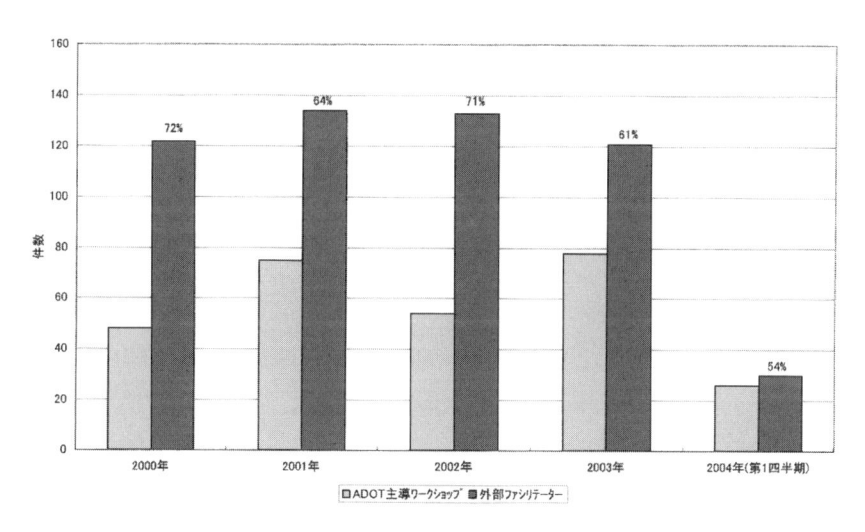

図3-15 ファシリテーター別パートナリングワークショップ件数

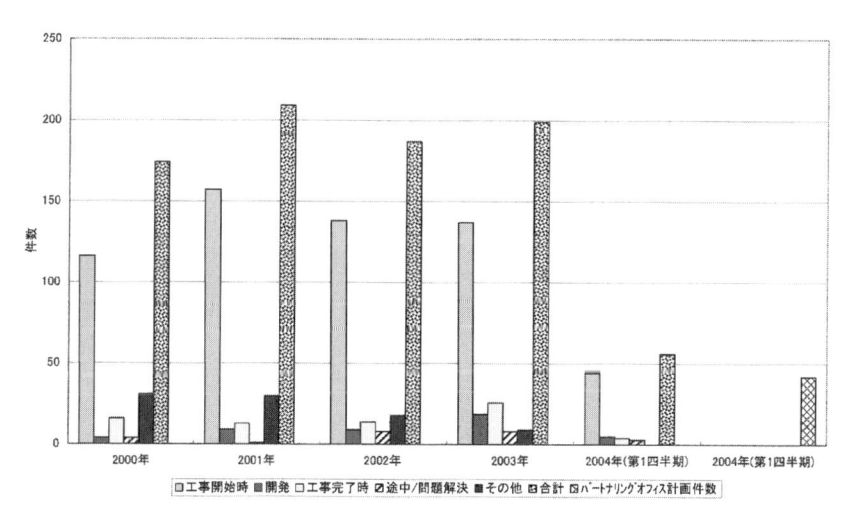

図3-16 ワークショップタイプ別パートナリングワークショップ件数

3-2 香港

パートナリング実施における評価においては、目標達成度指標Key Performance Indicator（以下"KPI"と言う）という手法が通常使用される。そして評価は、工事期間中においては毎月または毎四半期に、そして工事終了時に行われる。

このような頻度でKPIによる評価を行うことにより、パートナリングがうまくいっているかどうかという傾向を知ることが可能となる。それは、パートナリング、しいては工事の成功のいかん、または、将来の努力や決断しなければいけない事項を認識するために、パートナリング工事には絶対に必要なものである。

3-2-1 KPI（項目とその決め方）

(1) KPIの項目

KPIは、工事におけるパフォーマンスを主要な項目ごとに評価するものである。評価項目は、各工事のパートナリングチームにより決定されるため、工事により異なっている。しかし、香港におけるいずれのパートナリング工事においても、時間（Time）・費用（Cost）・品質（Quality）・安全（Safety）の4項目を基本としており実際のパートナリング工事にてKPI評価項目として使用された例としては、進捗目標（Time Goals）、財政目標（Financial Goals）、品質目標（Quality Goals）、品質標準（Quality Standard）、安全文化（Safety Culture）、環境（Environment）、環境保全意識（Environmental Consciousness）、自尊心/世評（Pride/Reputation）、公平/公正（Fairness/Equity）、協調関係（Harmonious Relationship）、長期の取引関係（Long-term Business Relationship）、近隣住民配慮（Care for Neighboring Community）、効率的コミュニケーション（Effective Communication）、共同作業精神（Teamwork Spirit）、発注者満足（Customer Satisfaction）、機能性（Functionality）、持続性・保全性（Sustainability Maintainability）、クレームの処理度合い（Claim Solving Situation）、事務処理量（Paper Work）、

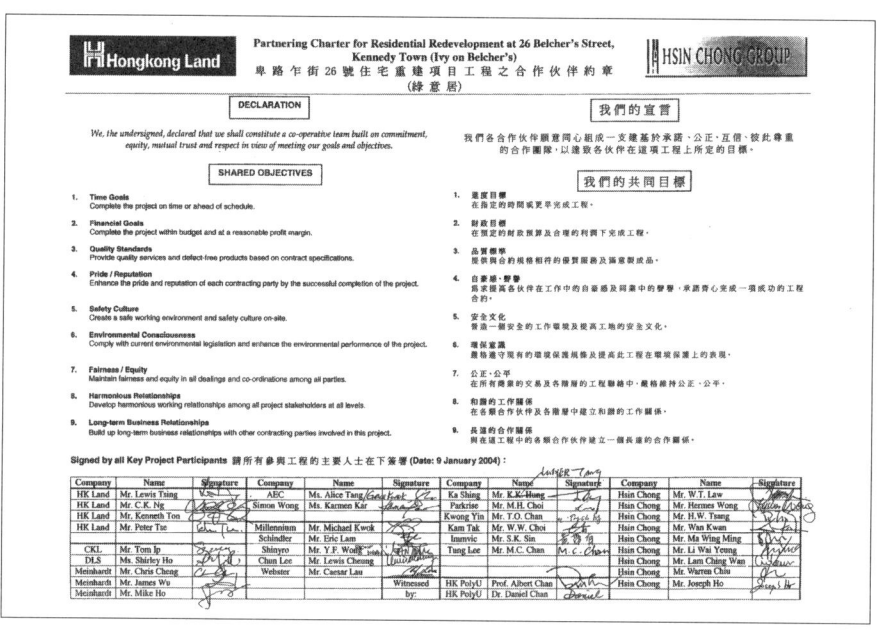

図3-17　項目決定例

等がある。

　工事期間中のKPIは、工事期間中毎月開催されるパートナリング会議にてチームメンバー全員により評価項目ごとに評価し、現状を認識し、改善すべき点があれば改善して行こうという目的のKPIである。

　工事終了時のKPIは、工事終了時に、旧来の主従関係の契約に基づいて同工事を行ったと想定した場合と実際にパートナリングにて遂行した工事結果を比較評価するKPIである。

　評価項目は、工事期間中のKPI、工事終了時のKPIのいずれ場合も同じものが使用される。

(2) パートナリング会議メンバー

　パートナリング会議メンバーは、発注者、ファシリテーター、元請、下請のSenior Staff及びSuperintendent等の上部の人間により構成される。

　Junior Staffと言われる下部の人間をメンバーとしない理由は、「工事に関

する知識及び経験のある者、他の者の言うことを理解できる者、参加メンバー企業末端への影響力がある者、によって構成されなければ意味がない」と言う由である。
(3) KPIの項目決定

　KPIの項目設定は、パートナリング開始初期にパートナリング会議にて会議メンバー全員の総意により決定される。決定方法は全メンバーが意見を出し合い、議論を通じ、集約する方法である。この決定方法により、当初は多数の案が出るが、話し合いの後、最終的に10項目程度に集約される。この「話し合いを通じて」共通の目的を決定するということは、各メンバーが共通した目的意識を真に認識すると言うことに役立っている。この項目絞り込みに関しては、議長であるファシリテーターが絞り込みのアドバイスをする場合がある。

3-2-2　KPIの評価基準

　KPIの評価は、評価項目ごとに行われる。評価の方法は主観的評価方法と客観的評価方法があり、主観的評価方法は工事期間中及び工事終了時にパートナリング参加者全員により評価シートを用いて行われ、客観的評価方法は工事終了時のみ、今後の工事に反映させるために主に発注者により行われる。

　主観的評価の対象項目の中には、客観的評価の対象とされる項目も共有目的として含まれている。

　工事期間中は、客観的評価項目も主観的評価項目と同様の評価方法で評価される。その理由として、主観的評価方法は、関与者に対し説明を容易とするので、関与者が統一した見解・情報等を持つこととなり工事期間中の評価方法として適している。一方、客観的評価方法は、その評価結果から正しい情報を抽出するという作業が必要となり、言い換えれば、評価結果（数値等）から読み取れる情報が、読み取り手により解釈が違う場合があると言うことで工事期間中の評価方法としては適していない。また、客観的評価方法は、工期遅延や予算超過という全体的な結論が要求されるため、工事期間中の評価方法としては適しておらず、工事終了時の評価方法として適していると言

うことである。
(1) 主観的評価方法
　主観的評価項目の評価方法は、まず、パートナリング会議前にあらかじめ配布される評価シート（工事ごとに工事に適した、定型フォームが作成される）にパートナリング会議全メンバーが各自の判断により項目ごとに評点を記入する。そして議長により、項目ごとの平均点がまとめられる。そして、パートナリング会議にて平均点よりも個々の評価が低い場合、または評価に明らかに差がある場合（例えば平均点は3であるが、個々の評価を見ると1点と5点しかないような場合）は、評価をつけた当事者間によりなぜそのような評価になったのか、またはどうしたら改善されるのか等の議論（コミュニケーション）がされ、改善策が工事に反映されて行く。
　評価シートに記入する評点は、「1＝非常に悪い、2＝悪い、3＝少し悪い、4＝ふつう、5＝少し良い、6＝良い、7＝非常に良い」の7段階の場合と「1＝非常に悪い、2＝悪い、3＝ふつう、4＝良い、5＝非常に良い」の5段階の場合と工事により異なる。
(2) 客観的項目の評価方法
　客観的評価項目とは、「時間・費用・健康及び安全・環境」の4項目である。客観的な評価方法としては、以下の様に項目ごとに評価方法がある。（ただし、環境項目に関しては、評価方法は情報不足のため以下に含まず）
　1) 時間
　　このカテゴリーには「工期・工事進捗状況・時間変化」の3つの方式がある。
　(a)「工期」は、工事開始から完成までの絶対的時間である。
　　　評価方法は以下の通り。
　　　工期＝完成日－着工日
　(b)「工事進捗状況」は、全体工期における工事の進行度合いである。
　　　評価方法は以下の通り。
　　　進捗状況＝延床面積(m^2)÷工期
　(c)「時間変化」は、予想される工期の増減をパーセンテージで評価する

第3章　パートナリング適用工事のプロジェクト・マネジメント　181

Partnering Performance Monitoring Matrix
採用「合作伙伴計劃」工程表現評估表

Company name 公司名稱：＿＿＿＿＿＿＿＿＿＿＿＿＿＿＿＿＿＿＿＿＿

Staff name 員工姓名：＿＿＿＿＿＿＿＿＿＿＿＿＿＿＿＿＿＿＿＿＿＿

Position 員工職級：＿＿＿＿＿＿＿＿＿＿＿＿＿＿＿＿＿＿＿＿＿＿＿

Scoring system 評級基準：

5	4	3	2	1
Very satisfactory 非常滿意	Satisfactory 滿意	Average 一般	Unsatisfactory 不滿意	Very unsatisfactory 非常不滿意

1st shared objective 第1個在工程上的共同目標： Time Goals 進度目標	Score 評級	Apr 2003	May 2003	Jun 2003	Jul 2003	Aug 2003	Sep 2003	Oct 2003	Nov 2003	Dec 2003	Jan 2004	Feb 2004	Mar 2004
	Sample size												
	5												
	4												
	3												
	2												
	1												

2nd shared objective 第2個在工程上的共同目標： Financial Goals 財政目標	Score 評級	Apr 2003	May 2003	Jun 2003	Jul 2003	Aug 2003	Sep 2003	Oct 2003	Nov 2003	Dec 2003	Jan 2004	Feb 2004	Mar 2004
	Sample Size												
	5												
	4												
	3												
	2												
	1												

3rd shared objective 第3個在工程上的共同目標： Quality Goals 品質目標	Score 評級	Apr 2003	May 2003	Jun 2003	Jul 2003	Aug 2003	Sep 2003	Oct 2003	Nov 2003	Dec 2003	Jan 2004	Feb 2004	Mar 2004
	Sample Size												
	5												
	4												
	3												
	2												
	1												

図3-18 評価シートフォーム例

表3-2 (例) 平均点取りまとめ表

	Apr-03	May-03	Jun-03	Jul-03	Aug-03	Sep-03	Oct-03	Nov-03	Dec-03	Average
Time Goals	3.37	3.37	3.20	3.40	3.43	3.48	3.57	3.71	3.90	3.49
Financial Goals	3.21	3.21	3.25	3.25	3.35	3.56	3.57	3.64	3.66	3.41
Quality Goals	3.32	3.32	3.35	3.35	3.48	3.56	3.43	3.68	3.69	3.46
Pride/Reputation	3.61	3.58	3.60	3.65	3.65	3.70	3.68	3.75	3.79	3.67
Safety Culture	3.63	3.68	3.80	3.80	3.65	3.74	3.50	3.75	3.93	3.72
Environmental Consciousness	3.53	3.58	3.65	3.65	3.70	3.74	3.71	3.75	3.86	3.69
Fairness/Equity	3.95	3.95	3.95	4.00	4.04	4.04	4.00	4.04	4.03	4.00
Harmonious Relationships	3.84	3.84	3.95	4.00	4.00	3.93	4.00	4.04	4.24	3.98
Long-term Business Relationships	3.95	3.89	3.95	4.05	4.04	4.04	4.04	4.14	4.17	4.03

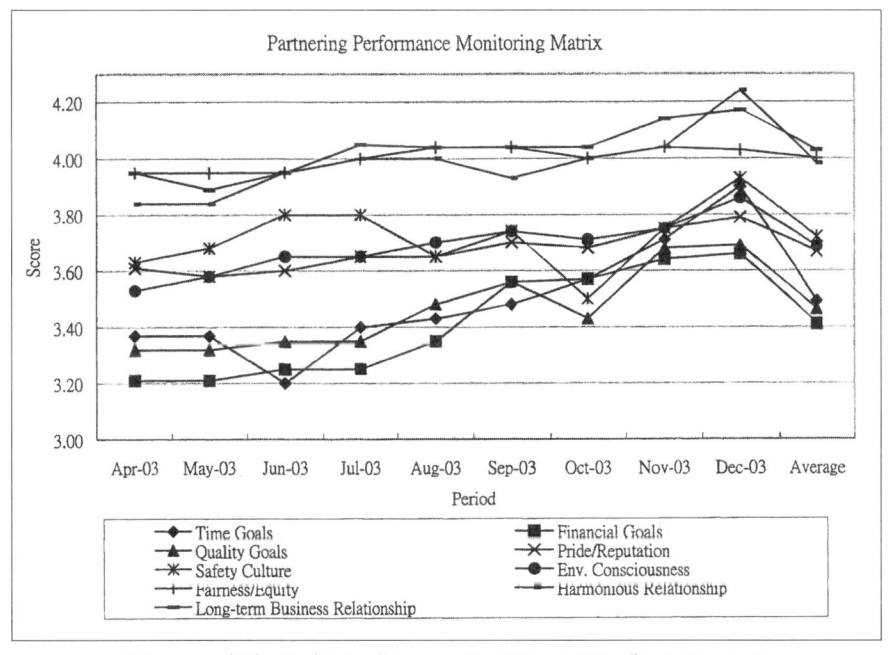

図3-19 (例) 月ごとのパフォーマンスモニタリングマトリックス

第3章 パートナリング適用工事のプロジェクト・マネジメント

ものでこの際の工期増減は企業先により設計変更が認められた部分は除く。

評価方法は以下の通り。

時間変化＝（工期－変更工期）÷変更工期×100％

2) 費用

費用は、予算内にて一般条件で工事を完成させた場合の度合いで示し、単価で評価する。ここで言う最終契約額は入札金額ではなく、設計変更や訴訟・仲裁といったような法的請求にかかる費用も含め工事が完了するまでに発生すると想定される全ての費用を言う。

評価方法は以下の通り。

単価＝最終契約額÷延床面積（m²）

3) 健康及び安全

安全は、一般条件で工事を重大災害無しに完成させた場合の度合いで示す。安全の評価は、事故が最も発生しやすい建設期間中を主に行われる。評価方法は、香港労働基準局（Hong Kong Labor Department）により使用されている特定工事の事故発生率の計算方式の基となる建設現場における年間事故率計算方式を採用している。

事故発生率＝報告義務のある建設現場事故数合計÷当該工事における就業労働者数合計または延べ労働時間×1000

4) 環境

建設工事では、環境問題に関する苦情があるのが通常である。現在建設工事では騒音測定・廃棄物測定等が行われているが、個々の工事における必要性より情報を収集可能とする施設や器機を設置しデータを収集している。中規模の建築工事では通常この不法で測定評価している。

工事終了時のKPIは、工事期間中のKPIと同様の主観的評価、そして工事終了時にのみ行われる客観的評価が行われる。主観的評価方法及び客観的評価方法は、前述の評価方法を用いる。ただし、主観的評価において工事期間中のKPIにおける評価と大きく違うのは、実績と旧来の主従関係の契約に基

づいて同工事を行ったと想定した場合（以下「仮想工事結果」と言う）との比較になるという点である。

　比較する上での問題は、誰も経験したことがない仮想工事結果がどのようなものであるかをいかに判断するかと言うことである。香港でのパートナリングは、ほとんどの工事において、通常の入札後に落札者に当該工事はパートナリングにて取り組むことが通知され、パートナリングが開始されるのが通例となっている。その場合、パートナリングを前提としていない落札金額が仮想工事に取り組んだ場合の指標とはなりうる。しかし、通常工事期間中は金額及び工期に対する様々な変動要素が発生するため、仮想工事結果としての最終工事金額及び工期を仮定し算定することは非常に難しい。そこで、この算定にあたっては、発注者及びプロジェクトマネージャーが各々意見を出し、ファシリテーターが介在して統一見解をまとめ比較対象を決定する形式が採られるとのことである。

4. ターゲットコスト方式とペイン/ゲイン・シェアー

　ターゲットコスト方式とは目標予定工事費を設定し、その目標値に対する実際工事費の増減を合意した配分で分配/負担する方式であり、結果余った予算の分配をゲイン・シェアー、超過した費用の負担をペイン・シェアーと言う。

　工事請負契約は、発注者は請負者に対し請負者が遂行した工事（完成品）の対価としてお金を支払うということが基本である。従来の契約方式では、契約にのっとり互いに主義主張を言い合い最終的にはwin-winで終わる場合が理想であるが、多くの場合Win or Loseに終わる。

　パートナリングでは発注者と請負者が一丸となって工事を遂行していくため、論理的には結果は、共勝ち（win-win）または共負け（lose-lose）であり、勝つか負けるか（win-lose）はない。

　しかしながら、パートナリング調査を行った4ヵ国に関していえば、現在までのアライアンス工事は全て共勝ちで終わっている豪州、ゲイン・シェアー

もペイン・シェアーも契約上取り扱われている英国、従来契約と法的拘束力のないチャーターの米国、パートナリングを導入して間もないためゲイン・シェアーは扱ってもペイン・シェアーは扱っていない政庁工事もあればゲイン・シェアー、ペイン・シェアー共に扱っている一部民間業者も混在している香港、と言ったように一言でパートナリングといってもその中身は多様である。

その中でも、パートナリングに成功をしていると思われる、豪州、英国のターゲットコスト方式とペイン/ゲイン・シェアーに関する調査記録を国別にまとめると以下の通りである。

4-1 英国
4-1-1 目標価格

レディング大学で、「目標価格の設定は請負業者と発注者のせめぎ合いで決まる」とのコメントがあったが、このコストには契約時に登録された不確定要素の金額も含むことが一般的である。これに関して、調査対象企業の事例を以下に述べる。

ハイウエイ・エージェンシーの場合には2段階契約方式を取っており、その第1段階でまずリスク・レジスターを行う。これは、リスクを洗い出し、適正な認識・対策・割り当てを行うことにより、リスクを減少させることを目的とするものである。通常、このリスク・レジスターはオープン・ワークショップの場で行われ、さらにはバリュー・エンジニアリングも検討され、フル・サプライ・チェーンでの目標価格を設定することになる。

コントラクト−220プロジェクト（チャンネル・トンネル・レール・リンク/セクション2）においては、目標価格による契約方式が企業主（Union Railways）と建設業者の間だけでなく、企業主とコンサルタント（Rail Link Engineering）との契約にも導入されている。コントラクト−220プロジェクトを含むセクション2とドーバー海峡をつなぐセクション1に関しては、関係者によると、コンサルタントが工事費を積算し、その工事費を企業主が査定する。十分に検討された後、セクション1の建設費がコンサルタントの目標価格

として合意される。また、こうして合意された目標価格に対して企業主は13.6％の余裕率を見込んで予算計画している。さらに、目標価格に対するペイン/ゲイン・シェアー比率は以下の通りである。

①目標価格を下回った場合：企業主：コンサルタント＝60％：40％（ゲイン・シェアー）

②目標価格を上回った場合：企業主：コンサルタント＝50％：50％（ペイン・シェアー）

また、コンサルタントと請負業者のシェア比率を見ると、以下のようである。

①実コスト＜目標価格の90％：請負業者：コンサルタント＝50％：50％

②目標価格の90％＜アクチュアル・コスト＜目標価格の120％：請負業者：コンサルタント＝25％：75％

③目標価格の120％＜アクチュアル・コスト：請負業者：コンサルタント＝10％：90％

4-2 豪州
4-2-1 プロジェクト・アライアンスにおける報酬と目標価格設定

IPAA期間（暫定アライアンス合意から本アライアンス合意締結までの期間）の報酬はプロジェクトごとにまちまちであるが、典型例を以下に示す。

最初の段階では報酬はアライアンス監査員に承認された実費に対してのみ支払われる（一般管理費や利益といったマージン分は支払われない）。ここでPAAに進むのであれば、参加者には前にさかのぼってIPAA期間相当分の一般管理費、利益が支払われる。またPAAに進まなかった場合、この一般管理費と利益については、参加者側の理由が目標価格に同意できないということであれば支払われないが、それ以外に理由があれば支払われる。

次にPAA期間の報酬についてであるが、PAA期間に参加者の受ける報酬は次の3つに分類できる。

①直接費及び現場間接費

②一般管理費及び利益

③プロジェクトの損益による分配金

　全ての報酬についてはIPAA期間と同様必要な情報が全て公開されることが前提であり、監査員に承認を受けなければならない。また、③で分配金がマイナスとなった場合の参加者の負担は、②の金額を上限とする。つまり、参加者にとって①の報酬は保証されているわけである。

　目標価格の設定にあたっては下記を達成することへの同意が前提となる（ただしこれらは最低限の受け入れ限度であり、成功の判断基準ではない）

・工期
・最低限の品質
・その他コスト以外の評価項目（安全衛生、環境、地域環境との関係、参加者の満足度）

　またこの段階で全てのリスクを明らかにして、いかに目標価格に盛り込むかはプロジェクト・アライアンスの成功の鍵となる。

　目標価格は先に述べた②のうちの発注者以外の者の報酬及び③の報酬を含んでおらず（つまり目標価格＝①＋発注者側でのアライアンスにからむ直接的な報酬）、発注者のプロジェクト予算は以下の項目の合計となる。

・目標価格
・発注者以外の者の②の合計
・コスト以外の評価項目の評価に応じた報奨引当金
・発注者によって発生する他のプロジェクト関係コスト（例えば用地取得費用）

　目標価格の設定にあたって問題となるのは価格を少しでも低く抑えたい発注者と、少しでも高くしたい発注者以外の者との間の調整である。そのため通常"独立見積者（independent estimator）"を採用し、アライアンスチームとは独立して見積りを行い、目標価格が適正であるかどうかのチェックを行う。

　②の設定方法については通常は各社の現場でかかる費用（工事費＋現場間接費＋予備費）に対してIPAAを締結する前に同意された比率を乗じることにより、全参加者に対して一般管理費を集計し算出する。ただし、これについ

ては個々に算出した金額の合計をランプサムとして固定してしまうケースと、実際のコストに対して事前に決めたパーセントを掛け合わせて集計するケースがあるが、著名なファシリテーターの1人であるJim Ross氏は前者を推奨している。

4-2-2　プロジェクト・アライアンスにおけるペイン/ゲイン・シェアー

プロジェクトの損益による分配金についてはケーススタディにて説明する。この場合、下記の事項が基本となる。
- コストの超過分は発注者と発注者以外の者で50％：50％で負担する。
- コストの削減分はコスト以外の評価項目の評価が"ニュートラル（目標価格設定時の設定基準と同等）"であれば50％：50％で分配する。また評点の目標価格設定時の基準との比較により分配の比率を変動させる。

この損益分配にあたっては、分配の指標となるコスト以外の評価項目の評点が発注者にも見て取れるように目標達成度指標を設定することが必要である。非コスト項目は総合達成指数（the Overall Performance Score：OPS）という0から100までの数字によって評価され、以下の方法により算出される。

1) 最初に発注者は何が重点であるのかを明確にする。
2) 各結果評価項目（key result area：KRA）に対して1から100までの評点をつける。

0	＝	最低評価
0以上50未満	―	低評価
50	＝	目標価格基準
50以上100未満	＝	高評価
100	＝	最高評価

OPSは異なるKRAの評点の重み付け平均（IPAA期間に同意された重み付け配分を使用する）により算定される。例えば

　　　KRA1　　スコア80　　配分15％
　　　KRA2　　スコア65　　配分30％

KRA3　　スコア45　　配分30％
KRA4　　スコア65　　配分25％

とするとこの場合の総合達成指数

OPS＝80*0.15＋65*0.30＋45*0.30＋65*0.25＝61.25

となる。

このようにして算出されたOPSの値に応じて収益が配分される。これはプロジェクトの損益とは無関係に算定される。

1) OPS＞50の場合、IPAA期間に同意された金額を最大としてOPSが基準値である50を超えた分に比例して発注者は参加者に追加で支払うことになる。
2) OPS＜50の場合、1)と同様、OPSが50を下回った分に比例して参加者の報酬は減額されることになる。
3) OPS＝50の場合の増減は0となる。

さらに、コスト削減の達成に対するインセンティブとして、収益の分配の割合を事前に同意した比率まで増減させることができる。もしこの同意された比率が20％であるならば、

ＯＰＳ	0	25	50	75	100
増　減	－20％	－10％	－	＋10％	＋20％
発注者以外の者の取分	30％	40％	50％	60％	70％

最後に金額を詰めるにあたってのポイントを紹介する。まず最初に各参加者の財務記録、コストの構造に対してアライアンス監査員による調査が行われる。この調査で得られた情報により各参加者の一般管理費及び利益の比率が固定される。すなわち、プロジェクト・アライアンスで採用される一般管理費の比率はその組織で実際にかかっている一般管理費の比率に基づかねばならず、通常アライアンス監査員の調査結果に基づいて決定される。

利益の比率については下記の関連要素を考慮に入れた上で公開討論、ネゴシエーションによって決定される。

・過去の達成利益

- 各企業の希望、市場のトレンド
- リスク要因、仕事の性質、キャッシュフローに対するアライアンスチームと監査員による評価の相違

5. パートナリングと問題処理プロセス

　パートナリングに関する問題及び問題処理プロセスはパートナリング組成のための契約方法の違いもあり、各国により様々である。
　香港・米国、英国のパートナリングと問題処理プロセスに関する調査記録を国別にまとめると以下の通りである。

5-1　英国
5-1-1 問題解決フローについて

　各パートナーは、問題が発生し得るであろうことを考えておく必要がある。それゆえ、問題が発生した際に、それがいかなるものであろうとも、もめごとになる前に処理できる手順を予め協議しておかなければならない。これによって、問題を正しく理解し、得られた時間内に可能な限り下位のレベルで解決できるようにする。ここで、問題解決策が見つけられなかった場合には、次の解決手順がどのようになるのかもパートナー全員に周知しておく必要がある。問題解決のプロセスは、以下の通りである。

　どのような契約書でも、プロジェクトが順調に進んでいる時には問題が生じないように、パートナリングも全てが順調に進んでいる時には特に問題にはならない。しかし、もともとパートナリングは敵対的な関係を排除し、協働を実現することを目的として構築されたポジティブなシステムであるだけに、逆に、紛争になった時の後向きの対応は手薄である。従って、紛争が話し合いで解決する域を越えてしまえば、パートナリング方式も無力である部分が多いと言わざるを得ない。

　さらに、パートナリングのプロジェクト用に作成された代表的な契約約款（NEC契約書）は、当事者の権利義務に関する規定が不明確であることから、

法律家からの批判が多い。そもそも話し合いで解決できるような問題であれば、紛争にはならないからである。従って、パートナリングと言えども、最終的には通常の契約と同様の対応をしなくてはならない。すなわち、問題が解決しない場合には係争内容を確定し、それを一定期間内にアジュディケーター（Adjudicator）等の第三者に付託する。英国の場合、最短で4週間、最長でも6週間でアジュディケーターの裁定が出される。当事者がこの裁定に不服な場合は、さらに裁判で争う。従って、パートナリング方式でも調停人（Conciliator）やアジュディケーターは契約締結時に決めておく必要がある。

　紛争発生の予防的側面については、パートナリングの機能が期待できる。ワークショップの活用による当事者の早期関与は、パートナーの距離を近づける。これは、従来弁護士が「契約書の〜条に基づき〜を要求する」と相手方に接していたアプローチとはおおいに異なる。弁護士方式が相手を過度に防御的にすることで、問題の度合いを高めていたのに対し、パートナリング方式では関係者が一堂に集い、フェース・トゥ・フェースで協議する場を増やすことで、問題の芽を摘むことになるからである。従来の契約関係と著しく異なることは、いかなるメンバーも、工程での不具合、問題を認識（発見）した時点で、速やかにワークショップに通知するのが通例である。しかし、パートナリングは精神論的な側面に終始しており、実際に生じた問題を実行的に解決できるシステムかどうかについては、実例が少ないこともあり、現段階では判断できない。

　紛争発生を予防する見地からは、プロジェクトの進行中継続的な改善がなされていなければならない。例えば、合同研修等でスタッフの意識改革を行ったり、不公平感をなくすために適正なリスク分配についてあらかじめ合意しておくこと等である。

5-2　米国
5-2-1　問題解決プロセス（イシュウ・レゾリューション・プロセス）
　問題解決プロセスは、問題の特定及びその解決、アクション・プランの作成及びフォローアップに関する合意からなる。

担当レベルと規則を特定することは、パートナリングに対する問題の影響度により、各問題を解決する現実的な作業時間を決める手助けとなる。どのレベルで問題が解決されようが、主要なパートナリング・メンバーは結果を明確にし、他の全てのチームメンバーに伝達する。問題解決回覧フォームは、問題の状況を伝え、パートナーにフィードバック事項を提供する大切な道具である。

(1) ルール
- 全ての参加者が問題を明確に認知する必要がある。全問題解決プロセスを通して当初の問題に関する認識を維持し、関連する事実を取り扱い、技術的事項を政治的・ビジネス的なものから切り離して扱う。
- いったん問題が定義されたら、何が問題かを記録して、1つ上のレベルが考察できる現況レビューを提供し、どのレベルでも適用できるフォームを活用する。
- どの参加者でも、問題解決のレベルを上げることができるが、関係者はそれを認知し、署名する必要がある。いったんレベル移行が開始されたら、あるレベルから次のレベルへの移行に関係した人々は最終決定までその問題を伝えていくことに協力しなくてはならない。
- いったん問題が処理に付されたら、問題に最も近いオペレーション・レベルで解決されるべきである。
- 決定を下した人は、その決定に関するインフォメーションが全ての関係するパーテイーに書面で伝達されていることを確認する。このインフォメーションには、決定に関する論理的な説明（例えば、ポリテイカルに対する、あるいはビジネス的なものに対する技術的なもの）も含む。
- 種々の問題は、パートナリング・ワークショップで策定された問題解決プロセスに従って解決されなくてはならない。問題解決プロセスにおいて、レベル間を行ったり来たりするようなことがあるべきではない。
- 各個人は、自分の専門知識の範囲で満足できる決定をしなくてはならない。誰もパートナリングを失敗させる権利はない。求められた決定を下すことが無理と思うなら、上のレベルに任せる。

(2) ガイドライン

　以下のガイドラインは、パートナリング・チームの全員が日常業務において問題解決技術を使うことを奨励する。

- 現在携わるパートナリングを熟知し、話題に上がらない関係者間の軋轢に留意する。
- 問題を特定し、率直かつ公正にそれを定義する。こうすることで、パートナリング・チームが問題を解決し、それから学ぶことができる。問題解決は、良いビジネス慣習の本質的かつ貴重な部分である。
- 問題は、パートナリング・リーダーレベル（建設におけるレジデント・エンジニアレベル）で十分に定義される必要がある。
- パーティー間の共通部分と相違部分を見ること。連帯感を見つけられれば、否定的なエネルギーは少なくなる。相違点を挙げることで、相違点を解決することができる。
- まず可能な解決策をブレーンストーミングし、そのなかから最適なオプションを選択するということにより問題解決する。
- 全ての影響を受ける参加者は、問題解決に関するあらゆる重要なデイスカッションに参加すべきである。
- 相手の考えをより良く理解するために、その人の視点から問題を見る。
- 問題に焦点を合わせ、事実を取り扱い、個人的な争いは避ける。これは人の気持ちを試すものでも、点付け練習でもない。人の批判は避けること。こうすることで、肯定的な関係を維持することができる。
- 交渉は公正にすること。各パーティーが穏やかに合意できる中間点を見つけ、全てのパーティーが面子を保てる立場を受けいれるようにする。『他の人のためにしたことを思い出すこと』。公正に対応することができない場合には、意見の不一致を認めてエスカレートすることに合意する。
- 議論が過熱してきた場合でも、冷静さを保つ。
- 経験のより豊富なスタッフからアドバイスを求める。このことはプロセスの重要な部分であり、強く奨められる。（これはエスカレーションではなく、問題解決の過程にある）

- 各週間打ち合わせにおいて問題を見つけ、個人的なインプットを求める。パートナリング評価プログラムにある図、グラフ、コメントをレビューする。パートナリング評価プログラム報告書は、少なくとも月1回はレビューされるべきである。
- 技術的な問題が解決されると同時に、財務的な影響度に関して合意されることを確認する。
- 問題に対応するレベルを上げる場合には、パートナリング・ワークショップにおいてコミットされた時間的な誓約を大切にする。
- 時間的な誓約においては、問題がパートナリングに与える影響度が考慮されなくてはならない。そして緊急度を反映した時間枠に合意し、時間的な誓約をガイドラインとして使う。時間を無駄に費やすような、あるいは公共の安全性に影響を及ぼすような、または金銭的な影響を及ぼすような問題に対しては、早急に対応しなくてはならない。
- 時間的な誓約は発生した問題に応じて修正され、主要メンバーの間で合意される。
- 「知らない」と言うことは許容され、学ぶための良い機会と見なされるべきと知る。
- 他のチームメンバーのさまざまな権限レベルを明確に理解し、対話を続ける。

5-3 香港

5-3-1 パートナリング運営上発生した問題―CII-HK レポート

　香港理工大学（The Hong Kong Polytechnic University）のパートナリング研究チームによる調査報告書（"A Comparative Study of Project Partnering Practices in Hong Kong"）が2004年4月にConstruction Industry Institute, Hong Kong（CII-HK）より発行されている。この報告書は香港において、1999年から2002年の間にパートナリングを採用して竣工した6件のプロジェクトを対象として比較研究を行っている。

　さらに、1990年から2003年にかけて発表された他の報告書及び文献の調査

結果によるパートナリング運営上の主な問題点として以下の9点が報告されている。

(1) パートナリングの概念に対する誤解、理解不足

パートナリングに関する十分な知識と理解は、パートナリングの成功に不可欠のものであり、パートナリングの概念に対する誤解や理解不足はパートナリング遂行上の重大な問題となるのみならず、パートナリングの失敗の原因ともなり得る。

(2) 文化的な障壁

パートナリングは伝統的な建設プロジェクト遂行方法とは文化的に異質なものである。確立された文化を変えることは大変難しい。官僚組織がパートナリングの有効性を阻害することは良くあることであり、またパートナリングの当事者が商売上の圧力に直面して妥協することもある。

(3) 当事者間の関係

パートナリングがその目的を達成するためには、当事者は伝統的な敵対的関係からより協調性を重視して紛争を未然に防ぐことが求められる。伝統的な敵対関係を改めなければ契約当事者間の良好な関係は築けない。

　1) 敵対的関係

　　共勝ち（win-win）の考え方はパートナリングの成功に不可欠のものである。ところが、多くの当事者は過去の苦い経験や変化に対する恐れから他の当事者を信用しない。または、当事者間で利益のみを求め、共負け（lose-lose）の状態になってしまうこともある。

　2) 不信感

　　パートナリングはいつもリスクなしで機能するとは限らない。信頼はパートナリング成功の鍵となる要因ではあるが、信頼の輪を広げること自体がリスクとなる場合もある。

　　過去の訴訟や敵対的関係の苦い経験が、信頼を導き出すプロジェクト環境に悪影響を与えることもある。

　3) リスク配分の失敗

　　リスク配分もパートナリング成功の障害となり得る要因である。プロジ

ェクト当事者間でリスクを公平に配分することが困難な場合がある。

　当事者は自己のリスクを低減するためパートナリング精神の"良いとこ取り"をしようとするものである。当事者はリスク配分を嫌い、その結果信頼関係は維持できなくなる。

4） 過剰な依存

　パートナリングの概念はパートナー間の強みをより強調するように意図されており、各当事者の根本的な弱点を補うものではない。また、パートナリングはパートナー間に強い依存関係をもたらす。

　従って当事者はこの強い依存関係を理解するとともに、依存しているがゆえにプロジェクトの要求事項に適合しない場合に発生する損害をも理解すべきである。

(4) 均一でないコミットメント

　パートナリング遂行にはプロジェクトの全当事者からのコミットメントが必要である。しかるに各当事者の目差すゴールが異なるため、コミットメントのレベルが等しくないことが珍しくない。コミットメントに関する合意が得られなかったり、コミットメントを維持することが困難であったりする。

　その結果プロジェクトに関する誤解や解決困難な軋轢が生じたりする。全当事者はコミットメントのレベルをバランスさせるように努力しなければならない。

(5) コミュニケーションの問題

　発注者の要求に対する理解度を高めるために、コミュニケーションは双方向、明瞭、効果的かつ制限されないものでなりればならない。

　パートナリングは当事者間のタイムリー、無制限かつ直接のコミュニケーションを提供する。問題は顕在化され、その場で解決されなければならない。

　しかるに、ある当事者はお互いに信頼せず情報の交換を自由に行わないことがある。時にはコミュニケーション不足の結果協調関係が不十分となり、他の当事者を無視した理不尽な要求が出されることにもなる。

　従って効果的なコミュニケーションはパートナリング成功の重要な要素である。

(6) 不十分な継続的改善

　継続的改善への責任は伝統的には請負者側にあった。しかし継続的な改善は無駄や障害を排除するために発注者・請負者双方が努力すべきものであるが、これを維持することは難しい。

　改善案の承認に費やす時間及びその展開・実行の費用がしばしば障壁となることがあるが、一方当事者双方の共同作業により変更案のリスをより良く認識できる。

(7) 非効率な問題解決

　パートナリングの過程においても問題は頻繁に発生する。パートナリング憲章に調印したからといって問題が解決するものでもない。パートナリングチームが問題を発見し、努力の末、解決しても、問題はまた発生するのである。

(8) パートナリング継続のための努力が不十分

　パートナリングを組成し、その姿を保ち続けるには余分な人、時間等の資源を要する。パートナリング活動のために全当事者を一致団結させるのは費用がかかり非効率である。

　最初のワークショップが終わって日常活動に戻った途端に、パートナリングのコンセプトを忘れてしまいがちである。現実の日常活動ではパートナリングの成功を阻害する要因が数多くあるのである。

　1) 不十分なトレーニング

　　CIIは不十分なトレーニングがパートナリング失敗の重大な要因となると説明している。当事者全員がパートナリングのコンセプトを十分に理解しなければ、パートナリングを成功に導くことはできないのである。

　2) 重要な当事者の不参加

　　パートナリングに関して広く誤って信じられているのは、パートナリングは発注者と請負者だけの関係である、ということである。そうではなくて、パートナリングには主要なサブコン、設計者、資材納入業者も参加すべきである。

　3) 経営幹部のサポート不足

パートナリングを開始するにあたって障害となるのは、経営幹部よりのサポートが不十分なことである。たとえ経営幹部が積極的にパートナリングを推奨しても、プロジェクトスタッフのレベルにまで浸透するのは容易なことではない。

　ましてや経営幹部のパートナリングに対する姿勢が上辺だけのものであれば、パートナリングは決して成功しないのである。

(9) 疑惑の関係

　パートナリングは建設業に利点をもたらす、例えば当事者間のより良い関係、開かれたコミュニケーション、プロジェクトのより良いできばえ、革新等である。しかし、腐敗の温床ともなりやすい。

　当事者は腐敗の疑惑を持たれないように、必要以上に緊密な関係を築くべきではないが、一方このような状況下では信頼関係を発展させることは簡単ではない。

5-3-2　今回の調査に基づくパートナリング運営上の問題点と解決プロセス

　今回当パートナリング研究会は5日間にわたり香港にて上記CII-HKを始め、公共発注期間、民間発注者、請負者及びファシィテーター等計12社/機関を訪問し、ヒアリングを通じてパートナリング運営上の問題点として以下の情報を得た。

　特筆すべき点は発注者と請負者では今までに実施されたパートナリングに対する評価が大きく異なる点である。特に請負者側のコメントは当方が予想していた以上に実態を忌憚なく話してくれたものと言える。

(1) CII-HK

　上記レポートの目的は香港でのインフラプロジェクト、民間プロジェクト、公共プロジェクトにおけるパートナリングの実態の比較検討を行うことであり、必ずしも問題解決に焦点を当てたものではない。

　一般的に問題解決は、①日々の非公式なミーティング、②幹部3～4人が集まり討議する、及び③ファシリテーターにより運営されるワークショップにて解決されていた。また、パートナリング憲章に問題解決の方法が規定され

ている。
(2) ファシリテーター（John Carlisle Partnership）
 1) ADRとパートナリングの関係について
　　パートナリングは問題が起きる前の予防手段であるのに対し、ADRは問題が起きた後の解決手段である。
 2) パートナリングの概念に対する誤解
　　パートナリングのコンセプトに対する誤解や理解不足は心の問題であり、態度、品行の問題である。だから私はまずともに協力し合うことを教えるようにしている。
　　個人の態度は個人レベルで変えなければならないが、これは言うほどやさしくはない。なぜなら態度は過去の経験に深く根ざしたものであるからだ。過去20年に渡り敵対的な関係が主流であったためこれを改めるのは簡単ではない。
　　そこで、定期的に個人の態度につき採点する方法を採り入れている。悪い態度がどうしても改まらないメンバーは退場させることになる。ただしこれはめったにない。
 3) 当事者間の関係
　　これも異なる人々とどのように付き合うかという感情の問題である。ファシリテーターの仕事の大半は人を管理することである。
 4) 文化的な障壁
　　こういう問題は確かにある。これは国による違いのみならず、会社による違い、さらに業界により違いにより発生する。
　　西欧人は「我が道を行く」傾向が強い。英国人は以前香港のルールが気に入らないと廃止したり変えたりしていた。私はアジア人の仕事に対する倫理観に西欧人のチャレンジ的態度が兼ね備わると良いと思っている。
 5) 均一でないコミットメント
　　これは確かに存在する。例えば政府機関によりコミットメントのレベルの違いがある。
 6) コミュニケーションの問題

コミュニケーションでは聞く能力が最も重要である。私は特にエンジニアに、自分の考えに固執することなく、相手の言うことを良く聞くようにアドバイスしている。

7) 不十分な継続的改善

パートナリング遂行には余分な労力が必要であり、これを継続するのは大変難しいことである。私は問題発生の主たる原因にのみ焦点を当てるようにしている。

「それでもうまく行かない場合は上司の所へ解決をお願いしに行くか」、という質問の答えはノーである。それはしないようにしている。自ら変わっていかなければならない。トップ・ダウンも良いが、ボトム・アップもあってしかるべきだ。

8) 非効率な問題解決

請負者以上に発注者が態度、考え方を改めなければならないと思う。発注者は「take」ばかりで「give」をあまり知らない。請負者の言い分をもっと良く聞くべきである。

MTRはパートナリングに積極的であり、パートナリング関連のトレーニングに政府機関の3倍の予算をつけている。政府機関はもっとトレーニング、コーチングに投資すべきだ。

Housing Authorityはワークショップを1度しか開かず、それも官僚的で良くない。一方、Highway DepartmentやCivil Engineering Departmentはワークショップを2～3度開き、その後2ヵ月ごとにミーティングを行って好ましい結果を出している。

9) 腐敗・汚職

私は大勢の人に出会ったが、99％は勤勉で誠実な人であった。あるプロジェクトで日本の建設会社は150mmごとに土質検査を行わなければならなかった。

政府系のラボは大変忙しく時間がかかるので、民間のラボの使用を願い出たが、検査官は規定どおりにやらないと職を失う、として申請を受け入れなかった。

(3) ファシリテーター（Evans & Peck）
  1) 問題解決にはまず同じレベルの人同士が話すように指導している。我々は「問題解決の梯子」を逆にして指導している。前線にいる人が最も上で、ボスが下の方にいる。下の人が前線の人を支えており、前線が一番重要と感じさせるようにしている。問題解決ができない場合は次のレベルに行く。問題解決用の書式に記入して次のレベルに行き、問題が解決されるまでこのプロセスを更新していくようにしている。
  2) アジアの環境の下で重要なのは、通常なら討議しづらい事柄を取り上げて討議しやすくしてやること、これがファシリテーターの重要や役割だ。
  3) パートナリング運営上の障害となることは次の3点である。①まず契約書上の限界。紛争が発生したら当事者は契約書に戻ってしまい、伝統的な敵対的契約条件に従って紛争処理を行うことになる。②次は性格、人格の衝突。一目見てこいつとは協力関係を保てない、と思ってしまう。こうなると人を変えなければ解決できない。③3番目は組織の成熟度。特に発注機関は物理的、感情的及び経済的に成熟していなければならない。豪州の発注機関は大変進んでおり、適切なアライアンスを実施している。我々は豪州でアライアンスを経験しており、この経験を生かすことも可能であるが限界がある。香港の社会はまだアライアンスを受け入れるほど成熟していない。

(4) 民間（半官半民）発注者（MTRC）
  1) 我々はひとつのコンセプトを大切にしている。それは「パートナリングのチームは個人より大事である」ということ。チームの1人でもコミットしなければチーム全体に影響を与えることになる。問題が発生したら、我々はファシリテーターに問題児と話をさせるようにする。それでも問題が解決しないようであればその人にチームを去ってもらう。さらに、四半期に1度当事者の経営幹部に集まってもらい、ファシリテーターなしで話をしてもらう。討議の結果、提出された苦情が正当なものと判断されれば問題となった人にはやはりチームを去ってもらう。

2) パートナリングを慣れ合いや腐敗に結びつける人がいるが、実はその逆である。パートナリングを導入することにより問題を全てテーブルの上にさらけ出すことによりチェック・アンド・バランスが働き、透明性が増して慣れ合いや腐敗は減るのである。

(5) 民間発注者（Hong Kong Land）
1) パートナリング運営上の問題解決に最も大切なのはコミュニケーションである。不十分な継続的改善や非効率な問題解決も全てコミュニケーションの問題である。発注者はコミュニケーションを大事にし、請負者にはバランス感覚とフェアは精神を持って信頼関係を築かなくてはならない。発注者がバランスとフェアな精神を示さなければパートナリングは機能せず、パートナリングが機能するか否かは発注者次第なのである。
2) コミュニケーションを向上させるためにワークショップを行っている。例えば問題が発生してアーキテクトに伝えてもアーキテクトに解決の能力がなければ結果として工事が遅れてしまう。このような場合は遠慮なく私（発注者）に直接伝えるように奨励している。アジアでは上司に「あなたは間違っている」と言うのは大変な勇気がいることであるが、勇気を持って伝えることをワークショップで指導している。

(6) 非営利の民間発注者（Hong Kong housing Society：HKHS）
1) HKHSは民間機関であるが非営利の団体で、ガイドラインとして政府の調達規則に従っている。
2) HKHSにおけるパートナリングの経験は限られている。
3) 公共の発注機関は請負者選定に当たり裁量で行うことができない。契約は全てランプサムの固定金額であり、パートナリングは落札者決定後に導入する。プロジェクト運営は契約から外れることはできず、パートナリングは請負者との関係を良くするのみのものである。
4) パートナリングの成否は全て人にかかっており、良い人を選定できた場合のパートナリングは成功した。しかし政府の調達方法に従うと、いつもベストの人を選定できるとは限らない。また、請負者が儲かった場合はパートナリングに積極的に参加するが、損失を被っている場合は消極

的になるものだ。なぜならパートナリングへの参加は請負者に余分な労力と負担を強いるものだから。

(7) 公共発注者（Housing Authority, Housing Department）
1) パートナリングの運営に当たり、当事者のコミットが不十分だったり、経営幹部の理解が不足していたりという問題はあった。ワークショップを通じて解決を図ったことも、もちろんあるが、我々はPASS（Performance Assessment Scoring System）を有効に使うことで改善を図っている。PASSでは、サブコンの管理能力、労務の質等を採点し、受注機会を増やすためには良いスコアを得なければならない。このPASSを使用して問題の原因を特定し、解決した例は多い。
2) ファシリテーターもパートナリング当事者の取りまとめ役として重要である。以前は海外のファシリテーターを使用していたが、今では香港にも良いファシリテーターがいる。

(8) 公共発注者（Highway Department）
1) 政府系の発注者は契約に縛られており、全ては契約が優先する。パートナリングを導入して請負者が設計変更等でコスト削減案を提出しても変更契約の手続きが複雑であり、請負者の期待に十分に応えられないことがある。
2) また、パートナリングはエンジニアにとって設計の不備が表面化することもあり、歓迎されない場合もある。深刻な問題が発生し、エンジニアと請負者に討議させたが解決に至らず、契約に従って仲裁に進んだこともある。
3) パートナリングを契約に盛り込めば発注者ももっとやりやすくなるのだが、契約外のパートナリングだと発注者の権限がどこまであるのか不明であり、これがパートナリング運営上の限界となっている。
4) ゲイン・シェアーのみ50：50で採用しており、ペイン・シェアーは採用していない。（ペインは全て請負者が負担）。

(9) コントラクターA
1) パートナリング成功の秘訣はまず、①発注者主導であること、発注者の

コミットメントが重要、②次にパートナリングの早期導入、設計段階からパートナリングを導入すれば設計の問題はかなり解決されるだろう、③最後に協力関係。
2) 人と人との関係も重要である。香港は特に狭い社会なので人間関係が重要である。また、解決するのに最も時間がかかるのも当事者間の関係である。MTRCのプロジェクトでパートナリングを導入したとき、人間関係の問題でパートナリングがうまく行かなかったが、人を変えたらうまく行くようになった。
(10) コントラクターB
1) Housing Authority、Housing departmentがパートナリングを導入していると言っているようだが、我々はパートナリングだとは思っていない。契約は従来通りの条件で決して条件を緩和することはない。モニタリングはやっているがパートナリングではない。彼らはあくまでも公共の発注機関であり、コントラクターと一緒に現場に出ることもなければ、現場視察の後に一緒に昼食を摂るようなこともない。彼らは決してコントラクターをパートナーとして扱ったことはない。あるプロジェクトは1999年に完成したが、6年たっても最終精算金が支払われていない。Housing Societyでも同様の例がある。竣工してから18ヵ月経ったが最終精算金が支払われていない。
2) Highway Departmentの仕事では、設計変更の提案を行って得られたゲインを分かち合ったことはある。だがペインは決して分かち合おうとはしない。発注者はパートナリングのつごうの良いところだけを採用している。
3) 真のパートナリングを行うためには先ず発注者が変わらなければならない。
(11) コントラクターC
1) 政府の発注機関はパートナリングについて話はするが、決して実践しているとは思わない。単にパートナリングの精神を宣言しているだけだ。彼らの言うパートナリングとは、「俺の言うことを聞け、言われた通り

にしろ」、ということだ。
  2) 香港ではパートナリング憲章にサインしないのが普通。パートナリング運営上の最大の問題は政府の態度だ。政府はミスを犯すこと、腐敗・汚職を指摘されることを常に恐れており、責任を取りたがらない。従ってパートナリングを実践することなど考えられない。
  3) MTRCやHong Kong Landは不動産を長期保有する。だから質の良い仕事を求めており、良い仕事に対してはきちっと対価を支払う、だからパートナリングもうまく行く。

(12) まとめ

以上が今回のヒアリングを通して得た、「パートナリング運営上の問題点」に関する意見であり、それぞれの立場からの問題意識の違いを知ることができた。

以下にそれぞれの立場についてのまとめを述べる。

  1) ファシリテーター

　職業柄パートナリング運営上のあらゆる問題を経験しており、香港におけるパートナリングの実情について最も客観的な意見を述べている。香港の社会がパートナリングの概念を抵抗なく受け入れられるほど十分には成熟していない、という意見を考慮すると、パートナリング及びその問題解決の成否はファシリテーターの能力によるところが大きいと言えるであろう。

  2) 民間発注者

　ヒアリングを行った民間発注者は、非営利の発注者を除き、パートナリングを良く理解しており、チームワーク、コミュニケーション、人間関係の重要性を協調していた。また、コントラクターからの評価も民間発注者の方が政府系発注者より格段に良かった。問題解決のポイントはコントラクターの話を良く聞いてやること、ファシリテーターを活用すること、そして解決困難な場合はパートナリングのメンバーを変えること、より協調性を重んじる人と交替させることである。

  3) 公共発注者

パートナリング運営上の問題は人である、または経営幹部のコミットメント不足という意見も出たが、政府の調達規則や契約に縛られて思い通りにパートナリングを遂行することができない、という意見が特徴的であった。

　これは発注者自身も理想的なパートナリングを実践できていない、ということを自覚している証拠である。ある発注者は、パートナリングを契約の中に取り込んだら発注者の権限がより明確になり、もっとパートナリングがやりやすくなる、とまで言っていた。

4）コントラクター

　政府系発注者に対する大変厳しい批判が忌憚なく出されたのが特徴であった。パートナリングを成功させるには先ず発注者が変わらなければならない、というのがコントラクターに共通の認識であった。

　民間発注者とのパートナリングは成功例も見られることから、この点に関するコントラクターの意見は説得力がある。

　パートナリングに関する発注者への批判は今回の調査結果として特徴的なものであり、米国、豪州の調査ではあまり聞かれなかったものである。このような意見が出された背景には、同じ東洋人であり、調査メンバーの中に以前よりの知り合いがいたという「気安さ」が原因のひとつであるかもしれない。

　しかし、民間発注者の評判は良く、パートナリングの成功例もある事実を考慮すると、やはり政府系発注者のパートナリングに対する理解度、コミットメントに問題があるようにも思われる。ひとつには発注者自ら指摘しているように、政府の調達方法に柔軟性がないことが挙げられる。

　もうひとつ考えられることは、米国、豪州のようなレベルの訴訟社会を経験していないことではないだろうか。英、米、豪においてパートナリングが導入された背景には過度の訴訟社会に対する反省がある。この経験、反省がないから政府系発注者は従来の調達方法を変えてまでパートナリングを導入する必要性を強く感じていないのではないかと思われる。

第4章　パートナリング実施における手引き

　これまで述べて来たように、建設プロジェクトにおけるパートナリング方式の適用とその運営には様々な形態がある。プロジェクトの性格、取り巻く環境を始めとして、発注者と請負者の建設プロジェクト運営に対する成熟度等が影響している。とりわけ公共工事においては、それぞれの国の建設請負業者調達法や会計法等の現行制度との整合性も大きく関係している。

　このような状況下でパートナリングを発注者と請負者双方が、本当に共勝ち（win-win）となる結果を得るための考察が各国でなされている。ここでは「香港プロジェクト　マネジメント協会―パートナリング特別研究会（Association for Project Management Hong Kong, Partnering Special Interest Group, APM Partnering SIG」が提唱しているガイドラインその詳説及びパートナリング研究会の調査を参考にまとめてみた。

1. パートナリングへの入り口

　パートナリングとは何ですか、について要点を振り返り認識を新たにするために、あるいは始めて本書を開いて本章から読みはじめる人のために、以下概説する。

1-1　パートナリングとは
パートナリングとは何か
　最も簡潔な言い方では、パートナリングは各参加者の能力を全員の協力を通して最大化することにより特別なビジネス目的を達成するための2つ以上の組織間のコミットメント（Committment）である。
プロジェクト パートナリングとは

パートナリングはプロジェクトの全ての参加者間で建設的な仕事の関係を確立するプロセスである。契約は法的な関係と義務を確立する一方で、パートナリングプロセスは協力を土台としてお互いで作った戦略を通して仕事の関係を確立し、一緒の問題解決で紛争を予防し、継続的改善への環境を創造することである。

戦略的パートナリングとは

発注者が彼らの建設サプライチェーンの主要なメンバーと長期的な関係に入ることを言う。英国のホテル、スーパーマーケット建設や、オーストラリアではアライアンスの名称で複雑なプロジェクトで採用されて、好結果を出している。この手法は香港には未だ来ていない。

建設業におけるパートナリングとは

パートナリングは相互対立から協働への新しい関係管理戦略・手法である。パートナリングの下では、全参加者は当初から、対立を防ぐために問題を一緒に解決し協力するチームを立ち上げることを合意する。この協力的関係は、面倒な契約条件やクレーム方式による有利さを取る代わりに、共同で改善する価値や、革新や無駄を減らすことによるコスト削減や工期短縮を達成する。

それは新しいこと？ 誰が以前にやったのか？ どんな利益があるのか？

ある人々はパートナリングはかつて人の言葉と握手が担保であった昔のように信頼をビジネスに持ち込むぐらいのことであると言うが、遥かにそれ以上である。

建設への最初の適用は米国のアリゾナ州ハイウェイと陸軍工兵隊である。パートナリング プロジェクトは9％のコスト改善を示し、工期では8％の改善があった。

パートナリングは1990年代始めに政府による業界再構築のセットの一部としてオーストラリア、英国に紹介された。英国レディン大学の建設討論会では、ファシリテーションや管理に掛かる1％以下の費用に対して一般的に2〜10％のコスト削減が達成されたと見とおした。

しかし香港ではどうか？

お粗末なプロジェクト遂行の根っこの原因は香港、英国、オーストラリア

でも同じである：敵対的業界文化、契約条件、価値よりも価格基準で決定される厳しい競争入札、分割された多くの下請け制度、訓練と改善への投資の欠如。

　香港での最初のパートナリング適用は1990年代中頃の病院建設でいくつかの注目すべき成功があった。最近の地下鉄工事、他での成功は、パートナリングは特別の改善をもたらすことができるという見解を強くした。

　香港のパートナリングはいくつかの失敗例もあるが、全てのケースで一部に参加した人々が結果はより良いか、あるいは従来の方法で起きたことよりも少なくとも悪くはないと信じていることは興味あることである。

道徳憲章チャーターは

　パートナリングは全てのプロジェクト チーム メンバーの間でプロジェクトとチーム メンバーの最大の便益のために行動すると言う道徳の憲章を確立する。主たるゴールは対立するよりも一緒に働くことでプロジェクトの目的を満足することである。

目的は

パートナリングの目的は、
- 対立よりも協力、チームワーク、信頼によりお互いに合意したプロジェクト目的を満足する
- 長期的関係に価値を置く
- 公平なリスク配置
- コミュニケーションと理解の改善
- プロジェクト コスト削減、プロジェクト工期短縮、品質改善
- 改革、無駄の削減、長期的利益性への応援
- 契約的対立を最小に、そして無駄をなくす
- サプライチェーンの早期参加にを通してより良いプロジェクト成果の達成
- 決定に焦点を合わせた責任あるプロジェクト組織の確立

文化の変化はあるか

　従来の建設発注・請負文化の常識は不信、コミュニケーション不足、敵対

的関係であるが、パートナリングの成功はこれらの慣習を認識した上で変えて行くことによる。事実、複数の参加者の文化を変更することは簡単ではなく、変わることが難しいことを見い出している。

喫緊の成功要素

パートナリングに成功している組織は下記が必要であることに同意見である。

- 焦点を改善された態度やふるまい、顧客の要求にあて目的をお互いに合意
- 関係する全ての組織のトップのコミットメント（決意）とパートナリングふるまいのモデル役
- 独立してファシリテートされた立ち上げワークショップ
- 従来の態度や慣習を変えるための定期的なレビューと指導
- 問題解決のためのチームワークと協力的仕事の開発
- 目的を本当に反映した実績の査定
- 目的の改善と満足への奨励

1-2　パートナリングに取り組みを始める人へ

貴方は発注者かそのコンサルタントであるとしよう。ある日貴方の会社または貴方の顧客（発注者）がその新しいプロジェクトの1つにパートナリングの基本を適用することを決定する。発注者もコンサルタントもパートナリングには経験はないが、香港プロジェクトマネジメント協会のパートナリングガイドラインを読み、もし正しく行われればプロジェクトに大きな便益をもたらすことを知っている。

しかし発注者は準備できていないか、またはフルのパートナリング（権利義務を伴うパートナリング契約。NECやPPC2000を言う）に入りたくない。発注者は業者と伝統的な契約に入ることを好み、発注後に全ての参加者と非拘束のパートナリング憲章と簡単な契約をしたい。発注者は貴方に業者と工事契約の形態を助言することを求めたとする。

貴方もまたパートナリングガイドラインを読んでいるから、友好的パート

ナリング契約がプロジェクトの成功的結果を実現する機会を増やすかも知れないことを知っている。それらには参加者間の強い長期的な関係の開発、クレームや紛争の減少、コスト・品質・工期の改善のような付加価値的便益と共に、受けいれられるコストや安全、工期を含む。

　契約条項はパートナリングの基本と両立であるべきことも貴方は知っている。従って貴方はパートナリングの適用が適切か否かを考えた時、全ての契約をレビューする必要がある。

　それでは貴方はどこから始めますか？　貴方は何を探していますか？　これからの説明の中に貴方の契約レビューの間に貴方を導くいくつかの考えを提供します。（契約にはこれらの目的、契約書、仕様書、価格書、等を含む）契約レビューはいかに友好的パートナリングが書かれている通りか、あるいはさらに良くするように変えられるかも知れないかを判断するためである。この中では契約書が業界の標準であれ個別のものであれ、発注者と建設業者の間の伝統的建設契約と共に使えるように一般的であるようにしている。

　この中では、友好的パートナリングであるために全ての契約が以下に示す全ての項目を取り入れることを助言していない。ガイドラインで指摘しているように、パートナリングはいかなる契約の形でも運営できる。何がパートナリング成功への基本であるかは協力的態度とふるまいを適用することである。

　貴方はまた、発注者の全体的大望や戦略内容のそれぞれの点を、参加者のパートナリング経験やパートナリング目的、さらに発注者の契約形態変更の意思に対応して考えることが必要である。結果は状況によるが、伝統的な対立の契約とフルパートナリングの中間であろう。

　この中には、工事契約の戦略、条件、条項を決定する発注者やアドバイザーが、プロフェショナル的に仕事をする建設業界の見解から取ったものである。しかしながら、この中ではここに挙げられた点はいろいろな面からパートナリングプロジェクトを観ている他のプロフェッショナルや契約をいかに友好的パートナリングにするかの協議を促進している人達に有益であることを希望する。

もちろん、もし貴方が契約を下記に述べる項目に変えようと望むならば、貴方は契約やプロジェクトの結果として起こることについて専門のアドバイザーに意見を聞くことは必要である。

1-3　パートナリング実施チェックリスト
　米国の一例では、パートナリング実施段階を以下のような4段階（(1)実施前、(2)実施初期、(3)完全実施、(4)継続・延長）に分け、各段階で確認の必要な項目をチェックリストとして用意している。
(1) パートナリング実施前段階
- 我々の風土にパートナリングが必要か、あるいは適しているかを評価したか？
- パートナリング・プログラムを支持し管理していく主導的な役割を誰が担うのか？
- 要求を調べたか、あるいは基準としたか？　顧客の考えを入れたか？
- 組織、部署あるいはワークユニットで正式に実施しているパートナリングについて、上級リーダーあるいはパートナーシップ・グループの代表者から合意があったか？
- 財務上の要求及び他の資源に関する要求を特定したか？
- 成果に興味を持ち、投資した人々を巻き込んだか？
- パートナリングを実施する目的を確認したか？
- パートナリングの成功を測定する方法を確認したか？
- 次のような要素を含む公式な実施計画を作成したか？　要素としては、資金調達、プログラム・マネジメント、測定手段、教育、パートナリング/ファシリテーター・サービス、全てのパートナーからのフィードバックと関与、成功を賞賛すること、進捗プロセスの改善等。
- 実施計画に関して、実施を成功に導くために必要な人々からの合意があるか？

(2) パートナリング実施初期段階
- パートナリングと技術に関する教育は優先的に取扱われ、全ての興味を

持つパートナーに与えられているか？
- パートナリング・サービスは宣伝され、早期の成功を目指しているか？
- 資金源及び他の資源は明確にされ、手に入るか？
- 統合的なパートナリング・システムの主要構成要素（教育、ワークショップ、イベント、打ち合わせ、ファシリテーター、フォーカスグループ等）を伝達するために求められる権限を生み出しているか？
- 統合的なパートナリング・システムの主要構成要素（教育、ワークショップ、イベント、ファシリテーター、フォーカス・グループ等）を伝達しているか？
- パートナリング・プロセスとその方針を展開し、管理しているか？
- フィードバックを収集し、それに対応し始めているか？
- 成功のための計測手段の追跡調査をし、その計測手段を通して得られるフィードバックに対応しているか？

(3) パートナリング完全実施段階
- 資金は、パートナーシップ・リーダー間で共有されているか？
- プログラムが拡大するにつれて、資金が増加しているか？
- パートナリングは組織、部署あるいはワークユニットのあらゆる部分に拡大しているか？
- パートナーは、日常業務の中にパートナリングの行動及び原理を実践しているか？
- 計測報告書を作成し、傾向/テーマを明確にしているか？
- 調査、意見交換カード、標準計測手段、ディスカッション等を通して、絶えずフィードバックを収集し、そのフィードバックに対応しているか？
- 測定結果とフィードバックに従い、プロセスを改善しているか？

(4) 継続・延長履行段階
- プロセスと測定手段を毎年見直し、必要に応じて変更しているか？
- 拡大したパートナリングの機会を特定したか？ すなわち、ベンダー、組織内の他の部署、他の組織等。

- 次のような要素を含む拡大のための公式な計画を作成したか？　その要素は、資金、計測手段、教育、適正なパートナリング・サービス、フィードバック、全てのパートナーの関与、成功の認識、進捗中プロセスの改善。
- 拡大計画に従ってパートナリング・サービスを行っているか？
- 拡大グループの中に権限を築き上げているか？
- 成功を祝し、成功の足跡を研究しているか？

　この発注者の例では、以上のような手法によってパートナリングの活用を推進し、標準仕様書にもその適用に関する記載があるが、以下のような成果が得られているとの報告があった。また、特徴の一つとして、ワークショップは訓練されたパートナリング・ファシリテーター、すなわちパートナリング・セクションとサービス契約したパートナリング・コンサルタントあるいは発注者のスタッフであるパートナリング・ファシリテーターのいずれかによって運営される。これは、全てのパートナーシップがワークショップから始まり、全グループがステークホルダーと有効なパートナーシップ構築することを意図するものである。

1) デザイン/ビルド、コンストラクション・マネジメント・アット・リスクのような新しい発注方式では、パートナリングが良い成果（より良いデザイン、より早い竣工、より低いコストが実現されており、しかも高品質で訴訟なし）を上げている。
2) ここ4～5年のパートナリングを実施した従来型契約工事とデザイン/ビルドを比較すると、デザイン/ビルドの方が低コストで、工程も短く、さらに発注者のエンジニアリング・コスト、監理コストも低くすることができた。
3) パートナリングは、業界におけるプロとしての意識高揚に役立ち、"ワン・プロジェクト/ワン・チーム"という意識で協働するようになった。
4) 工期短縮とコスト削減に関するパートナリングの直接的効果としての定量的な数値データはないが、発注者のあるスタッフによると、平均して工期は8～10％程度短縮されているという。

2. パートナリングのプロセス

2-1 パートナリングの一般的概念の導入とプロセス

本項ではパートナリングを始めるにあたり、正しい認識を植え付けて行く重要性とそのためのプロセスを概説する。

組織の感知度合い（どこまで気付いているか）
関係する参加者がパートナリングを理解していることを確立することは重要である。

内部や単一組織の事前パートナリングセッションの目的は
- 内部スタッフにパートナリングとは何かと協力的仕事がいかに便益を生むか
- パートナリングの賛否両論の率直でオープンな議論を奨励する
- 上級管理者のパートナリングへのコミットメントを演習する
- スタッフが外部組織へ出る前に内部でパートナリングのふるまいと改善プロセスの練習をする

初期パートナリング ワークショップは
ほとんどのプロジェクトマネジャーは個人よりもチームが協力的に仕事をする方がより生産的であることが分かっているが、難しさは、敵対的作法で長年仕事をして来た後で染み付いている態度とふるまいを変えることを持ち込むところにある。最初のワークショップでは、変わることの可能性の実感を持たせるためにクリティカルであり、ワークショップは独立したファシリテーターにより最も良くファシリテートされる。ファシリテーターは仕事の終了時の姿を描くことで参加者を励ます。

ワークショップで達成を目指す一般的概念は
- 改善は変わろうとした時のみ達成されることの、認識
- 協力的な態度とふるまいを基とした新しい関係を創ると言う、意味
- お互いの方針、目的、価値が成就される手法を概略するのが、憲章（チャーター）

- お互いの目的を達成する戦略のために変化することを管理するグループ（チャンピオン、運営委員会）の確立を含む。
- 実績をモニターするシステム
- 問題解決の、意味
- プロジェクトを促進するために工事期間中に提案された機会の優位さを取る、意味
- 継続的改善のための手順

パートナリング関係の開発

人々が古い習慣に戻ったりすることを予防したり、最初のワークショップで確立した変わろうとする勢いを保持するために、プロジェクトチームはファシリテーターの下でレビューワークショップの形での助けが必要である。パートナリングチャンピオンや運営委員会はプロジェクトで仕事をする全員に、障害となるハード及びソフトの問題を処理し、パートナリングの実績をモニターする必要があるから、それは簡単ではない。

チームメンバー

建設チームはどんなプロジェクトでもほとんど常にゼロから開発される。チームリーダーにとってもっとも重要なことは、いかに各人の性格が他と絡みチームに寄与するかを把握することである。例えば、懇親会はチームがお互いに知り合うことや絆の創生を助成する上で大変有効である。

レビューワークショップ

独立したファシリテーターやパートナリングチャンピオンが最初の数回のセッションの議長をすることが良い。一度手順が確立されチームチャンピオンが経験し自信を持てば彼等の継続的モニターにハンドオーバーできる。ただし、建設期間中においては中立的立場のファシリテーターがしばしば当面する問題解決の方向付けに有効であったといえる。

継続的改善の必要性

パートナリングは、もしチームが得た知識はワークショップの終わりに簡単に消え去らないことを信じるならば、常に改善されている。

2-2 ファシリテーターに関する概念

ファシリテーターの必要性

建設プロジェクトには複数のステークホルダーがいて相反する利害を有しているが、パートナリングではこれらのベクトルを合わせる中立のガイドが必要となる。

- 共勝ち（win-win）の結果に導く人や機関
- プロジェクト参加者はそれぞれの道のプロである
- 当初チャーターに決意をまとめ最終結果を出させるのが目標

ファシリテーターの資格

国家資格は必要ではないが、技術を含めた建設工事にプロジェクトマネジャーとして実施経験を有し、契約条項にも精通しており、かつ経営観から心理学に及ぶ広範囲にわたる理解を持っている必要がある。

ファシリテーターの選定

発注者、請負者のいずれか、あるいは共同で当該プロジェクトに適した個人/コンサルタントを選ぶ。通常費用は等分負担である。

2-3 問題解決プロセス

米国の1つの例としての問題解決プロセスは、問題の特定及びその解決、アクション・プランの作成及びフォローアップに関する合意からなる。

担当レベルと規則を特定することは、パートナリングに対する問題の影響度により、各問題を解決する現実的な作業時間を決める手助けとなる。どのレベルで問題が解決されようが、主要なパートナリング・メンバーは結果を明確にし、他の全てのチームメンバーに伝達する。問題解決回覧フォームは、問題の状況を伝え、パートナーにフィードバック事項を提供する大切な道具である。

(1) ルール

- 全てのパーテイーが問題を明確に認知する必要がある。全問題解決プロセスを通して当初の問題に関する認識を維持し、関連する事実を取り扱い、技術的事項を政治的・ビジネス的なものから切離して扱う。

- いったん問題が定義されたら、何が問題かを記録して、1つ上のレベルが考察できる現況レビューを提供し、どのレベルでも適用できるフォームを活用する。
- どのパーテイーでも、問題解決のレベルを上げることができるが、関係者はそれを認知し、署名する必要がある。いったんレベル移行が開始されたら、あるレベルから次のレベルへの移行に関係した人々は最終決定までその問題を伝えていくことに協力しなくてはならない。
- いったん問題が処理に付されたら、問題に最も近いオペレーション・レベルで解決されるべきである。
- 決定を下した人は、その決定に関するインフォメーションが全ての関係する参加者に書面で伝達されていることを確認する。このインフォメーションには、決定に関する論理的な説明（例えば、ポリテイカルに対する、あるいはビジネス的なものに対する技術的なもの）も含む
- 種々の問題は、パートナリング・ワークショップで策定された問題解決プロセスに従って解決されなくてはならない。問題解決プロセスにおいて、レベル間を行ったり来たりするようなことがあるべきではない。
- 各個人は、自分の専門知識の範囲で満足できる決定をしなくてはならない。誰もパートナリングを失敗させる権利はない。求められた決定を下すことが無理と思うなら、上のレベルに任せる。

(2) ガイドライン

　以下のガイドラインは、パートナリング・チームの全員が日常業務において問題解決技術を使うことを奨励する。

- 現在携わるパートナリングを熟知し、話題に上がらない関係者間の軋轢に留意する。
- 問題を特定し、率直かつ公正にそれを定義する。こうすることで、パートナリング・チームが問題を解決し、それから学ぶことができる。問題解決は、良いビジネス慣習の本質的かつ貴重な部分である。
- 問題は、パートナリング・リーダーレベル（建設におけるレジデント・エンジニアレベル）で十分に定義される必要がある。

- 参加者間の共通部分と相違部分を見ること。連帯感を見つけられれば、否定的なエネルギーは少なくなる。相違点を挙げることで、相違点を解決することができる。
- まず可能な解決策をブレーンストーミングし、そのなかから最適なオプションを選択するということにより問題解決する。
- 全ての影響を受ける参加者は、問題解決に関するあらゆる重要なデイスカッションに参加すべきである。
- 相手の考えをより良く理解するために、その人の視点から問題を見る。
- 問題に焦点を合わせ、事実を取り扱い、個人的な争いは避ける。これは人の気持ちを試すものでも、点付け練習でもない。人の批判は避けること。こうすることで、肯定的な関係を維持することができる。
- 交渉は公正にすること。各参加者が穏やかに合意できる中間点を見つけ、全ての参加者が面子を保てる立場を受けいれるようにする。『他の人のためにしたことを思い出すこと』。公正に対応することができない場合には、意見の不一致を認めてエスカレートすることに合意する。
- 議論が過熱してきた場合でも、冷静さを保つ。
- 経験のより豊富なスタッフからアドバイスを求める。このことはプロセスの重要な部分であり、強く奨められる。(これはエスカレーションではなく、問題解決の過程にある)
- 各週間打ち合わせにおいて問題を見つけ、個人的なインプットを求める。パートナリング評価プログラムにある図、グラフ、コメントをレビューする。パートナリング評価プログラム報告書は、少なくとも月1回はレビューされるべきである。
- 技術的な問題が解決されると同時に、財務的な影響度に関して合意されることを確認する。
- 問題に対応するレベルを上げる場合には、パートナリング・ワークショップにおいてコミットされた時間的な誓約を大切にする。
- 時間的な誓約においては、問題がパートナリングに与える影響度が考慮されなくてはならない。そして緊急度を反映した時間枠に合意し、時間

的な誓約をガイドラインとして使う。時間を無駄に費やすような、あるいは公共の安全性に影響を及ぼすような、または金銭的な影響を及ぼすような問題に対しては、早急に対応しなくてはならない。
- 時間的な誓約は発生した問題に応じて修正され、主要メンバーの間で合意される。
- 「知らない」と言うことは許容され、学ぶための良い機会と見なされるべきと知る。
- 他のチームメンバーの様々な権限レベルを明確に理解し、対話を続ける。

3. パートナリングの実績査定

　パートナリング実績査定とは、パートナリングの目的であるwin-winを成就するために設計された課題とその実績を査定することは、プロジェクト成功の鍵である。ここではその概説をする。

パートナリング管理
　コスト、工程、品質や安全のような建設業の管理の様相として、経営者はパートナリング実績を査定しレビューすることができることが必要である。

主たる課題
　パートナリングの寄与を評価したり、パートナリング実績を計るためにいくつかの課題を考えねばならない。
- パートナリング組織、プロジェクトの意味することへの理解。
- パートナリング実績の測定と経営者の実績指標のレビューの手段が必要である。
- しかしながらパートナリングは人々と関係に影響は認められるが、コスト、工程や品質と異なりパートナリング実績測定法でできているものはない。
- パートナリング寄与を測定する企画の中で、コストや工程や品質のようなハード面の測定の裏面を観ることが必要である。

パートナリング実績の測定

パートナリングの実績はハード面（コスト、工程、品質、安全、環境、等）とソフト面（信頼、コミュニケーション、関係、コミットメント、問題解決、等）の両面を測定する必要がある。

- ハード面の問題はある形のKPI（目標達成度指標）を使うことで全く簡単に測定できる。
- しかしながら、ソフト問題は目的に沿って測定することは簡単ではない。現在あるシステムは大抵の場合は質問や調査の利用に頼ってある程度主観的である。
- ソフト問題をより広くモニターするには、組織そのものの実績に焦点をあてることである。
- 調査や質問の使用が完全な客観的評価方法を確立することを難しくするが、質問をプロジェクトや組織の必要に最適に構築することは可能である。

4. パートナリングのコスト管理と奨励策

4-1 管理項目とその奨励策について

実績査定の基礎となる定量的及び定性的査定の概説を行いそれに基づく奨励策（インセンティブ）について概説する。

最悪ケース（ボトムライン）の改善

パートナリングはプロジェクト上の関係改善についてだけではない。全ての関係者のボトムラインの改善についてもある。

- 建設にはよほどの無駄があり、パートナリングは建設的で協力的な関係の開発を通して、焦点を対立から無駄の減少に移すことである。また価値は常には最低競争入札に由来しないと言う事実の受けいれを求める。
- 無駄の簡単な例は何層にもなった監督や提出手順である。最良のパートナリングの関係はファシリテーターを使いこれらの問題の原因の根っこを改善し、合理化プロセスを経て工期とコストの目覚しい改善を達成する。

パートナリングのための組織的枠組み

組織的や契約的な一式の用意はないが、香港その他で有益であったことを証明する数例がある。

- 発注後パートナリング——伝統的な契約に接木したパートナリング配置である。メリットは、契約条件内で許される限りにおいて無駄なアクティビティを排除することである。
- MCやCM——この段取りでは建設業者はその管理力を主として任命される。焦点は建設業者の良い管理と早期参加でありそれによりビルダビリティや革新的施工法が設計段階に取り入れられる。利点は設計と建設が重なったファストトラックを可能とすることである。
- GMP——このアプローチもMCに類似している。建設業者は取引下請け業者をオープンブックベースで選定し、設計段階から参加させることで下請けの経験からリスクを軽減できる。この場合は、工事内容が変わらない基で下請けがGMPのリスクを取る。
- オープンブック ターゲット コスト——予見できない問題のためにフレキシビリティが求められる高リスクプロジェクトの協力的枠組みをするアライアンスに普通使われる。コストオープンの仕組みは、無駄や重複するアクティビティをなくしてチームを1つの集まりとし、設計・建設管理ティームはターゲット コストを作り、最良の価値の結論を持つことで価値管理をする。リスク認識は主要な寄与である。

実績査定と奨励策（インセンティブ）

改善された実績は金銭的報酬に繋がっている状況の下でより多く期待できる。

- VE改善のシェアーはより一般的になっており、品質・安全における節減へ拡大傾向にある。
- 実績に関連したインセンティブのために、査定方法が開発され、実績は、報酬が計算されることができるようになるべきである。
- 最も有意義なメリットは発注者と工期、コスト、品質、機能の必要性に反映され、改善された実績は奨励され得る。

5. パートナリングの契約と法的課題

5-1 パートナリングと契約の関係

パートナリングと契約の関係は、パートナリング憲章や合意事項に法的拘束力の有無で分類される。しかしながらいずれの場合もパートナリングチーム内で問題解決が不可能の場合は司法の裁断を受けることとなる。

考慮すべき課題

香港のほとんどのパートナリングは契約ではなく、相互に拘束されない。どのような変更に際しても、数多くの課題を注意深く考えることが必要である。

契約的準備

パートナリングの関係においても、参加者の意図と義務を定義した明解な契約上の準備を有することは必要である。

一定の平衡した公平な条件

参加者間の拘束する条件と手順はパートナリング基本に一致してなければならない。参加者間のリスク配置は公平であるべきである。ほとんどの参加者は伝統的で対立的な標準契約で開始する傾向であるが、彼らがパートナリング理解と経験を得るに従い、協力的な契約の形に移る。

下請け契約

パートナリング関係は下請けにまで延長されるべきで、ゆえに下請け契約書類もまたパートナリングの基本に一致しなければならない。

パートナリングの法的含蓄

パートナリングに関連する法律は現在香港では良く開発されていない。

- パートナリング関係の参加者はそうでない参加者よりも高レベルの行為を保持せねばならないかも知れない。
- パートナリング関係の存在は裁判所や調停所が契約条件を解釈したり、あるいは特別な契約上の権利や力を認める道に影響を与えるかも知れない。

- パートナリングは契約書に加えて新たな義務が発生するかも知れない。

法的リスクの削減
パートナリング関係書類の準備期間に可能なリスクを減らせるステップは取れる。

非拘束のパートナリング憲章
パートナリング関係を書類にする1つのアプローチは、伝統の契約に上書きされた非拘束のパートナリング憲章である。

- パートナリング憲章は工事中に参加者を導くことを意図した一般的な基本と目的である。
- パートナリング憲章は曖昧な言語が基になる契約に含まれる法的な関係に影響を与えるかもしれない。
- パートナリング憲章は、意図しない法的含蓄のリスクを減じるために注意深く素案を練らねばならない。
- ターゲットコスト、数段階の非対立の紛争解決手続、ボーナス支払いに直結したKPI等は、参加者の利益や協力の促進が整列することを契約に含蓄できる。

パートナリング契約書
パートナリング関係を書類化するアプローチはパートナリング用に特に開発された標準工事契約を使用することである。

代表的な例は
PPC 2000（Association of Consulting Architects Ltd., UK, 2000）——基本的契約体系。NEC, Partnering Option X12（Institute Civil Engineers UK, 2001）——ICE

- これらの体系は参加者を拘束し、基本や目的や未だ確かでない法的影響に曖昧な言語が含まれている。参加者はこれらの体系の他の特徴がこれらのリスクより勝るか否かを考えねばならない。
- これらの体系に含まれている条件や手順はリスク配置が適切か否かを決断するためにプロジェクトの内容に併せてレビューされるべきである。

注文制作の契約書

参加者は常に特別なパートナリングプロジェクトのために独自の契約書を作れるが、最も金が掛かる方法である一方もっとも成功しやすい。

法的アドバイス

上記コメントは法的助言(リーガルアドバイス)ではない。参加者はプロジェクトに関する問題について彼ら自身の弁護士に相談すべきである。

5-2 契約を見直す場合に留意すべき基本

読者が心しておかねばならない高水準の基本から始めよう。

1つは、参加者を拘束しようと意図するパートナリングの権利と義務の全ては(憲章ではなく)契約に含まれている必要がある、ことである。本注釈は、参加者はプロジェクト全体を通してパートナリングを継続し、伝統的工事契約をベースに仕事は継続していくことを前提としている。参加者は契約的に拘束する権利と義務が平衡しており、両サイドの利益を考慮し守られねばならない。工事契約書はKPIや目標工事費奨励金スキームを含む全てのプロジェクト目的のリスク配置(例:地質条件)、リスク配分を含まねばならない。最終的なゴールは、①パートナリング目的と②契約の中身において矛盾がないことである。

2つ目の基本は、契約的手順の対立的関係の機会は減らされるべきである。このためには情報の共有と共同問題解決の協力をベースとした契約的手順を創造することに傾注することである。

3つ目としては、参加者間、香港政府の紛争検討顧問(ディスピュート レビュー アドバイザー)、調停者のような独立の第三者を含んだ間での問題解決の公式な形態は、非対立的、早急、効果的に解決するために参加者を元気づける。これは、ほとんどのプロジェクトが仕事の段階で経験する困難な時期を含めてパートナリング関係を支援する重要な道具である。

- 最終的に覚えて欲しいことは、基本が大切なことである。適切な調達戦略、参加者の権利、義務の役割の定義、明解な契約的段取りを持つことが必要である。リスクは、管理するのにベストのチームに配置されるべきである。

5-3　契約をレビュー（review）する時に見る主要点

　契約書レビュー時に優先的に見るべき契約の一般的条件を抽出しよう。下記6分野が成功するパートナリング関係に重大である。

①標準と要求：建設業者と工事が判定される基準を確立する条件を探す。契約的標準と要求はリーズナブル、客観的で明確であるべき。

②リスク配置：どのような見なし項目かをチェックする。（例えば、建設業者は入札前に……に関し自分自身満足していると見なされる）。上記に述べた通り、リスク配置、分配がパートナリング目的と不整合である条項を探すこと。

③参加者の利益を一致させ協力を促進する奨励策：目標工事費奨励金スキーム、KPI、ボーナス支払い、類似のもの、を確立している該当項目を探すこと。

④コミュニケーションとインフォメーションの流れ（フロー）：ここでは建設業者が提出したり、ノーティスを与えることを要求している項目を参照する。コミュニケーション、情報の素早くオープンな流れを激励し、可能な範囲で期限やノーティス期間はバランスされるべきである。

⑤パートナリング手順（プロセス）を支える：ファシリテーターやワークショップ（それのコストも含めて）、チャンピオンの指名、運営委員会のミーティング等は時々、必要に応じ同意の下で非公式に持たれる。

⑥紛争・問題解決：契約の中のこの部分をレビューすることを忘れないこと。工事契約書は、プロジェクト完成後の段階に問題を残すのでなく、問題が発生した時従うプロジェクトマネジメント手順を準備しておくべきである。

5-4　特別に考慮すべき条項

　本項においては、いくつかの特別条項を付記する。それぞれの項目に、実際の契約書と同等の条件をクリティカルに見られるように質問を設定した。もし契約のどの与えられた条件にも、質問にYesと答えられるならば、実際の

契約は「友好的パートナリング」契約の範囲にいる。もしそうでなければ、条件を修正することが適切かどうかを最低でも考えねばならない。

(1) 遂行のマナー

　建設業者は仕事を遂行するのに、リーズナブルで客観的であるべきで、PMの満足するようにのような主観的であるべきでない、は要求事項であるか？

(2) プロジェクトマネジャー（PM）

・PMはリーズナブルに行動せねばならない条件があるが、これを契約内に強調することは助けになり得る。公平にかつリーズナブルに行動するための特別な義務はありますか？

　・もしあればPMの権力の制限は特に明記されていますか？

　・もし決定が、PMではなくプロジェクトチーム全体か運営委員会でなされるならば、良いパートナリングとなる。

(3) 終結

・参加者は終結の権利を実行する前に共同問題解決手続きを遡及できますか？

　・両サイド共終結権を持っていますか？

　・もし貴方のプロジェクトが奨励策方式を持っていたら、あるる参加者は方式による損失を避けるために終結を試みるかも知れないことに気づくべきだ。（例えば発注者はボーナスを払いたくないかも知れないし、建設業者はペイン・シェアーの状態へ寄与したくない）貴方は、インセンティブを避けることを可能にする両者による終結に対して何かの防護策を含めることを考えることが必要。

(4) EOT、損失、支出への根拠

　・根拠はプロジェクトリスク配置と揃っていますか？

　・参加者が負う遅延や追加コストそれぞれのリスクは管理可能ですか？

　・根拠は公平でリーズナブルですか？

　・発注者によるリスク負担が実際に起きたとき追加支払いのための明快で公平な条件事項がありますか？

(5) 見なし条項

例えば、建設業者は潜在情報を知っていると言うような見なし条項はリスク配置の形である。
- 見なし条項はプロジェクトリスク配置と揃っているか？
- 参加者が負う各リスクはもっとも良く管理されますか？
- 見なし条項は公平かつリーズナブルですか？

(6) インデムニティ（Indemnity）と除外、責任の限度
これらの条項はさらに次のリスク配置の形である。
- それらはプロジェクトのリスク配置と揃っていますか？
- 参加者により負担したそれぞれのリスクは最良の管理でしたか？

(7) ノーティス（Notice）
- ほとんど全ての契約では、建設業者は仕事が遅れたり、追加支払いをクレームできると信じれば、期限内にPMにノーティスを提出することを条件項目に入れている。そのようなノーティスは、タイミング良くPMの注意を引くことにより、問題が大きくなる前に解決される可能性がある。しかしながら、タイミングに合ったノーティスをどのように取り扱うかは専門家の間でも論争である。本注釈はどのアプローチがプロジェクトに合うかを注意深く考えることを助言するものである。

(8) 奨励策
もしプロジェクトが奨励策の方法を有しているならば、いくつかの詳細を検討した方が良い：これらは、
- 目標はリーズナブルで基準は明確に見極められているか？
- KPIに関しての進捗のモニターや報告手順はあるか？
- いかに設計変更を取り扱うかを説明した項目はあるか？
- 奨励策の方法は契約の早期終結の影響を明文しているか？
- コスト支払い項目や奨励策の証明のための適切な条件項目が必要である。このような証明作業のコストは契約に用意されるべきである。
- ファイナルアカウント後に起きる瑕疵や実績水準、メンテコストの奨励策への影響を言い表す条件項目を含めることを考えるかも知れない。

(9) 瑕疵と補修

- 建設業者が差し出す保証は性質・期間の条件が公平ですか？
- いくつかのフルパートナリングでは建設業者は補修の直接費用を発注者から支払われるか、参加者でシェアーする条件としている。

(10) 支払い条件
- 契約は公平でリーズナブルな保留金の条件か？
- 契約は出来高に対して短期間での支払いや、支払い遅延への金利払い条件か？
- 支払い条件はボーナス支払いや奨励策の構造と関連していますか？
- 建設業者に中立的なキャッシュフローを保持することは仕事への協力的アプローチの一部であるとするか、発注者に不利な前倒しや建設業者に不利な後倒しを避けることで十分であるとするか、の意見がある。貴方はどのアプローチが貴方のプロジェクトに適切かを考えねばならない。

(11) 設計変更
- 設計変更はどんなプロジェクトにおいても明らかに紛争の主な原因である。
    発注者に求められた設計変更の協力的手順がありますか？
    またはPMの最終決定次第のような外的要因の結果としてですか？
        パートナリングの最も重要な便益の1つは、工期、コストを減じ品質を改善する付加価値の先導を開発するために協力的に仕事をすることである。
        契約はそのような先導や削減をシェアーを開発する協力的手順を含んでいますか？　建設業者に付加価値作業コストや代案作成を支払うための準備項目はありますか？

(12) 組織構造
- 契約は、PMの方針に従って、日々プロジェクトを動かす両者からの合同チームを用意していますか？
    運営委員会はありますか？
    委員や彼らの役割と責任は見極められていますか？
    運営委員会は、アドバイス業務でなく、決定権がありますか？　これ

は貴方にフルパートナリングを与えます。
(13) パートナリングコストの責任
　経験ではこのコストをシェアーすることは大変効果があることを示している。
　　・契約はワークショップのコスト、チーム立ち上げ事業やファシリテーターコストのシェアーの公式や手順を用意していますか？
(14) 共同開発した情報やノウハウ、恐らく次のプロジェクトで使われる知的財産権利の取り扱い
　残念ながら共同で所有する知的財産に関する法律は非常に複雑であるゆえ、これに関する参加者の意向を契約の中に特別に明言することが望ましい。
(15) 保険
　　・経験から単一プロジェクトの工事保険（CAR）ポリシーは保険クレームの事務的流れと共に参加者間の紛争を減じられる。
　　　　契約は発注者のために、被保険者と代位の放棄者として名ざされた全てのプロジェクト参加者と共にそのような保険を入手することを用意しているか？
(16) 契約の条件条項の修正や放棄
　契約は準備ミーティングされた条項は参加者により文書に署名されてのみ変更されたり放棄されることが特に用意されていますか？
(17) 紛争・問題解決
　　・早期警鐘方法のある形は起きた時に問題を扱うのに便利である。
　　　　契約はこのような線に沿った方法を含んでいますか（それはノーティスを与える一般条項や紛争処理条項かも知れない）？
　　・契約はレビューシステム方法を確立していますか？
　　　　あるいはプロジェクトの手順として後で開発されることを用意していますか？
　　・契約は問題解決方法の各段階で時間制限を用意し、結論や悩むことなしでだらだら進む問題を防いでいますか？
　　・不合意や紛争の際に参加者にアドバイスや支援するために、工事中に役

員会に独立の第三者を持つことから便益を得ている。1つのその様な計画は香港政府が使っている紛争レビューアドバイザーである。
　契約はこれらの線に沿った何かを用意していますか？
- 調停のような独立第三者を含めた他の問題解決方法はまた非対立の作法で問題を解決するのに便利であることが証明されている。
　契約はこれらの線に沿った何かを用意していますか？
- パートナリングはお互いにオープンで正直に取り扱う参加者を勇気付ける。問題が発生した時、1つの参加者はもしその様な協議が権利放棄でないならばより快適に感じるかも知れない。
- 仲裁や法廷は普通手順の中で最後の段階である。両方共対立的であり長期間を要しかつ非常に高価である。もし仲裁合意書が契約に含まれていないならば、不履行場所は法廷である。貴方はどちらのルートが貴方のプロジェクトに適切かを注意深く考えねばならない。

5-5　まとめ

　今後パートナリング方式を実施に際しての基本的チェック事項として、参考になれば幸いである。もっとも、パートナリングには定型はなく、発注者や請負者の相互理解を深めて独自の改善を重ねることは可能であるが、同時に、第三者を納得させ得る透明性、公平性、アカウンタビリティがますます強く要求されていることも事実である。この観点からもパートナリングと契約の拘束性の関連性についてのさらなる研究開発が、パートナリングの発展には不可欠であると信じる。

第5章　各国のパートナリング取り組み状況及び実施例

　パートナリングの概論から具体的マネジメントプロセスでの適用について前章まで解説して来た。すでに既述の通り、各国によりパートナリング実施形態は大きく異なっている。本章では、
　　1. 各国のパートナリング取り組み状況
　　2. 各国のパートナリング実施例（一覧表）
を紹介する。

1. 各国のパートナリング取り組み状況

1-1　パートナリングをプロジェクトに適用する時期
1-1-1　英国のパートナリング採用と理由

　今回の調査対象となった企業のうち、ハイダー社（Hyder）の事例から紹介する。同社は水道関連事業において現在コンサルタントとして従事しているが、その経緯は以下の通りである。

　政府が水道関連事業における過去の建設工事費用を見直したところ、工事の最終金額が当初契約金額より37％増加していることが判明した。この理由としては、水道事業が当該地域の受益者から工事費用を回収しやすいので、工事費用をつり上げる傾向にあるからである。そこで、1992年頃から設計施工方式への移行が始まったが、これはより緊密な関係を築くことにより、仲裁紛争を減らすことにあった。しかし、その当時、設計に2年、施工に5年を費やしたウェルシュ・ウォーター（Welsh Water）工事の例があり、1億ポンドの予算に対して10％の超過が生じた。この理由は、コントラクターが安価なプラントばかりを選定し、これらのプラント設備機能が適切でなく、取替

えが必要になったからである。この時の反省を踏まえて、ハイダー社では、ウェルシュ・ウォーター工事のために第2次5ヵ年計画としてコントラクター3社にインタビューし、その中から1社をパートナーとして選定した。その工事が昨年完了したが、1億9,000万ポンドの予算に対して最終工事金額は1億7,000万ポンドとなった。レイサムレポートでは、パートナリング等の新方式の導入により、コストを30％、工期を25％削減可能と提唱している。

次にアラップ社（Arup）の調査結果を見ると、英国では従来からプロジェクトごとに競争入札を実施（95％のクライアントは競争入札を志向）し、より低い価格を求めることが慣行化していたが、一回限りの契約からプロジェクト契約へと転換することによって時間と費用を軽減できるとしている。また、一般的に、パートナリングにおける合意された利益、目標達成度指標（Key Performance Indicator）などの内容はプロジェクトにより異なるが、4～5年の期間契約が望ましいとしている。

道路庁は、英国交通省に属し、英国の道路建設・メインテナンス事業を計画・実施している部門であるが、政府との間で合意された10年計画に基づき、年間15億ポンド規模の事業を行っている。また、その事業のうち96％が民間に発注されている。従来は、低利益で受注した業者によるクレームが横行し、その対応・解決のためにクオンティティサーベイヤー（Quantity Surveyor）や弁護士に多額の費用をかけていた。この無駄を解消するために、入札重役会（Procurement Directorate）はまず戦略を立て、長期的関係と統合されたプロジェクトチームを作り上げることにより、サプライチェーンの積極的マネジメントを行うこととしてパートナリングを導入した。

また、英国空港公団では英国内プロジェクトの80％以上でパートナリングを採用しているが、海外では慣習が異なるので採用していないとのことである。

1-1-2 米国でのパートナリング開始時期

「パートナリングはいつから始めるべきか」という質問に対しては、英国においても米国においても一様に「できるだけ早い時期が望ましい」という回

答が帰ってくる。しかし、その回答が実際に意味する時期は、それぞれの国で若干異なっている。

英国においての「できるだけ早い時期」とは「可能であれば設計計画段階から開始するのが望ましい」という意味で用いられている。そこでは、施工業者のノウハウを最大限活用するために設計計画段階から関与させることが必要とされている。

これに対して、米国で「できるだけ早い時期」という場合、それは「工事契約が発注された後、できるだけ早い時期」という意味である。パートナリングは施工業者が決定した段階で初めて開始され、それ以前の段階でパートナリングを開始することは、パートナーとなるべき業者が決定していない以上、不可能だと考えられているようである。

1-1-3　豪州のパートナリングの歩みと適用時期

建設業における契約は相手（サプライヤー、下請業者、従業員、施主等）によらずハイリスクを伴う。このことは1980年代の豪州においても例外ではない。

当時の豪州において建設業界は不況の真っ只中にあり、大部分のプロジェクトは最低価格に対して落札されていた。この最低価格落札の方針は劣悪業者の参入を許すこととなり、低品質、予算・工期の超過により発注者と請負者の間ではクレーム、紛争が絶えず、結果としてそれを解決するための訴訟費用として莫大な金額が費やされていた。

このような状況のもとニューサウスウェールズ（NSW）州のギールズ・ロイヤル・コミッション（Gyles Royal Commission）により、プロジェクトを成功に導くには契約の構造や性質を改善するよりもプロジェクトに関与する者同士の関係と相互理解を深めるほうが重要であるとの観点から、訴訟問題の解決策として豪州の建設業界はアメリカの経験を参考にするべきだとの勧告が行われた。

1992年以来、米国から導入したパートナリングの概念はオーストラリアで広く受け入れられ、特に連邦及び州政府、産業助言団体（例えばCIDA）、

Master Builders Australia（以下MBA）は積極的にパートナリングを適用した。

クイーンズランド州幹線道路局のケースでは、適正な請負者の選抜後、基礎ワークショップ（foundation workshop）が開催された。この基礎ワークショップにおいて関係者はプロジェクトの共通の目標をたてると共に、目標達成指標（key performance indicators）を作り上げ、毎月の会議において成果の確認を行った。

これらの会議は各構成メンバーによりローテーションで司会進行され、パートナリングに関わる全ての問題についての議論が行われた。

基礎ワークショップの2ヵ月後には監理者、検査者レベルのスタッフを加えた別のワークショップが開催された。これは特に技術ワークショップ（skilling workshop）と呼ばれ、決定、紛争の処理、共同での問題の解決といった運営上の手法についてのメンバーの教育が目的であった。この技術ワークショップによりメンバーはパートナリングのもとでよりよく動けるようになり、良いコミュニケーション、良い関係を築く手助けとなった。

これらのワークショップについて、同局では発注金額がA$5M（500万豪州ドル）以上では基礎ワークショップ、技術ワークショップの両方を開催し、これらの費用の支払も契約に盛り込んだ。A$1MからA$5Mの場合、少し長めに基礎ワークショップを開催する。A$1M以下についてはワークショップを開催するが費用は請負業者の負担とする規定を設けている。

1-1-4　香港でのパートナリング適用時期

香港では英国や豪州と比べるとパートナリングの歴史は浅く、パートナリングについてはまだ導入段階である。そのためか特に施工業者側へのヒアリングではパートナリングに関して少なからず否定的な意見も見受けられた。

特に難易度の高い工事については、設計早期段階からの元請候補業者の関与が不可欠かと思われるが（実際施工業者やファシリテーターへのヒアリングではそのような提案が見られた）、ほとんどの発注者は受注元請業者と工事契約を結んだ後にパートナリングを開始するといった具合であった。原因と

してはパートナリングの効用がまだ関係者に浸透しきっていないのと、発注者と元請業者の間にいまだに主従関係のようなものがあり、発注者が元請候補業者の早期の関与を欲していないことによるものと思われる。

しかし、地下鉄会社、香港ランド社、香港政府住宅開発局等、パートナリングを有効に運用しうるような新しい取り組みも見受けられ始めている。今後のより有効な運用を期待したい。

1-2　各国のパートナリング適用工事における請負業者選定方法の例
1-2-1　英国の例
1-2-1-1　概要

レイサムレポート（1994年）及びイーガンレポート（1998年）という二つの報告書の中で、パートナリングの導入が正式に報告されている。レイサムレポートにおいては、プロジェクトの性格（大規模プラントあるいはプロジェクトに連続性、継続性が認められる場合等）により、ある一定期間パートナリング協定を結ぶことでその効果を最大限に引き出すことができるとしている。また、入札に関するEUの要求事項と合致するために、パートナーの選定においては競争原理に基づく手順に従うことが必要であるとしている。イーガンレポートにおいても、プロジェクトプロセスの改善事項の一つとして、"統合的なプロジェクトプロセスの構築"を掲げている。すなわち、プロジェクトごとに新しい別のチームを選定することは、技術力を持ち経験のあるチームの学習、革新、発展を妨げているとし、サプライチェーンのパートナリング化等を推奨している。

今回インタビューした英国空港公団（British Airports Authority）及び道路庁（Highway Agency）は、ある一定期間のフレームワーク契約［この場合には、一定期間数社と契約をし、あるプロジェクトが発生した場合にその数社の中から適当な会社を選定し、当該プロジェクトを発注する。フレームワーク契約各社は定期的に評価され、追加・入替え等も行われる］を採用している。このパートナリング方式は、ストラテジック・パートナリング（Strategic Partnering）と言われるもので、個別プロジェクトに適用される

プロジェクト・パートナリング（Project Partnering）と区別される。ストラテジック・パートナリングは、アライアンスの一形態を意味することもあるが、チャンネル・トンネル・レールリンク・プロジェクト/セクション2工事の場合には若干異なる用い方をしている。すなわち、当該プロジェクトは4工区に分割され、各々担当する施工業者4企業と施主を併せた5企業が個別にパートナリング契約を締結していたが、現在、これらの5企業が既存の契約形態を残しつつ、新しい契約項目に合意し、より統合された形態に発展している。これをアライアンスと呼んでいる。政府調達室（Office of Government Commerce）によると、パートナリングの本来の意味は、協業（Collaborative Working）であり、将来的にはコラボレーティブ・メソッド（Collaborative Method）を採用することが理想であり、国防省（Ministry of Defense）、道路庁等はその採用に積極的だが、他の部門では今一つとのことである。パートナリング方式の一般的なプロセスについては、図1-1「入札制度とパートナリング」（62頁参照）のようになるが、このうちの主要プロセス項目について、その概要と今回の調査内容を述べる。

　プロジェクトにパートナリング手法を採用する場合、レイサムレポートにあるように、公明正大な入札手続を確保することが必要である。今回の調査において、この点において有益な示唆があった。すなわち、業者選定プロセスとして2段階評価を行い、まず第1段階においては、価格、技術及びパートナリングという3つの評価基準のうち、技術及びパートナリングの2つに重点をおき、第2段階でさらにこれらについて詳細に検討する。この詳細検討段階においては"価格"の要素で差別化することがより難しくなるという報告があったが、これは、入札価格競争のみに頼る劣悪な業者を排除することに役立つと共に、技術力のある、品質レベルの高い、しかもパートナリング的風土に馴染みの深い日本企業にとって有利に働くものである。この2段階評価方法については、第1段階で複数入札業者によるプロジェクト・リスクの抽出及びVE提案等の実施、第2段階でリスクを盛り込んだ目標価格の設定を可能にしている。

1-2-1-2　パートナリングに係わる入札及び業者選定

　今回の調査では、入札時の業者選定基準を以下のような2項目あるいは3項目としているケースが見受けられた。すなわち、コマーシャル（価格面）とパフォーマンス（施工実績・質・スタッフ技術面等）あるいはコマーシャル（価格面）、テクニカル（技術面・施工実績等）及びパートナリング（パートナリング実績等）の組合せである。以下に調査対象各社の事例を紹介する。

　英国空港公団はすでに民営化しているが、電気・ガス・水道事業と同様に、種々の規則で制限されている。また、EUの規則にも従う必要があり、例えば、業者選定の際にはEUジャーナルに公告しなくてはならない。選定基準については、パフォーマンス（60～70％：人の質、生産プロセス、トレーニング、施工実績、イノベーション等）とコマーシャル（30～40％：オーバーヘッド、プロフィット等。契約はオープンブック方式）の2種類となる。まず、パフォーマンスを評価し、その後コマーシャルを評価することになる。オーバーヘッド/プロフィットについては、パーセンテージあるいはランプ・サムのいずれかで見積りを行うが、ランプ・サムの場合には詳細に内容を検討する。なぜこのような2段階方式の選定を行うかと言えば、金額のみで業者選定を行うと、最終的にクレームにより予算オーバーとなることが多いからで、能力で選定すればコストを管理できる可能性が大きくなる。業者の選定時期については、概念設計程度の段階でこれを行う。そして、詳細設計段階で時間をかけてバリュー・エンジニアリングを実施し、目標価格を設定する。また、インセンティブの内容についても、この時期に合意し、選定にはフレームワーク方式を取入れている。フレームワークに選定されたサプライヤーは、サプライ・チェーン・チームにその目標達成度指標（プロダクティビティー/プレディクタブル・コスト/サービス・デリバリー等）をチェックされ、パフォーマンスが悪いと判断されると、アクション・プランに合意して軌道修正しなくてはならない。

　この時点では、黄信号が灯ることになる。その後6ヵ月で改善の跡が見られないと、赤信号が灯ることとなり、プロジェクト・クライテリアに従って契

約履行できない場合には契約解除となる。実際に、現在までのところＭ＆Ｅに関する約70のフレームワーク契約に対して6件ほど契約解除があったとのことである。

道路庁の場合にも、いわゆる"フレームワーク契約"を採用しており、例えば6社を選定して4年間程度の"タスク・オーダー"を行わせる。すなわちこれらの6社に対して、プロジェクトごとにリスク対策と目標価格を協議して、最適な業者を選定する。この時の選定基準は、品質（60％）と価格（40％）であり、必ずしも最低価格業者が選ばれるとは限らない。また、この選定の際に、オープン・ワークショップを開催し、関係者全員で情報を共有する。リスク・レジスターの情報も共有され、リスクマネジメントに関する各社の提案を見て、そのリスク管理能力を判定して選定に役立てる。このように、業者が情報を共有できるのは、業者にとっての最大のインセンティブが継続的な契約関係を獲得することにあり、価格面での有利・不利だけが問題ではないからである。契約期間における6社に対しては、目標達成度指標（安全衛生・瑕疵発生率・コスト予見性等の7指標）にてパフォーマンスを評価し、逐次追加・入替え等の措置を実施している。フレームワーク契約の6社は、通常地元の業者から慎重に選定される。この際の選定基準は、"パフォーマンス"である。安全教育・社員/作業員への待遇・下請への支払い状況等を含めチェックされることになる。この時、末端作業員を含めた下請業者の直接調査も行う。

コントラクト－220プロジェクト（チャンネル・トンネル・レール・リンク/セクション2）の入札は、EUの入札規定に基づき実施され、EU各国の建設業者に対して公平に入札機会が与えられ、以下の手順に従い実施された。

①EU全土に工事公告を掲載
②入札希望者に対して質問状を送付し、事前書類審査を実施。会社の規模・施工実績等を勘案し入札参加者を選定（7～8社）
③書類審査を通過した入札参加者にテンダー・コール（Tender Call）をし、入札受付（5社）
④競争入札を実施し、入札内容を審査

入札審査は、入札書類と業者のインタビューを中心として実施し、コスト（50％）、技術（40％）、パートナリング（10％）の割合の重み付けで評価（2社程度）
⑤ネゴシエーションにより目標価格を修正し、最終候補者を決定
　上記入札において、業者は工事費用見積とフィー・パーセンテージを含む入札提出用書類を提示し、これが評価の対象となる。評価基準は"コマーシャル（コスト）"、"テクニカル（技術）"及び"パートナリング"からなり、各々の評価点の重み付けはプロジェクトの性質・複雑さ等で異なるという。上記の場合は、（コスト）：（テクニカル）：（パートナリング）＝50：40：10であるが、複雑なプロジェクトでは、例えば（コスト）：（テクニカル）：（パートナリング）＝30：40：30となるようである。次に各基準についてみると、"コマーシャル"の主要項目はターゲット・プライスであるが、他に200程度の評価項目がある。"テクニカル"については、過去の実績、信頼性、過去の契約での業績、施工・品質・安全・環境管理計画等が評価され、"パートナリング"ではパートナリングの実績、発注者との協調性及び他の資質について定性的に評価する。パートナリングに関する評価は、審査員の主観的な判断に委ねられるので、ブラックボックス的な要素が出てくる可能性はある。いずれにしても、このような評価のもとで、5社のうちから2社選定し、さらに詳細な評価がなされた。この詳細評価の時点では、コマーシャル／テクニカルの2点に関して2社の評価点が非常に近づき、これらの評価基準で差別化することが難しくなり、"パートナリング"という評価基準の比重が増したとのことである。

1-2-2　米国の業者選定
1-2-2-1　米国型とは
　英国型パートナリングと米国型パートナリングでは、請負者選定のプロセスが異なっている。すなわち、英国型における工事施工業者の選定はパートナリングの枠組みの中で行われるのに対し、米国型においては従来の価格競争入札の枠組みを維持してパートナリングとは無関係に業者選定を行う。

米国型パートナリングは業者選定のプロセスが全て終わった後に開始する。従って、業者選定は、パートナリングとは無関係に決定される。入札以前の段階で工事計画に請負者が関与することは、入札・業者選定の透明性を損なうものと考えられているようである。

1-2-2-2 設計施工契約

以上に述べたとおり、米国型のパートナリングは、プロジェクト運営に当たっての当事者の関係・態度の問題だけを扱う取り組みになっており、調達・契約システム全体を再構成するものにはなっていない。しかし、米国において、既存の調達・契約システムを修正する試みが存在しないというわけではない。米国では、これらの取り組みは、パートナリングとは別途のシステムとして実施されている。例えば、バリューエンジニアリング（Value Engineering）の制度や前述のインセンティブ契約等は、発注者・請負者双方にコスト削減のインセンティブを与え、共勝ち（win-win）の関係を実現しようというものであるが、パートナリングとは関係ない別個の制度として実施されている。

英国型パートナリングとの対比で米国における工事調達システムの変革を捉えるなら、パートナリングの枠外で行われているこれらの制度にも目を配る必要があると思われる。ここでは、特に重要な発展を遂げつつあるものとして設計施工契約（Design Build）を取り上げる。

従来、設計と施工を同一の業者が担当することについては倫理上問題があるとされ、米国においては一般的でなかった。しかし、近年、設計・施工を通したプロジェクト全体の責任を一括して請負者に負わせることのできる設計施工契約のメリットが見直され、公共工事・民間工事を問わず設計施工契約で実施される例が増加してきている。伝統的な契約方式では、工事に問題が発生した場合、それが設計の問題であるか施工の問題であるかが大きな問題となり、紛争に発展する例が多かった。設計施工契約では、設計・施工の責任を一括して請負者が負う。米国の請負業者は、通常、自社内に本格的な設計部門を抱えていないから、設計事務所と直接契約して設計施工契約を履

行することになる。実際の設計業務は従来通り設計事務所が担当するわけで、作業の分担は従来の契約方式とさほど変わらない。しかし、発注者にとっては、設計事務所より資本的経営基盤が大きい請負業者に、設計の責任も一括して負わせることができるというメリットがある。

　設計施工契約は、施工開始以前の段階で請負者をプロジェクトに関与させ、そのノウハウを活用するという点で、パートナリングと類似の機能を果たすと言える。米国においては、入札以前の段階で請負者をプロジェクトに関与させ、そのノウハウを活用する仕組みは採用されていない。入札以前の段階で請負者をプロジェクトに関与させると、入札・業者選定の透明性を損なう結果になると認識されているからだと思われる。従って、工事計画段階（設計段階）において請負者のノウハウを活用しようとする場合は、工事施工開始前に業者選定を行うことが必要になり、必然的に設計施工契約が採用されることになる。

　設計施工契約の入札では、入札者が設計作業を行う必要があるため、伝統的契約方式の入札に比べ入札費用が余計にかかる。入札者にとっては経済的負担が大きいので、ある程度受注の可能性がなければ入札しないということになる。発注機関によっては、施工実績等により事前に入札者を数社に絞ることも行われている（GSAでは、このような2段階選定を行っている）。また、工事を受注できなかった入札者に対して、落札価格の0.2％程度を入札提案作成のフィーとして支払うことが行われることもある。その場合、フィーを受け取った入札者は自己の提案に対する知的所有権を放棄するものとされ、発注者はその提案の中のアイデアをプロジェクトに取り入れることが可能になる。このようなプロジェクト調達方法が用いられた場合、事前に選定されたパートナーの技術提案を工事計画に活用するというパートナリングの手法と、それほど変わらない結果を上げることもできるのではないかと思われる。

　もちろん、設計施工契約はパートナリングとは異なる背景から発展してきた契約形態であり、パートナリングとは異なった意図・目的で運用されているものであるから、これらを同列に論じることは必ずしも適切でないかもしれない。しかし、英国においてパートナリングの枠組みの中で論じられてい

ることのいくつかが（例えば、工事業者の早期関与によるプロジェクト実施の円滑化）米国ではパートナリングの枠外の問題とされていること、そしてそれらの問題がパートナリングとは別の枠組みの中で実現されている可能性があることは、充分認識しておく必要があると思われる。

1-2-3 豪州の業者選定方法の例
1-2-3-1 入札

パートナリングにおける入札で基本となるのは最低価格を決定要因としないことである（non-price criteria）。公共工事の発注において最低価格業者に決定しないということを納税者に納得させるのは非常に大きな困難を伴いそうなものであるが、このことに関しては納税者によって選ばれた担当省庁の大臣によれば請負者のクレームの歴史及びこれらの請負者がその下請負者をどのように扱ってきたかを考慮すればある意味当然の成り行きとも考えられる。このような背景のもと、落札にあたって非価格選考及び価格選考の両方の基準が適用されることとなった。非価格選考で最高価値（best value）に対して落札されるのは全体の15％から20％であった。公共工事においてはその価格が適正であるということの証明は非常に大切である。従って非価格選考を行う場合、選考基準を評価する評議会が必要となる。そこでクイーンズランド州幹線道路局のケースでは外部から誠実なる監査人を雇い入れることになった。

同局のケースでは入札時に独自の詳細な見積を準備しており、これを入札業者の見積価格との比較検討に用いている。また、入札にあたっては極端に低い入札価格提出者は入札から除外する旨の条項を書き加えた。ここで除外を受けるのはプロジェクトの規模にもよるが、入札価格の中間値より10％から20％低い金額を提出し、その金額でプロジェクトを適正に運営できるという明確な説明が発注者に対してなされなかった場合である。

1-2-3-2 請負業者の選定

クイーンズランド州幹線道路局のケースとしては、提案書を提出した請負

者の中から、書類審査によって人員、過去の実績を考慮して4から6社のショートリストを作成する。これらの業者に対してインタビューにより理解を深め、2日間のワークショップにより利益の配分等についての話し合いを行い、候補者を選定し、コマーシャル面についてより深い議論を行う。ただし候補者との間で話が最終的な合意に至らない場合に備えて、補欠候補も選定しておく。

1-2-3-3　目標価格の設定

　最初に各メンバーは仮のプロジェクト・アライアンスの仮同意（IPAA）を結ぶ。期間は3～4ヵ月、あるいはそれ以上で、全参加者の出席が求められる。ここで行われるのは設計、施工計画、目標価格の設定で、目標価格が合意されればプロジェクト・アライアンス同意（PAA）となる。

　目標価格の設定にあたっては先天的な衝突が起こる。なぜなら請負業者は少しでも高い目標価格を望み、施主は少しでも低い目標価格を望むからである。そこで通常、独立した見積者が採用される。

　請負者はプロジェクト・アライアンス・チーム内で技術的問題や工事範囲に同意をしたうえで見積りを行うが、これと並行して独立の見積り者はアライアンス・チームと同様のベース（例えば同一の歩掛り）を用いて見積りをする。両者の比較検討により目標価格の正当性が評価される。ここで独立の見積り者は全スコープに対して見積りを行う場合と一部に対してのみ見積りを行い価格の正当性を評価するケースとがある。

　見積りにあたっては現場での直接費用、間接費用に「フィー」と呼ばれる金額を上乗せする。これは一般管理費＋利益を意味する。発注者は全ての非発注者の財務記録を数週間にわたって徹底的に監査し、組織・設計・チーム、過去の記録、過去3年の同様の工事での利益マージン、見積りと実際の金額を比較検討した上でフィーを決定する。豪州では通常11～12％が典型的なフィーである。またリスクの予想にはマルチ－カルロス・シミュレーション（multi-Carlos simulation）等が適用される。

1-2-4 香港でのパートナリングプロジェクトで採用した業者選定プロセス
1-2-4-1 地下鉄株式会社の業者選定プロセス

　地下鉄株式会社はWTO（世界貿易機構）政府調達協定の適用される半官半民の機関であるが、香港ランド、スワイヤ・プロパティーと並んで今回の調査ではパートナリングがうまく機能しているとの評価を各所で耳にした。

　現在は中国本土以外での全てのプロジェクトに対してパートナリングを適用しているとのことだが、そのシステムはプロジェクトの特性に適したものを採用している。

　例えば通常の工事に対してはランプサム契約を結ぶが、リスクの大きいプロジェクトに対してはターゲットコスト契約を結ぶことにより全てのリスクが施工業者にふりかかることを防いでいる。ターゲットコスト契約の場合は、かかった費用は費用として地下鉄株式会社は相応の負担をする。さらにもし10％以上の損失が出た場合は、10％を超える分を地下鉄株式会社が負担する。

　ターゲットコスト契約の場合、最終的にはある業者が落札するが、他の業者の出してきた提案も有用であれば採用する。

　入札形式はプロジェクトの性質によって変わってくる。それほど難易度の高くないプロジェクトであれば一般入札が適用され得るし、難易度の高い工事であれば公募型指名競争入札や入札選定プロセスの中に複数の元請候補業者を関与させるような手法をとることもある。つまり、施工業者のパートナリングへの参入時期については入札選定段階である場合と入札後である場合と両方ある。

　また業者選定にあたっての価格と品質の評価配分はプロジェクトの性質によって変えている。しかし入札業者に対しては公表していない。

　以下にTsim Sha Tsui駅改修工事における業者選定のプロセスを示す。このプロジェクトにあたっては入札選定段階から施工業者をパートナリングに参入させると共に、2段階の業者選定を行っている。

(1) 資格審査
　地下鉄株式会社は過去の同社とのパートナリング経験に基づいたリストを

所有しており、そのリストにある11社に対して追加的な資格審査を行い、これまでのパートナリングの経験、ターゲットコスト契約の理解、鉄道プロジェクトの経験をもとにして5社を選定した。
(2) 第1ステージ
　資格審査に残った5社は詳細設計図をもとに施工計画、工程計画、フィーの設定、ターゲットコストの算定、リスクの分析及び考えられる各リスクに対する責任の分担を行い、2社に絞り込まれた。第1ステージに要した期間は8週間である。
(3) 第2ステージ
　第2ステージに残った2社は、個別により詳細な工程、組織、施工計画を行うと共に、それぞれの施工計画に基づいたターゲットコスト、リスクの分析を行い、コスト、工程、プロジェクトの工事への影響を総合的に判断し、最も優れた元請候補業者に発注がなされた。第2ステージに要した期間は12週間であった。なお、第2ステージにてかかった費用については、地下鉄株式会社が参加業者に支払を行った。

1-2-4-2　香港ランド社の業者選定プロセス

　香港ランドは香港のビジネス中心街に500万スクエアフィートの事務所、店舗スペースを所有、あるいは管理している香港のトップデベロッパーである。
　香港ランドが発注者として重要視しているのは品質と工期である。これは香港ランドの建物は先に述べたとおり事務所や店舗スペースとしての賃貸をメインターゲットとしているため、
　①竣工後に売って終わりの住宅と比べると長期間にわたってテナントを引き留め続けなければならないため、建物の寿命として50年程度のスパンで考えれば多少の建設費用の差は大きな問題とはなってこない。
　②建物の品質が悪ければメンテナンスに多大な費用をかけなければならず、結果として高いものとなってしまう。
　③工期通りに工事が終われば、予定通りにテナントに貸すことができる。
といった事情による。

高品質と工期内竣工を達成するために大切なのは、
④元請業者に対してフェアな態度をとる
⑤元請業者の意見をよく聞き、吸い上げる
⑥期日通りの支払いをする
ことであり、特に1-2-4-3に関しては工事の進捗にあわせた支払いを期日通りに行うことと、変更があった場合は査定を迅速に行い、支払いをすることが大切であり、これらの態度をとることで、発注者と元請業者との間に信頼関係を作り出すことを重要としている。

香港ランドが建設工事を行うにあたっての契約形態としては元請業者に設計段階から関与させるGMP（最高保証金額）付きCM契約またはMC契約を採用しているが、大部分がGMP契約である。

香港ランドの業者選定の方法としては2種類ある。ひとつは同一グループ内の元請業者であるギャモン社との随意契約、もうひとつは過去の実績から信頼のおける元請候補業者を対象とした入札である。ギャモン社との随意契約の場合は先にも述べたとおり、設計の早期段階からギャモン社はプロジェクトに関与し、香港ランドとパートナリングを開始するが、入札による選定の場合も、選定された元請業者は設計の早期段階からプロジェクトに関与する。設計段階からプロジェクトに関与することは元請候補業者にとってはリスクを負うことになるが、協力を求められた元請候補業者は全て、香港ランドに協力的である。これは香港ランドと元請業者との良好な関係によるものである。

ちなみに香港ランドではKPI（Key Performance Indicator：目標達成度指標）のような品質を定量的に評価するシステムの導入はしていないが、会議等にてパートナリング参加者によるオープンな討議は行われており、その中で品質についての評価はされている。

以下に基本設計段階から下請業者の決定段階までのGMP方式のプロセスを示す。
①基本設計の作成
②下請業者からの必要な情報の入手による詳細設計の作りこみ。及びGMP

の作成
　③下請業者として施主指定業者を使う場合は、金額についての合意
　④工事工程の作りこみ
　⑤元請業者によりベストプライスの提出
　⑥下請業者決定
　　③で施主指定業者とあるが、香港ランドはカーテンウォールや石工事の下請業者とは15年から20年にわたる長期的な関係を維持しており、下請業者を含めてパートナリングに取り組んでいる。

1-2-4-3　香港政府住宅庁の業者選定プロセス

　香港住宅庁は政府の住宅政策に基づき、1973年に設立された国家機関で65,000戸の住居を所有し、200万人（香港人口の1/3）に対して住居を供給している。類似の名称で香港住宅協会（HKHS）という組織があるが、こちらは非営利の民間機関で、公営の住宅よりはやや上級だが、民営の低価格賃貸物件ほどではない住居を供給しているのに対して、香港住宅庁は住宅協会よりもう少し下層の階級を対象に住居を供給している。

　パートナリングに関してはこれまで50の新築工事、それ以外の10のプロジェクト、つまり合計で60のプロジェクトに対して導入されている。また2001年以降の全プロジェクトに対してパートナリングを導入しているとのことである。

　香港住宅庁はまだパートナリングに関しては初期の導入段階であるとのことだが、Tangsレポートに記述されている通り、発注方法については品質の定量的評価を組み込んだシステムを開発、運用している。以下に香港住宅庁の業者選定プロセスについて紹介する。

(1) PASSについて

　上記のような調達方針を持つ香港住宅庁が「香港住宅庁が要求する水準を満たす業者に対してより多くの入札機会を与えること」を目的として、1990年よりシンガポール建設業振興評議会（Singapore Construction Industry Development Board）の品質評価手法を参考にして、元請業者の評価システ

ムであるPASSの構築を始めた。
 1) PASSの概要
　　下記にPASSの検査項目、頻度、検査者の概要をまとめた。ここでプロジェクトチームというのは設計、エンジニア、検査官、積算士等を指す。
 2) 入札へのPASSの運用
　　香港住宅庁では元請業者ごとに過去6か月分のPASSスコアを集計し、PASSスコアに応じて入札参加回数を制限している。高得点グループ（上位25％）、中間得点グループ（中間50％）、低得点グループ（下位25％）にグループ分けを行い、グループごとに年間の入札参加回数を制限している。これにより、元請候補業者は入札機会を多く手に入れたければPASSスコアをアップさせるための努力が必要となる。

　　入札にあたっては価格：品質＝80：20にて評価を行う。価格スコアは最低入札金額との比較により算出する。また品質スコアは過去6ヵ月の元請候補業者のPASSスコアにその他の品質情報（過去1年間のマイナスレポートの数等）を勘案して算出したスコアについて、入札業者の中での最高スコアとの比較により算出する。

　　このようにして算出した総合スコアの最高な業者が落札業者となる。
(2) GMP契約導入への試み
　香港住宅庁では現在GMP契約への取り組みの準備を行っている。通常のGMP契約に香港住宅庁なりのアレンジがされており、MGMP契約と呼んでいる。

　従来は元請業者の関与は入札による選定後からであったが、MGMP契約にあたっては、それ以前の設計段階にも元請候補業者を関与させる。また、契約には利益の配分、教育、紛争解決法、合理的な設計の保証等の条項を入れている。

　ここで問題となるのは公共プロジェクトの場合、GMP契約の導入が民間プロジェクトのように行かないことである。民間プロジェクトであればフレキシビリティがあるが、公共プロジェクトの場合、特にコストに関して透明性を確保する必要があり、そのためには元請業者に対しても下請業者から正確

なコスト情報を入手させるようにしなければならない。

つまり、これまでの発注者・元請業者間のパートナリング関係に加えて、下請業者も含めたパートナリング構築が必要になってくる。

MGMP契約にあたっては、香港住宅庁は元請業者にはフィーは支払わない。落札業者決定後、香港住宅庁独自の手法によりコスト減分を算定し、その算定分を香港住宅庁と元請業者にて50：50にて配分することとしている。

1-2-4-4 まとめ

香港では英国や豪州と比べるとパートナリングの歴史は浅く、パートナリングについてはまだ導入段階である。そのためか特に施工業者側へのヒアリングではパートナリングに関して少なからず否定的な意見も見受けられた。

特に難易度の高い工事については、設計早期段階からの元請候補業者の関与が不可欠かと思われるが（実際施工業者やファシリテーターへのヒアリングではそのような提案が見られた）、ほとんどの発注者は受注元請業者と工事契約を結んだ後にパートナリングを開始するといった具合であった。原因としてはパートナリングの効用がまだ関係者に浸透しきっていないのと、発注者と元請業者の間にいまだに主従関係のようなものがあり、発注者が元請候補業者の早期の関与を欲していないことによるものと思われる。

しかし、地下鉄会社、香港ランド社、香港住宅開発局等、パートナリングを有効に運用しうるような新しい取り組みも見受けられ始めている。今後のより有効な運用を期待したい。

1-3 各国のパートナリング比較表

表1-1 豪州・米国・英国・香港パートナリング比較一覧表（p.252～255参照）

表5-1 豪州・米国・英国・香港パートナリング比較一覧表

		豪　州	米　国
1. 定義		パートナリングは、プロジェクト関係者の経営資源を最も効率的・効果的に用いて、所与のビジネス目的を達成するための協働関係構築への長期的コミットメント（ないしはプロセス）である。このためにはトラディショナルな（対立）関係から、組織の垣根に拘ることなく、カルチャー共有への（思想）転換が求められる。この新しい関係は信頼と、共通ゴールへの貢献、それぞれの参加者の期待と価値観の相互理解をその基盤としている。	パートナリングは、契約ではないが、すべての契約に含まれる黙示的な信義則の認識である。契約は法的関係を定めるが、パートナリングは共同して作り上げるコミットメントとコミュニケーションの戦略に従って、関係者の協業関係を構築することを目指すものである。そこでは信頼とチーム・ワークが紛争をなくし、関係者全員の利益のために協調的絆を深め、成功裡でのプロジェクト完成を容易にする。（環境の醸成を目指す）
2. 導入の背景		①1992年、建設産業における不透明な商習慣、倫理にもとるビジネスの横行、険悪な労使関係、契約を巡る紛争多発などへの改革を求める「ギールズ・ロイヤル・コミッション」（The Gyles Royal Commission, NSW 1992）の勧告書を契機として、米国のパートナリングが導入された。 ②オーストラリアン・コンストラクターズ・アソシエションは豪州独自のパートナリング模索の結果、「リレーションシップ・コントラクテング」を普及させ、法的関係を視野に入れたより実質的な関係構築を目指した。	①建設プロジェクト推進に際しての過度のクレーム・訴訟体質、この背景にある対立的ビジネス関係への解決策として、米陸軍工兵隊チャールズ・コウワンが米政府調達に際して1989年に導入、その後陸軍・海軍・路庁などに広く普及。同パートナリングの建設調達への導入は米国が草分けである。 ②パートナリングの源流は、石油メジャーによる原油探索・プラント建設「アライアンス」といわれる。
3. パートナリングの形態		①米国流パートナリング（契約と独立し、「憲章」を軸にしたボランタリーなパートナリング） ②マチュアー・パートナリング（パートナリング・プリンシプルを旧来の契約に取り込んだ2社間インセンティブ契約を軸にしたパートナリング） ③プロジェクト・アライアンス（不確実性が高いプロジェクトに対して、リスク・リターンを等しくシェアすることを前提に協同してプロジェクト遂行するもの。 ④ストラテジック・アライアンス（広範かつ長期的なビジネス提携・複数のプロジェクトを視野に入れた協力関係などを言う） ⑤リレーションシップ・コントラクテング（豪州ではパートナリングの総称をいう。広義のパートナリングと同義）	①トラディッショナル・パートナリング（単一プロジェクトへのパートナリング） ②インターヴェンショナル・パートナリング（問題発生時にプロジェクトを軌道に戻すために適用） ③ヒエラルキカル・パートナリング（複数プロジェクト（フェーズ）を通じて適用） ④ストラテジック・パートナリング（Partnership、Joint Venture, Teaming Arrangementと称されるものに近い。異なる発注者、プロジェクトを通じて行われる場合もある）
4. 特徴		①90年代前半、米国より導入されたパートナリングは、豪州の社会文化への適応のプロセスを経て、多様な進化を遂げる。 ②ACAを中心に「リレーションシップ・コントラクティング」が普及、旧来の契約にパートナリング・プリンシプルを取り込むGC21（NSW）などが登場。 ③パートナリングの普及は、州ごとに顕著な相違があると見られる。 ④究極のパートナリングとして不確実性が高い複雑なプロジェクトを対象として「アライアンス」が実施されつつある。 ⑤プロジェクト・アライアンスは現在コラボレイテブ（共同的）なタイプが多いが、コンペティテブ（競争的）なアライアンスへの模索もある。 ⑥パートナリング導入に伴って入札制度・契約形態、マネージメント・プロセスへの改革も進展。	①陸軍工兵隊始め国家の各機関がそれぞれ独自に実質的プロジェクト実施を経て採用するという特徴がある。連邦政府が主導的に普及を図るなどの統一的動きはない。 ②米国でのパートナリングは陸軍が初めて導入、同様に海軍でも普及。その後連邦調達庁、州道路庁などへ普及。 ③従来の設計契約、請負契約などの契約とは独立し、憲章合意とチーム・ビルディングをその特性としており、あくまでボランタリーな活動と定義づけられている。 ④パートナリングが契約と切り離されているため、パートナリング自体を巡っての紛争・訴訟事例はありえないとされている。

英　国	香　港	注　釈
パートナリングとは、2つ以上の組織がそれぞれの企リソースをもっとも効果的に利用することによっ、特定のビジネス目的を達成するマネジメント手である。 の手法は共通の目的、あらかじめ合意された問題解の手順、そして継続的かつ計測可能な改善の飽くな追及をベース（前提）とする。	パートナリングとは、あたらしい戦略的な信頼関係をベースとしたビジネス関係であり、最善の資源活用であり、生産性向上、無駄の排除であり、品質と納期の適正化競争であり、共勝ち（win-win）環境のもとで妥当な報奨を得るものである。	・万国共通のパートナリング概念はなく、各国内でもさまざまな定義がある。 従って代表的なものを記載した。
過度の価格競争を背景に、受注後のクレーム・紛争質によって建設プロジェクトにおける工期遅延、費増大など多大な損失が問題化。業界の恒常的対立的係の解消を狙って、政府諮問機関において1993年イサム卿がパートナリング導入を提言。 さらに、1998年イーガン卿の品質と効率改革を目す「建設業再考」によって促進、普及。	①香港ではMTRC（地下鉄公司）がクレームなどによる不必要なエネルギーを削減するための手段として英国のパートナリングを手本に導入。 ②その後、香港ハウジング・オーソリティ、ハウジング・ソサエティなどに普及。 ③香港政庁は導入には慎重。癒着リスクを懸念。ただし、最近ではハイウェイ・デパートメントで積極的に導入。	・英米豪いずれも旧来の発注システムによる過当価格競争の弊害・紛争多発という共通の問題認識からパートナリングが採用された事実が注目される。
プロジェクト・パートナリング（単一プロジェクトのパートナリング適用） ストラテジック・パートナリング（複数プロジェクトを前提にしたパートナリング。通常、「フレームーク・アグリーメント」の後、個別プロジェクトごとに契約となる）	①プロジェクト・パートナリング（発注後のパートナリング） ②ストラテジー・パートナリング（IFP時から指名入札者をパートナリングで位置付け、工事契約に先立って早期段階から発注者が候補企業と交渉することをこう呼んでいる。2段階入札運用が増えるとともにこの方式への移行傾向がある（13年度香港調査）。「複数」プロジェクトを連続して実施する英国とは異なる概念とみられる。なお入札時からストラテジー・パートナリングを導入しているのは現在までのところMTRCのみ。	・英国ではパートナリングを単一プロジェクトの建設段階に適用する方式から、設計を含めプロジェクト全体に拡充、さらに複数プロジェクトを視野に戦略的なパートナリングへの進化がトレンドとして観察される。 ・豪州では多様なパートナリングの進化が見られ、「アライアンス」が複雑かつ不確実性の高いプロジェクトに採用されつつある。
英国政府主導という特性がある。建設業改革の諮問関で導入答申。 パートナリングを契約行為の中に取り込むという革的な取り組みが進められており、さまざまな業界団体パートナリング契約約款を作成し、実施を試みている。この中にはプロジェクト関係者の契約の一本化などそれ従来考えられなかったラデカルな試みがある。 ペイン/ゲイン・シェアーによってパートナリングへ合理的動機付け（インセンティバイズ）を実現。ターゲット・コストによるオープン・ブックが原則。 パートナリングが契約化されていることから、将来訟原因となる可能性があるが、現時点では訴訟事例ない。 さらにEU自由競争規定に抵触する可能性のある、期的なアライアンスともいえるストラテジック・パートナリングに一部の調達機関は踏み込んでおり注目れる。 OGC（英商業省）など導入、防衛庁のプライム・ントラクトにはパートナリングが積極的に採用されいる。	①香港ではMTRCがクレームなどによる不必要なエネルギー削減のための手段としてトップ・ダウンで英国パートナリングを下敷きに実施、成功したことから普及。 ②英国式を参照したといわれるが、契約制度は従来のものを利用。実質的には米国方式に近く、契約制度とは独立したパートナリング実施形態となっている。事実Leighton ContractorsはMRTCとKCRC発注工事で契約後のパートナリング実施となっている。 ③ただし、英国式のペイン/ゲイン・シェアー（Final Target Cost）を採用している。 ④MTRCではオープン・ブック方式を採用しているのは現在のところ2プロジェクトのみ。	・米では陸・海軍がパートナリングの端緒を開き、英では政府主導によってパートナリングを導入。 ・パートナリングを契約制度に取り込む動きが英豪共に観察され、米国と顕著な相違を見せている。 ・プロジェクト・チームを運命共同体として強く方向付けるペイン/ゲイン・シェアーの考え方は英国、豪州で普及。

表5-1　豪州・米国・英国・香港パートナリング比較一覧表（つづき）

		豪　州	米　国
5. 現行入札制度との関係		①パートナリングの場合は一般競争入札、指名入札、随意契約等様々な契約形態に適応するが、必ずしも最低価格入札でなく＜Best Value＞が重視されてきている。また、入札の段階でパートナリングの適用が周知されるケースが一般的である。 ②プロジェクト・アライアンスの場合、書類選考、インタビューを通して選考した候補者に対してワークショップを行い、アライアンスのプロセス等に同意が得られれば仮プロジェクト・アライアンスを締結する。同意が得られなければ候補者選定に戻る。仮プロジェクト・アライアンス期間にアライアンスの手順、目標価格等に合意が得られればプロジェクト・アライアンスの締結となり、得られなければ再度候補者の選定からやり直す。	①競争入札、発注後のボランタリーなパートナリングが主流であり、基本的に入札制度とパートナリングは米国では無関係である。 ②入札は競争入札（Invitation for Bid）、あるいは提案要請（Request for Proposal）で実施。依然最低価格入札が多いが、Best Value を評価する方式が近年増加している。 ③Best Value による業者選定・入札プロセスを通じて、リスクなどを巡って候補業者とのプロジェクト管理についての討議が進み、この結果契約完了時点でパートナリングの基礎が確立する（USArmy）とも言われ、2段階評価（ベスト・バリュー・ソース・セレクションに基づく技術評価、価格評価による複合的業者選別）の定着によってパートナリング普及が促進されるという側面がある。 ④特に設計段階からパートナリングを実施する一括発注のメリットを評価して、一部政府発注機関ではDB発注の相対的件数が増加している。
6. 契約制度との関係	■契約方式	①米国流パートナリング（伝統的工事契約書を使用し、パートナリング憲章は法的拘束力を持たない） ②伝統的工事契約にパートナリング手法を取り入れた独自約款。（NSW州のC21、GC21 がその例。目標価格方式でない） ③プロジェクト・アライアンス契約（豪州独自の契約方式。目標価格、ペイン/ゲイン・シェアー、オープン・ブック及びリスク共有型で、訴訟・仲裁制限条項を含む）	①契約制度とは別のマネージメント方式とされるパートナリングはいかなる契約形態でも採用が可能とされる。 ②パートナリングの効果という視点では、従来の分離発注、建設段階に限った適用より、DB での適用がより効果的との結果を各実施機関が得ており、事実、こうした見分けの米陸軍工兵隊、海軍などはDBによる発注が相対的に増加傾向である。
	■発注価格決定方式	①Master Builders Australia：パートナリング推奨、入札方式問わず。 ②Port of Brisbane Corporation, SEQ Water：目標価格方式のプロジェクト・アライアンス契約。アライアンス参加者は非価格評価で選定。 ③Melbourne Water：目標価格のプロジェクト・アライアンスだが、設計者、PM、コントラクターを競争入札で決定する独自方式。 ④Sydney Water：1999年プロジェクト・アライアンス（North Side Storage Tunnel Project）を採用。目標価格方式のアライアンス契約。現在、SWによる発注は約30％（金額ベース）がアライアンス、他は旧来の契約方式。	①US ACE：Fixed Price 契約が主。（LumpSum） ②NAVFAC：Firm Fixed Price （一式金額固定契約）コストプラスは稀。 ③GSA：Firm fixed Price。 一部 Cost＋GMP（Guaranteed Maximum Price）、IDIQ（Indefinite Delivery & Indefinite Quantity）は補修改修工事に適用。 ④Arizona Dept. of Transportation：Lump Sum、GMP ⑤大林組（ゴールデン・ゲート・ブリッジ補強）：B契約

英　国	香　港	注　釈
公共調達はEUの公正なる自由競争規則により、発注後パートナリングが依然主体とされるが、業者選別は技術（パフォーマンス）評価、価格評価を踏まえたFM（Value for Money）が採用されてきており、第一段階で技術（パフォーマンス）評価を行い、ショートリストに残った数社をさらに当該プロジェクト計画推進で競わせ、力量を見ながらターゲット・コストを煮詰めてゆくという2段階評価が普及しつつある。第2段階評価に残った業者は、数社でコストを含めプロジェクト推進方法、工法、行程、リスク・レジスターなど広範なテーマについてアイデアを出しながらより良いプロジェクト成果を求めて競い合う。業者サイドから見れば、自らの技術・マネージメント方法、アイデアなどが他社との共有となりこれを懸念する意もある。2段階入札制度そのものがパートナリング組成に向けた交渉プロセスとなっている。	①英国パートナリングが導入された香港では、単純な競争入札から、2段階入札制度へ移行している（MTRC）。 ②これはスキーム・デザインに基づく技術・経費提案による入札（第1段階）の結果、2社程度が絞られた上で、MTRC＋業者合同のプロジェクト・チームを編成し、ある程度詳細な施工法やVE等のコスト削減を含めた直接工事費を算定、同時にリスク管理方法、ペイン/ゲイン・シェアーを含むターゲット・コストの提案（第2段階）を経て、最終受注者とMTRCがアライアンス・アグリーメントを締結するもの。 ③第2段階ではターゲット・コストの交渉など、パートナリング組成を前提とした詰めが行われる。	
英国ではターゲット・プライス契約が普及しつつあり、旧来の契約方式（約款）とは異なったパートナリング契約（NEC、EEC、PPC2000約款など）が採用されてきている。契約制度という意味では、パートナリングは旧来の制度とは異質であり、関係者の契約の一本化など斬新な制度実験の段階へ踏み込んでいる。	①MTRCの場合の契約方式は従来の契約書をそのまま使用しており、ペイン/ゲイン・シェアー、ターゲット・コストは特別条件書（Particular Condition of Contract）に記述されている。契約書全体でパートナリングという言葉は一切記載されていないが、MTRCはパートナリングの精神を十分理解している業者を選定しているため、現在までのところ契約に関わる紛争は聞かれない。（なおこの事例は香港においては依然先進的特殊事例である）	・パートナリングを契約制度に取り込む英国のアイデアリズムと両者を独立させる米国のプラグマチズムの全く対照的な制度作りが特に注目される。 豪州も英国と同様のアプローチ。
BCCB：（チャネルトネル・リンク（LCR））Target Price契約、オープン・ブック Highway Agency：フレーム・ワーク・コントラク（Single supplier term contract）を採用し、6社選定、4年ほどのタスク・オーダー。Target Price契約（NEC）リスク・レジスター割り当て。 BAA：Built to Budgetを軸にフレームワーク・アグリーメント（T-5 Agreement、NEC改訂）ゲイン・シェアーをインセンティブとし用意。リスクはBAAが前面的に取る（リスク・コントロールに自信あり） Ministry of Treasurey：Target Price（VFM） OGC：Prime Contracting（プロジェクトベースで、長期的関係構築。（Best for whole life cycle value）インテグレテッド・プロキュアメント・ルートが重要 Hyder（Water Authorityについて）：FFG契約（Risk register（不確定要素）をもとにペイン/ゲイン・シアー（％）を決める。Target Costにこれを含む。 Arup（PPC2000）：MaximumPrice（ギャランティない）、ペイン/ゲイン・シェアー	①MTRC：Target Cost契約）、信用協定としてのペイン/ゲイン・シェアー・アグリーメント締結 ②Lippord Company（ファシリテーター）MTRC Target Cost ③HK政庁（Highways Dept）：パートナリング一部導入済み。 なお香港では通常はBQ精算契約が主流。	・（注）左の調達契約方式はそれぞれの情報聴取先についてのものであり、各国で実施されているパートナリング関連の契約の全体像を示すものでは必ずしもない。

2. 各国のパートナリング実施例

本章では各国（米、豪、香港）のパートナリング/アライアンス実施例を紹介する。それぞれ異なる工種、環境の下でいかにしてパートナリング手法を活性的に運用して好成果を達成したかを理解できる。読者諸兄の参考になるものと確信する次第である。

2-1 米国パートナリング事例
2-1-1 アリゾナ州運輸局

アリゾナ州運輸局（Arizona Department of Transportation、以下ADOTと記す）は1991年にパートナリングを導入以来、その運用を積極的に推進しており、かなりの実績を収めている。図5-1に見られるように、パートナリングを開始してから10年間ほどで、訴訟件数がゼロとなった。ちなみに、2001年のマービン・ブラック（Marvin M. Black）賞は9プロジェクトに授与されたが、そのうち4プロジェクトはADOTのものであった。ADOTは、今回の訪問先の中でも特に体系的な取り組みを実施していたので、パートナリング適用事例として以下に紹介する。なお、ADOTではパートナーシップをパ

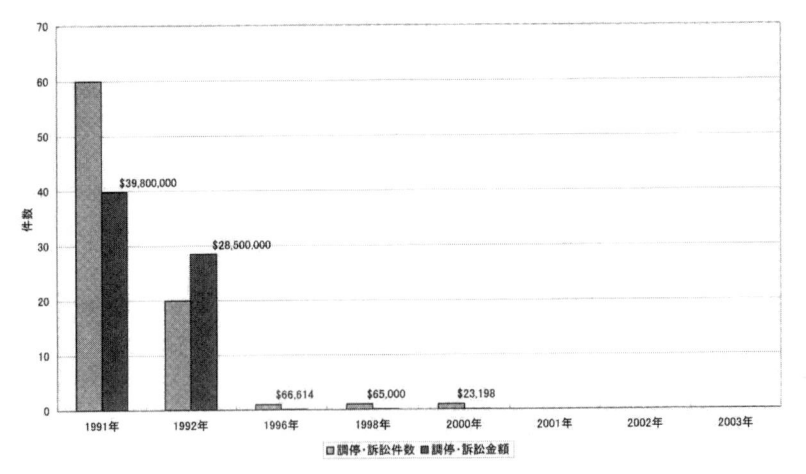

図5-1　ADOT：建設調停・訴訟の解析

ートナリングと同意語として使っているので、本文では両方が使われる。

　ADOTは、パートナリングを次のように定義している。すなわち、パートナリングは合意と生産的なビジネス関係を通して重要な成果を達成するための協力的なチームワークのプロセスである。このように定義されたパートナ

サポートサービス
- チームビルデイングと調停
- スケジューリング・ワークショップ
- 上位レベルへの移行課題のフォロー
- プロジェクト評価(PEP)
- 調査-パートナリングの現状
- パートナリング諮問委員会
- パートナリング・核グループ
- ファシリテーター・ネットワーク及び指導
- 連絡周知・ウェブサイト
- パートナリング・プロセス:改善とフィードバック

パートナリング・ワークショップ
- 施工・設計
- 企業
- 機関内部
- 機関間

- 各プロジェクトに合せたワークショップ
- 各プロジェクトに合せた打合せ

教育
- パートナリングへの導入
- パートナリング環境における指導
- パートナリング・ワークショップの実施
- 現場においてパートナリングを機能させる方法
- 問題解決に関する指導者用ガイド
- ADOTの提供する他のコース

パートナリング・プログラム

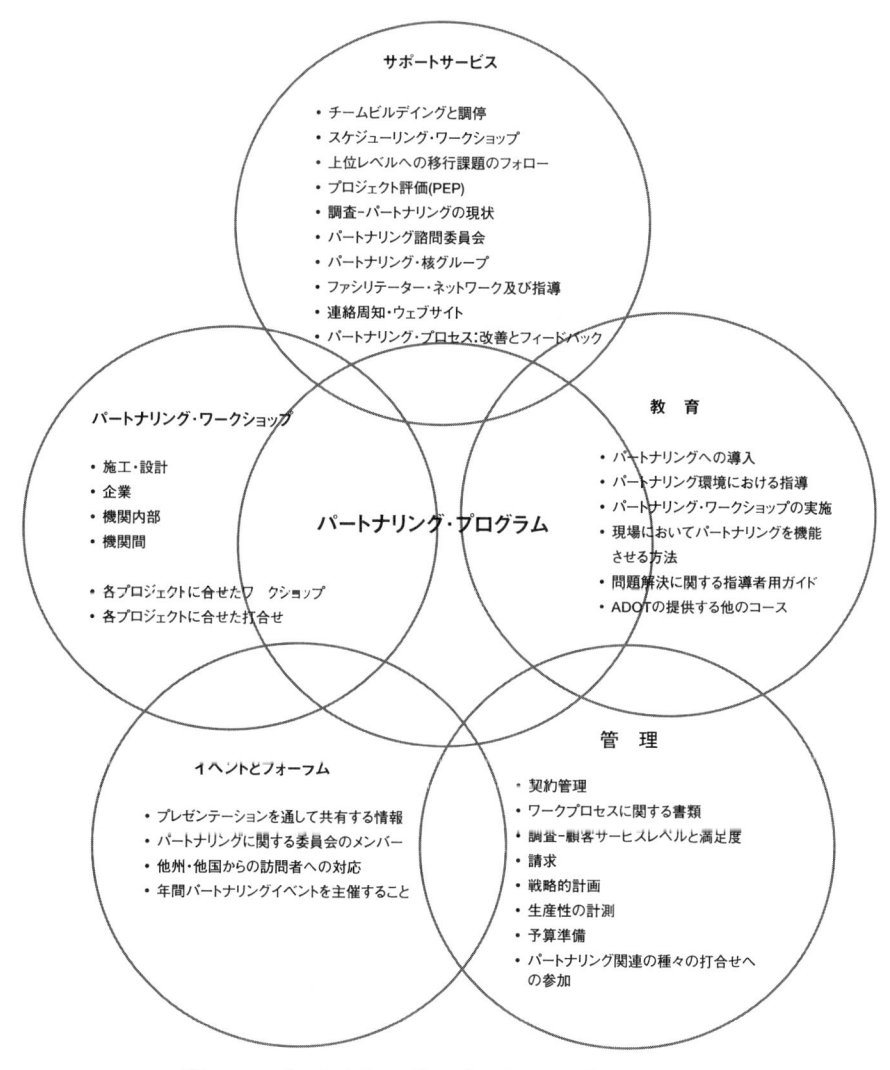

イベントとフォーラム
- プレゼンテーションを通して共有する情報
- パートナリングに関する委員会のメンバー
- 他州・他国からの訪問者への対応
- 年間パートナリングイベントを主催すること

管　理
- 契約管理
- ワークプロセスに関する書類
- 調査-顧客サービスレベルと満足度
- 請求
- 戦略的計画
- 生産性の計測
- 予算準備
- パートナリング関連の種々の打合せへの参加

図5-2　パートナリング・プログラム統合システム

リングの活動を内外部に広めるために、統合システムを運用するプログラムを構築している。このプログラムは、教育、運営管理、イベント・フォーラム、サポートサービス、パートナリング・ワークショップの5つの要素から構成されている。(図5-2参照) なお、この章で用いられる「パートナーシップ」という言葉は「パートナリング」と同義である。すなわち、ADOTでは「パートナーシップは、プロジェクト、プログラム、製品あるいはサービスに関わる共同作業・努力」と定義している。

また、ADOTは「パートナーシップ」を3タイプに分類することで、各々の重要性に対して一層認識を深めている。これらのタイプは、プロジェクト・パートナリング、パブリック・パートナリング及びインターナル・パートナリングの3つである。プロジェクト・パートナリングは、例えば、売買契約に拘束されるADOTと建設業者との間のパートナーシップに関するもので、速やかな問題解決を図り、紛争を減らすことで予算内かつ工期内のプロジェクト完了を目指すものである。パブリック・パートナリングは、各州運輸局、その他州政府機関、連邦政府機関等の間のパートナーシップに係わるもので、複数州間のパートナーシップの調整、新規予算の調整等に機能する。インターナル・パートナリングは同一組織内におけるもので、パートナリング・プログラムを対外的に進めていく上で、まずこれを確立することが必要とされる。

ADOTが進めるパートナリングは、英国のそれと異なるばかりでなく、米国の他の推進団体（例えば、陸軍工兵隊等）のものとも異なる方法論が展開されているようである。次に、ADOTのパートナリングを主要項目別に見ていくことでその特色を明らかにしていく。

2-1-1-1 パートナリングの原則

パートナリングには多くのステークホルダー（stake-holder、利害関係者）が関与しているが、全てのステークホルダーの成功に関する個々の定義は平等に考慮され、等しく取扱われなければならない。この原則を達成するために、メンバー全員がオープンかつ誠実にインフォメーションを共有し、共通

の目標に向かって一緒に協力していく必要がある。関係者間で合意した内容を遵守し、確実なプロセスを設定して問題をできる限り回避し、これらの問題がパートナーシップあるいはプロジェクトにダメージを与える前に解決するように図る。また、目標に向けてのパートナーシップの進捗を評価し、フィードバックを活用して必要な変更を実施していく。

2-1-1-2　パートナリングにおける役割
(1) チャンピオン（実施者）
- パートナーシップの異なる主要ステークホルダーから選定されたフルタイムのメンバー。
- パートナーシップ・チャンピオンはパートナーシップを絶えず監視し、必要に応じて軌道修正する。
- パートナーシップ活動には積極的だが、ワークショップに欠席したメンバーと、パートナリングの概念、問題解決レベル、主要パートナーシップチームリーダーの関与等について討議する。
- ワークショップに出席しなかったメンバーに、忘れずにチャーターに署名させる。
- パートナリング評価レポートが配布・回収されることを確認する。
- パートナリング評価レポートのデータを軌道修正に活用する。
- ワークショップミーテイングレポートの関係者（サブコン、サプライアーを含む）への配布。
- 全てのチームメンバーがパートナリングの原則を実践するように配慮する。

(2) 上級リーダー（マネジメントの役割）
- パートナーシップを誘導する組織とプロセスを管理する責任を負う。
- パートナリングの原則を作成し、その合意内容を適用する責任を負う。
- パートナリング・チームの認識、支援・指導の機会を与えるために、パートナリング評価プログラムのマネジメント・レポートを用いる。

(3) パートナリング・オフィスの役割

- パートナリングプログラムの活用推進。
- ファシリテーターのパフォーマンス基準を設定し、そのフィードバック実施。
- 顧客及びステークホルダー間の関係強化。
- パートナリングの努力に対して責任あるリーダーシップを発揮する。
- パートナリング教育と訓練の推進。
- パートナリング関係とパートナリング・プログラムの健全性の計測。
- 顧客のフィードバックに基づく変更。

2-1-1-3　パートナリング教育

　1990年代後半、ADOTは受講者の協力を得てパートナリング・クラスを企画・指導した。2000年代にはパートナリングの原則を広く展開する機会を獲得し始めているが、特に2000年代前半の焦点はアリゾナ全州におけるビジネスとしてのパートナリングを支援するための教育である。

　パートナリング・クラスにおける各課題の目標は以下の通りである。
(1) パートナリングへの導入
- パートナリングの背景、目的、原則及びプロセスを理解することができる。
- パートナリングの役割と利点を列挙することができる。
- パートナリング評価プログラムの要素を認識することができる。
- パートナリング技術準備チェックリストを完成し、パートナリングへの参加を促す手段リストを受領することができる。
- パートナリング・オフィスの役割を理解することができる。
- 個人的なパートナリング・アクション計画を完成することができる。

(2) パートナリング・ワークショップの運営
- パートナリング・ワークショップを計画することができる。
- パートナリング・ワークショップの構成要素をリストすることができる。
- 少なくともワークショップの3部分を実施することができる。
- パートナリング・ワークショップを組織し、管理することができる。

- パートナリング・ワークショップを運営することができる。
(3) 決議を出すための指導者用ガイド
  - 問題の確定、解決とアクションプランに対する先に教育されたリーダーシップ・アプローチの構成要素、すなわち、基礎的なガイドライン、行動及び態度等を理解することができる。
  - アクション・プランとフォローアップを含めるために、問題を確定して解決するプロセスをクラスメンバーと一緒にレビュー・実践することができる。
  - チーム・ファシリテーションと問題解決技術に関するフィードバックを提供すると共に受け取る。
  - チームメンバーと一緒に問題解決プロセスを用いるための個人的な行動計画を作成できる。
(4) パートナリングを現場実務にうまく活用できるように
  - パートナリングの原理と基礎を理解することができる。
  - チームメンバーの役割と責任を確認することができる。
  - 問題の確定、解決とアクションプランに対する先に教育されたリーダーシップ・アプローチの構成要素を理解することができる。
  - アクション・プランとフォローアップを含めるために、問題を確定して解決するプロセスをクラスメンバーと一緒にレビュー・実践することができる。
  - チームメンバーと一緒に問題解決プロセスを用いるための行動計画を作成できる。
  - パートナリング評価プログラムのプロセス・フォームを使うことができる。
  - パートナリング評価プログラムで作成されたデータをどのように使うか計画することができる。
(5) パートナーシップを構築する指導的なチーム
  - パートナーシップを構築する上でのリーダーの役割が何であるかを知ることができる。

- ステークホルダーを確定し、参加させる方法を含む効果的なリーダーの戦略を列挙することができる。
- リーダーの技術が何かを知ることができる。
- 積極的なチーム・リーダーとしてチーム設立に参画し、グループ演習とケーススタデイを完了する上で効果的なコミュニケーション技術を適用する。
- プロセス改良モデルを使う理由を述べると共に、改良と意識高揚の機会を確定する基礎的なステップを表現する。
- 品質用ツール（フローチャート、原因・結果ダイアグラム、パレート図を含む）をケース・シナリオに適用する。
- 問題解決ツールを参加者が作成した組織固有問題に適用する。
- パートナリング評価プログラムをチーム構築手段として認識する。

2-1-1-4　ワークショップ（プラニング・実施・フィードバック）

　ワークショップを成功させるためには、適切な計画と準備が必要である。プロジェクトの複雑さとパートナリングの経験という要素によって異なるが、計画には時間がかかり、時には数週間を必要とする。パートナリング・オフィス、パートナーシップ・リーダー、ファシリテーターの3者が、この段階で重要な役割を果たす。

(1) ワークショップ計画段階におけるファシリテーターの役割
- 背景的なインフォメーション（例えば、プロジェクトの歴史、仕事の数等）の収集。
- パートナーシップ・リーダーと話す。
- パートナリング・リーダーの要望に基き、追加のパートナーと接触する。
- 要望があれば、パートナーシップ・リーダーと共にパートナーシップのミーテイングやプロジェクトを訪問する。
- 何が大きな問題（関係と技術）かを特定する。
- 種々の認定されたワークショップモデルを用いて、パートナーシップ・メンバーからのインプットによりワークショップを形成する。

- チームの関係に焦点をあてて問題解決・分析手段を改善する。
- ロジステイクスを確認する。

(2) パートナーシップ資金
- パートナーシップを構築するための資金を確保しなくてはならない。ワークショップの前段階の計画（ファシリテーターとの打ち合わせ）、ワークショップ（ファシリテーターと施設）、及びフォローアップ・アクテイビテイ（報告書の作成・配布を含む）に関連した費用がある。パートナーは共同してこのコストを分担する。

(3) 計画前段階
ワークショップの前段階計画時の打ち合わせを行い、以下の事項に合意する。
- 重要事項とパートナーシップ・チャレンジ。
- チャーターのドラフト（例えば、ミッション・ステートメント）。
- 誰がワークショップに参加すべきか（例えば、エージェンシーの代表、コントラクター、サプライアー、デザイナー、公益事業体、公営・民営企業、及びその他ステークホルダー）。
- 何が主要パートナーシップ・リーダーの役割かを確定する。
- ワークショップ・タイプ、期日、期間、場所等。
- ファシリテーター（まだ任命されていなくて、ワークショップ前段階の打ち合わせに出席する場合）。
- ワークショップ議事次第。
- 打ち合わせに参加できないパートナー及びパートナリング活動未経験のパートナーと一緒に活動する方法。
- 資金源。
- 命令・指揮系統について。
- パートナーシップを構築するための全体計画について。
- ワークショップの責任を分担する方法。

2-1-1-5　パートナーシップモデル

　独特な要素に基いたパートナーシップを、個別のケースに合わせながら構築する数多くの方法がある。種々の目標、ステークホルダー・グループの数、多様性の程度、問題の数、期間の長さ、資金及び政治的な関与の程度等を含むパートナーシップの複雑さについては、各状況に対する最適モデルを決定する時に検討されることとなる。

(1) 最小限複雑モデル

　パートナーシップを構築する主要素の複雑さが最小限である。

- 単純な計画：2～3名のパートナーシップ・リーダーがファシリテーター、招待者、期間及び主要課題に合意する。
- 全関係者に対して、2～4時間程度のワークショップを実施し、基礎的なパートナリング要素をカバーする。
- 最終フィードバックと評価。

(2) 中庸複雑モデル

　パートナーシップを構築する主要素の複雑さが中庸である。

- ワークショップの前段階の活動を調和（開発に対しては、スコープの確認と契約交渉を含む）。
- 1日のワークショップ（いくつかのパートナーシップにとってはキックオフと考えられる）。
- 新規パートナーに最新情報を与えたり、異なるステークホルダー・グループに集中フォーラムを与えるための分科会打ち合わせを開催。
- 毎週の打ち合わせ。
- 定期的な確認、評価及びフィードバックに基いたプロセス改善活動。
- 最終のパートナーシップ打ち合わせ（終了ワークショップ、習得した教訓及び必要な引継ぎ等を含む）。

(3) 最大複雑モデル

　パートナーシップを構築する主要素が非常に複雑である。

- ファシリテーターを予定した後、主要パートナーシップ・リーダーを含

むワークショップの前段階の連続した計画打ち合わせ。
- 複数のリーダーシップとステークホルダー・グループの種々の要求に対応するべく一連のパートナリングワークショップを開催する。
- コアチーム以外のステークホルダー打ち合わせに先立つコアチームの打ち合わせ（2～4時間で、正式なファシリテーターがファシリテートする）。
- コアチームとエグゼクテイブチームの打ち合わせ（2～4時間程度で、コアチームあるいは正式なファシリテーターがファシリテートする）。
- エグゼクテイブ、コア及びフィールドチームの打ち合わせ（4時間程度で、正式にファシリテートする）。
- ステークホルダー・ワークショップ（グループに適応した時間で、正式にファシリテートする）。
- 継続したパートナーシップ・サポートを展開する。
- コアチームの週間打ち合わせ（月1回の週間打ち合わせにおける評価とフィードバックに基づくアクションプランを討議し、展開する）。
- 四半期ごとのコアチーム、エグゼクテイブチームの打ち合わせ（4～6時間程度で、正式なファシリテーターが参加する）。
- パートナーの定期的なチェックインと評価の実施。
- 終了ワークショップの開催。

2-1-1-6　ワークショップにおいて

　ワークショップの目的は、パートナーシップ・メンバーが集い、良好かつ密接な関係を構築し、チームワークの基礎を築き、将来の仕事の準備をする機会を提供する。ワークショップの参加者には、パートナリングの目標を上手く完成させることを主眼とする各グループの代表が含まれるべきである。

(1) 参加者の実施項目
- パートナーシップを展開する。
- パートナリングの原則を概観するプリントを受け取る。
- パートナーシップ・チャーターを記載する。

- 問題解決プロセスの要素をレビューし、これを完成する。
- チームとパートナーシップを測定できる評価プロセスを理解する。
- 継続的にパートナーシップを構築し、パートナーシップの目標への進捗を計測し、評価するフォローアップ戦術を計画する。

(2) パートナリング・ワークショップのガイドライン
- あらゆる考え方が討議され、考慮されるようにする。
- 各自の立場の表現方法に責任をもつ。
- 理解を促し、守りの姿勢を少なくするような形で意見交換する。
- 全員にとって最善の結果を生むような形で参加する。

(3) パートナリング・ワークショップの構成要素
- パートナリングの原則（概観、目的及び利益）。
- チャーター（共有されたミッション、目標及びガイドラインに関する記述されたコミットメント）。
- 問題解決のプロセス（ステップ、レベル、組織及びプロセス）。
- 評価プロセス（評価、目的、目標、役割、ステップ及び頻度）。
- アクション・プラン（何をいつまでに誰が完了する必要があるかを特定する）。
- フォローアップに関する合意（パートナーシップを順調に進めて、目標達成の手段）。

2-1-1-7 パートナリング・チャーター

パートナリング・チャーターは、全プロジェクトチーム・メンバーにとっての共通のミッション、目標、ガイドライン及び主要な合意事項を明記し、主要なチームメンバーの署名を記録したものである。（図5-3を参照）

2-1-1-8 パートナーシップの目標

パートナーシップの目標は、①品質、②コミュニケーション、③問題解決、④チームワークと関係、⑤スケジュール、⑥プロジェクトの遂行、⑦予算等である。チームメンバーはこれらの目標をブレークダウンすることで、これ

PARTNERING AGREEMENT
Joshua Tree Parkway

Mission: The challenge of the Joshua Tree Parkway project team is to complete this job safely, within budget, and on schedule. We commit ourselves to building a successful Partnering relationship, strengthened by honest, straightforward communication and fair dealings in every action. We set forth the following goals and objectives:

1. **QUALITY**
   - Smooth ride — target for a smoothness measure of 22.
   - Maximize bonus on material quality and compaction.
   - Build a finished product that lasts (minimum maintenance needed over time).

2. **COMMUNICATION**
   - Good public relations — minimize inconvenience to traveling public.
   - Good coordination with other SR93 corridor projects.
   - Timely responses to all communication needs.
   - Good coordination between the field and support groups.

3. **ISSUE RESOLUTION**
   - Timely resolution.
   - No unresolved issues.
   - Involve the right parties at the right time — keep them involved regarding decisions.
   - Resolve at the lowest level possible.

4. **TEAM WORK & RELATIONSHIPS**
   - Have fun!
   - Develop friendships
   - Create a relationship where we look forward to working together again.
   - Build trust, and continue building it over time.
   - Deal fairly with one another.

5. **SCHEDULE**
   - Beat schedule
     — Commence road work in early January.
     — Begin paving the ACFC by March 15.
   - Develop realistic work schedules and stick to them.
   - Accommodate Gold Rush Days activities (Feb. 12-14).

6. **SAFETY**
   - Incident free.
   - Recognize that safety is everyone's responsibility.
   - Maintain effective signing.
   - Develop an emergency plan; maintain emergency access.
   - Keep delays under 15 minutes.
   - Minimize drop-offs at end of each day's paving.

図5-3　パートナリング・チャーター（サンプル）

らの目標が彼らの独自のパートナーシップに対してどのような意味を持つかを明確にする。もし必要ならば、最大5項目まで目標を追加するように奨励している。

2-1-1-9　問題解決プロセス（イシュウ・レゾリューション・プロセス）

問題解決プロセスは、問題の特定及びその解決、アクション・プランの作成及びフォローアップに関する合意からなる。

担当レベルと規則を特定することは、パートナーシップに対する問題の影響度により、各問題を解決する現実的な作業時間を決める手助けとなる。どのレベルで問題が解決されようが、主要なパートナーシップ・メンバーは結果を明確にし、他の全てのチームメンバーに伝達する。問題解決回覧フォームは、問題の状況を伝え、パートナーにフィードバック事項を提供する大切な道具である。

(1)　ルール
- 全てのパーテイーが問題を明確に認知する必要がある。全問題解決プロセスを通して当初の問題に関する認識を維持し、関連する事実を取り扱い、技術的事項を政治的・ビジネス的なものから切離して扱う。
- いったん問題が定義されたら、何が問題かを記録して、1つ上のレベルが考察できる現況レビューを提供し、どのレベルでも適用できるフォームを活用する。
- どのパーテイーでも、問題解決のレベルを上げることができるが、関係者はそれを認知し、署名する必要がある。いったんレベル移行が開始されたら、あるレベルから次のレベルへの移行に関係した人々は最終決定までその問題を伝えていくことに協力しなくてはならない。
- いったん問題が処理に付されたら、問題に最も近いオペレーション・レベルで解決されるべきである。
- 決定を下した人は、その決定に関するインフォメーションが全ての関係するパーテイーに書面で伝達されていることを確認する。このインフォメーションには、決定に関する論理的な説明（例えば、ポリテイカルに

対する、あるいはビジネス的なものに対する技術的なもの）も含む
- 種々の問題は、パートナリング・ワークショップで策定された問題解決プロセスに従って解決されなくてはならない。問題解決プロセスにおいて、レベル間を行ったり来たりするようなことがあるべきではない。
- 各個人は、自分の専門知識の範囲で満足できる決定をしなくてはならない。誰もパートナーシップを失敗させる権利はない。求められた決定を下すことが無理と思うなら、上のレベルに任せる。

(2) ガイドライン

以下のガイドラインは、パートナーシップ・チームの全員が日常業務において問題解決技術を使うことを奨励する。

- 現在携わるパートナーシップを熟知し、話題に上がらない関係者間の軋轢に留意する。
- 問題を特定し、率直かつ公正にそれを定義する。こうすることで、パートナーシップ・チームが問題を解決し、それから学ぶことができる。問題解決は、良いビジネス慣習の本質的かつ貴重な部分である。
- 問題は、パートナーシップ・リーダーレベル（建設におけるレジデント・エンジニアレベル）で十分に定義される必要がある。
- パーティー間の共通部分と相違部分を見ること。連帯感を見つけられれば、否定的なエネルギーは少なくなる。相違点を挙げることで、相違点を解決することができる。
- まず可能な解決策をブレーンストーミングし、そのなかから最適なオプションを選択するということにより問題解決する。
- 全ての影響を受けるパーティーは、問題解決に関するあらゆる重要なディスカッションに参加すべきである。
- 相手の考えをより良く理解するために、その人の視点から問題を見る。
- 問題に焦点を合わせ、事実を取り扱い、個人的な争いは避ける。これは人の気持ちを試すものでも、点付け練習でもない。人の批判は避けること。こうすることで、肯定的な関係を維持することができる。
- 交渉は公正にすること。各パーティーが穏やかに合意できる中間点を見

つけ、全てのパーテイーが面子を保てる立場を受け入れるようにする。『他の人のためにしたことを思い出すこと。』公正に対応することができない場合には、意見の不一致を認めてエスカレートすることに合意する。

- 議論が過熱してきた場合でも、冷静さを保つ。
- 経験のより豊富なスタッフからアドバイスを求める。このことはプロセスの重要な部分であり、強く奨められる。(これはエスカレーションではなく、問題解決の過程にある)
- 各週間打ち合わせにおいて問題を見つけ、個人的なインプットを求める。パートナリング評価プログラムにある図、グラフ、コメントをレビューする。パートナリング評価プログラム報告書は、少なくとも月1回はレビューされるべきである。
- 技術的な問題が解決されると同時に、財務的な影響度に関して合意されることを確認する。
- 問題に対応するレベルを上げる場合には、パートナリング・ワークショップにおいてコミットされた時間的な誓約を大切にする。
- 時間的な誓約においては、問題がパートナーシップに与える影響度が考慮されなくてはならない。そして緊急度を反映した時間枠に合意し、時間的な誓約をガイドラインとして使う。時間を無駄に費やすような、あるいは公共の安全性に影響を及ぼすような、または金銭的な影響を及ぼすような問題に対しては、早急に対応しなくてはならない。
- 時間的な誓約は発生した問題に応じて修正され、主要メンバーの間で合意される。
- 「知らない」と言うことは許容され、学ぶための良い機会と見なされるべきと知る。
- 他のチームメンバーのさまざまな権限レベルを明確に理解し、対話を続ける。

2-1-1-10 アクションプランとフォローアップ

(1) アクション・プラン

パートナリング・チームは、問題、問題を取り扱うアクション、責任者、予定表及び現況を含むアクション・プランを作成する。
(2) 打ち合わせフォーマットのガイドライン
　このコミュニケーション手段は、打ち合わせ前・中・後に合意されたアクテイビテイを特定するために使われる。
(3) 打ち合わせガイドライン
・打ち合わせはパートナーシップを構築する延長線上にある。
・前もって作成された議事次第を使う。
・将来の問題を議事次第項目として前もって通知する。
・議事録・ノート、特に打ち合わせで決定した事項でチームへの割り当てが明確になっているものを、さらにアクションを必要とする事項についてフォローアップする手段として用いる。
・全ての主要なパートナーに、彼らの参加が必要な時にはその旨知らせる。
・パートナーシップの有効性と皆が一緒に活動することに焦点を合わせた打ち合わせ議事項目の1つとして、公式なあるいは非公式な評価方法によりパートナリング評価を行う。

2-1-1-11　ワークショップ・フィードバック

　ファシリテーターばかりでなく、参加者からのフィードバックはパートナーシップの成功とその独特な要求を理解する上で重要である。
　ファシリテーターは以下の質問に答えるようなフィードバックを記述し、提供する。
・組織の代表者から、どのような協力・インプットを得られたか？
・他のパートナーシップリーダーからは、どのような協力・インプットを得られたか？
・組織の代表者はパートナーシップとそのスコープについてどのくらい良く知っているのか？
・ワークショップにおける組織の代表者の態度はどうか？
・ワークショップにおける他のパートナーシップリーダーの態度はどう

か？
- ワークショップの施設についてはどうか？
- ワークショップについてはどうか？

2-1-1-12 パートナリング・エバリュエーションとパフォーマンス

　目標とフィードバックに関するチーム評価は、パートナリング・エバリュエーション・プログラム（PEP）を展開することで定型化している。チームメンバーは、チームにとって関心のある分野を改善したり、彼らが継承する分野を認知したりするためにアクションを取るべくフィードバックを実施する。

(1) パートナリング・エバリュエーション・プログラム（Partnering Evaluation Program：PEP）

　PEPの利点は以下の通りである。
- あらゆるパートナーシップ・チームメンバーは、彼らの関係と課題に気付く機会を得る。
- ステークホルダー間のコミュニケーションは、定期的及びタイムリーなフィードバックを奨励する。
- タイムリーかつ定期的なフィードバックは、パートナーシップ・チームメンバーが可能な限り早く、しかもオペレーションレベルに最も近いレベルで種々の問題を解決する機会を増やす。
- 自動化プログラムは正確に計算し、グラフ・チャートを作成する。
- グラフ及びチャートは良いコミュニケーション手段であり、視覚的な助けとなる。
- 使いやすい。

(2) サンプルPEP評価フォーム（図3-3〜3-4、p170〜171参照）

　PEP評価フォームのサンプル記入用紙を示す。標準目標5項目の他に、5つのオプション評価目標を記入できる。このフォームには、評価基準、評価点、2次目標、コメント及び評価点に基いて「アクションを取る」「中立な立場にいる」あるいは「認知する」等を示すボックスがある。

　このPEP評価フォームは、あるパートナリングチームによって完成された1

例である。2次目標に合意することで、PEP目標を各プロジェクトに合うように作成している。各パートナーシップは、目標が自分達にとって特別にどのような意味を持つかを明確にする。

　コメントはチームにとって貴重なインフォメーションとなる。コメントを調べて、問題に対して矯正的なアクションが取られた、あるいは取られるということと、肯定的なパフォーマンスは認められているということを確かめること。コメントの提出者が分かっていたら、フォローアップして追加のインフォメーションを入手して、矯正的なアクションが問題を解決したかどうかを確かめる。

(3) PEPチャート（図3-5～16、172～177頁参照）

　PEPチャートは、PEP評価フォームからのデータを見る一例である。PEPデータから作られたグラフは、ある期間におけるステークホルダーあるいは全体としてのパートナーシップごとの参加状況、平均、傾向等に関するインフォメーションを提供する。

　パートナーは、パートナーシップの目標への進捗度を評価する道具としてPEP評価フォームを用いる。パートナーシップメンバーは、週間あるいは月間打ち合わせで、あるいはチーム・ビルディング・セッションの間に、あるいはチーム干渉時とかチェックインの際に、あるいは主要パートナーシップ・マイルストーン時とかパートナーシップ完了時に評価する。パートナーシップ評価の結果、貴重なインフォメーション、パートナーシップが取るべきアクション・タイプに関する洞察及び学習・改善するための経験がもたらされる。

　このPEPチャートのうち、以下に記すものを参考として添付する。

1) ADOT目標1：アリゾナ全体のヒトとモノの動きを改善する
　(a) 目的1：70％以上のプロジェクトで工事開始時ワークショップを開催（図3-5、172頁参照）
2) ADOT目標2：成果とサービスの質、タイミングの良さ、コスト面の有効性を向上する
　(a) 目的3a(1)：90％以上のプロジェクトをPEPプログラムで評価する

（図3-6、172頁参照）
　(b)　目的3a(2)：5標準目標に関して、3.25以上のプロジェクトチームの評価を得る（図3-7、173頁参照）
　(c)　目的3a(3)：ステークホルダーのPEPへの参加を促す（ADOTコンストラクション・プロジェクトチーム・メンバー：45％以上、コントラクター：40％以上、サブコントラクター/サプライヤー：10％以上、その他：5％以上）（図3-8、173頁参照）
　(d)　目的3b(2)：7標準目標に関して、3.05以上の開発プロジェクトチームの評価を得る（図3-9、174頁参照）
　(e)　目的3b(3)：PEPの活用を促す（ADOT開発チームメンバー：60％以上、オペレーション：10％以上、その他：30％以上）（図3-10、174頁参照）
　(f)　目的4：工事完了時のパートナリングワークショップの開催（図3-11、175頁参照）
3)　ADOT目標3：高度な遂行能力をもち、成功する実施部隊を作る
　(a)　目的1a：正式なクラスでいろいろな人々に教育することを促す（図3-12、175頁参照）
　(b)　目的1b：各パートナリング・クラスの評価を4.0以上にする（図3-13、176頁参照）
　(c)　目的2：ワークショップの質とファシリテーターの有効性評価点を3.40以上にする（図3-14、176頁参照）
4)　ADOT目標4：全資源を最大限に活用する
　(a)　目的1a：ファシリテーター、契約コンサルタントの活用を促す（図3-15、177頁参照）
　(b)　目的1b：タイプ別のワークショップの状況（図3-16、177頁参照）
(4)　パフォーマンスに役立つフォローアップ
　パートナーシップを成功に導くためには、新しいパートナーを歓迎し、常に現状を認識させる方法、パートナーシップの主要なフェーズで案件を討議する方法、パートナーシップの各マイルストーンで評価と報奨を与える方法、

必要に応じて再度集中して軌道に戻す方法等を計画し、実践する必要がある。フォローアップを提供する種々の方法がある。

- 補習ワークショップ：このワークショップは長期的なワークショップを提供したり、あるいは当初の合意事項をレビューし、要求された変更を行う機会を計画する。
- コーチング・チェックイン・継続：これは、次のような形態をとる。カンファレンス、ワークショップ、最終報告書あるいはパートナリング評価完了報告フォーム、グループマネジャーと共に四半期報告のレビュー、月間報告書のスタッフレビュー等。
- 調停：これは、論争している人々が協調的に問題解決できるように中立的な第三者を活用する内密のプロセスである。典型的には、第三者ファシリテーターは法に拘束され、事実を暴露せずに調停プロセスの手続を完了する。これらは証拠として使われないように保護されている。
- 週間・月間打ち合わせ：これらの打ち合わせの開催は一定しており、ここでは、パートナーシップメンバーがアクション項目に関して前回打ち合わせからの状況をフォローアップしたり、スケジュールを作成したり、パートナーシップに関連した問題を特定して解決したり、次回打ち合わせを計画する。
- 完了ワークショップ：パートナーは、パートナーシップを反映するような発見を収集する（例えば、プロジェクト完了報告）。
- チーム干渉：これは、パートナーシップの抱える現在のチャレンジ項目を特定できるように設定された打ち合わせあるいは講習の形態を取る。
- PEPレビュー：健康的なパートナーシップに対する合意された基準に従ってパートナーシップを計測し、評価する。また、パートナーシップの目標に対する進捗度を評価する。

2-1-1-13　パートナリング実施チェックリスト

パートナリング実施段階を以下のような4段階（実施前、実施初期、完全実施、継続・延長）に分け、各段階で確認の必要な項目をチェックリストとし

て用意している。
(1) パートナリング実施前段階
  ・我々の風土にパートナリングが必要か、あるいは適しているかを評価したか？
  ・パートナリング・プログラムを支持し管理していく主導的な役割を誰が担うのか？
  ・要求を調べたか、あるいは基準としたか？　顧客の考えを入れたか？
  ・組織、部署あるいはワークユニットで正式に実施しているパートナリングについて、上級リーダーあるいはパートナーシップ・グループの代表者から合意があったか？
  ・財務上の要求及び他の資源に関する要求を特定したか？
  ・成果に興味を持ち、投資した人々を巻き込んだか？
  ・パートナリングを実施する目的を確認したか？
  ・パートナリングの成功を測定する方法を確認したか？
  ・次のような要素を含む公式な実施計画を作成したか？　要素としては、資金調達、プログラム・マネジメント、測定手段、教育、パートナリング/ファシリテーター・サービス、全てのパートナーからのフィードバックと関与、成功を賞賛すること、進捗プロセスの改善等。
  ・実施計画に関して、実施を成功に導くために必要な人々からの合意があるか？
(2) パートナリング実施初期段階
  ・パートナリングと技術に関する教育は優先的に取扱われ、全ての興味を持つパートナーに与えられているか？
  ・パートナリング・サービスは宣伝され、早期の成功を目指しているか？
  ・資金源及び他の資源は明確にされ、手に入るか？
  ・統合的なパートナリング・システムの主要構成要素（教育、ワークショップ、イベント、打ち合わせ、ファシリテーター、フォーカスグループ等）を伝達するために求められる権限を生み出しているか？
  ・統合的なパートナリング・システムの主要構成要素（教育、ワークショ

ップ、イベント、ファシリテーター、フォーカス・グループ等）を伝達しているか？
- パートナリング・プロセスとその方針を展開し、管理しているか？
- フィードバックを収集し、それに対応し始めているか？
- 成功のための計測手段の追跡調査をし、その計測手段を通して得られるフィードバックに対応しているか？

(3) パートナリング完全実施段階
- 資金は、パートナーシップ・リーダー間で共有されているか？
- プログラムが拡大するにつれて、資金が増加しているか？
- パートナリングは組織、部署あるいはワークユニットのあらゆる部分に拡大しているか？
- パートナーは、日常業務の中にパートナリングの行動及び原理を実践しているか？
- 計測報告書を作成し、傾向/テーマを明確にしているか？
- 調査、意見交換カード、標準計測手段、デイスカッション等を通して、絶えずフィードバックを収集し、そのフィードバックに対応しているか？
- 測定結果とフィードバックに従い、プロセスを改善しているか？

(4) 継続・延長履行段階
- プロセスと測定手段を毎年見直し、必要に応じて変更しているか？
- 拡大したパートナリングの機会を特定したか？　すなわち、ベンダー、組織内の他の部署、他の組織等。
- 次のような要素を含む拡大のための公式な計画を作成したか？　その要素は、資金、計測手段、教育、適正なパートナリング・サービス、フィードバック、全てのパートナーの関与、成功の認識、進捗中プロセスの改善。
- 拡大計画に従ってパートナリング・サービスを行っているか？
- 拡大グループの中に権限を築き上げているか？
- 成功を祝し、成功の足跡を研究しているか？

ADOTは、以上のような手法によってパートナリングの活用を推進し、標準仕様書にもその適用に関する記載があるが、以下のような成果が得られているとの報告があった。また、ADOTの特徴の一つとして、ワークショップは訓練されたパートナリング・ファシリテーター、すなわちパートナリング・セクションとサービス契約したパートナリング・コンサルタントあるいはADOTのスタッフであるパートナリング・ファシリテーターのいずれかによって運営される。これは、全てのパートナーシップがワークショップから始まり、全グループがステークホルダーと有効なパートナーシップ構築することを意図するものである。

1) デザイン/ビルド、コンストラクション・マネジメント・アット・リスクのような新しい発注方式では、パートナリングが良い成果（より良いデザイン、より早い竣工、より低いコストが実現されており、しかも高品質で訴訟なし）を上げている。
2) ここ4〜5年のパートナリングを実施した従来型契約工事とデザイン/ビルドを比較すると、デザイン/ビルドの方が低コストで、工程も短く、さらにADOTのエンジニアリング・コスト、監理コストも低くすることができた。
3) パートナリングは、業界におけるプロとしての意識高揚に役立ち、"ワン・プロジェクト/ワン・チーム"という意識で協働するようになった。

　工期短縮とコスト削減に関するパートナリングの直接的効果としての定量的な数値データはないが、ADOTのあるスタッフによると、平均して工期は8〜10％程度短縮されている

2-1-2　Marvin M. Black パートナリング優秀賞
2-1-2-1　米国におけるパートナリングの実例

　米国におけるパートナリングは契約の一部ではない。米国ではパートナリングは、契約を構成せずあくまでチャーター（憲章）との位置づけである。それゆえ提訴された問題の審査に当たりパートナリング憲章の内容が考慮されることはない。よって通常の手続きはいったん正式契約がなされた後にパ

ートナリングが開始され、契約手続きとは一線がひかれている。ただし入札案内書には、契約後にはパートナリングを行うことを強く望む旨が記されていることが多い[*2]。今回の調査では、パートナリングを行った工事が多いが、パートナリングを行うことを絶対の前提条件として発注する発注機関はなく、単にパートナリングを強く要望するにとどまっている。しかしパートナリングを行った工事例を数多く紹介された。日本の建設業協会に相当する米国のAGC（The Associated General Contractors of America）へのインタビューでも、米国がパートナリングを活発に取り入れている印象を受けた。訴訟社会で有名な米国で契約書の文言に頼るのではなく法の精神とお互いの信義によって問題を解決しようという意気込みが感じられた。AGCの文献にはチーム・ワーク醸成のための様々な工夫が紹介されている。例えばパートナリング活動の一環としてピクニックやバーベキュー大会等を活用して相互信頼を醸成するなど、従来訴訟社会といわれる米国におけるドライなビジネス慣習を超える幅広い活動が実施されており興味深い。

　AGCでは1991年から当時の会長であったMarvin M. Black氏が率先してパートナリングの啓蒙に努めている。そして1993年から優れたパートナリングに対しMarvin M. Blackパートナリング優秀賞が与えられる様になった。毎年50件もの審査申し込みがあり、AGCでの審査の上受賞者が決まっている。

[*2] パートナリング導入について、例えば米陸軍工兵隊の入札図書には次の記述が付されている。重要な点は、この活動があくまでボランタリーなものであること、さらにその費用は関係者間で平等に分担し、契約価格はこれによっていかなる変更もないとしている。

　"In order to most effectively accomplish this contract, the government encourages the formation of a cohesive partnership with the contractor, its subcontractors and suppliers, and the architect/engineer. This partnership would strive to draw on the strengths of each organization in an effort to achieve a quality project done right the first time, within budget and on schedule. This partnership would be mutual in make-up and participation will be totally voluntary. Any cost associated with effectuating this partnership will be agreed to and will be shared equally with no change in contract price."

　今回のヒヤリングでは、多くの工事で契約後にパートナリングが導入された。契約金額確定後にパートナリング導入により追加費用が発生するため、大林組でのヒヤリングでは、これらの費用は設計変更として、発注者から請負者に支払われたとの事例を紹介された。

ここにAGCが出版したPARTNERINGという書籍からMarvin M. Blackパートナリング優秀賞を受賞したいくつかの工事の審査申込みの概要を紹介する。お互いの信頼を築くのに日本で昔から行っている様なこと、昔は行っていたが今は行わない様なこと、たぶん日本では行わない様なことを米国人が行っていることが分かり興味深い。ただしこれらの事例は審査申込書からの抜粋なので、パートナリングの良い面だけを書いているきらいもあるが、原文の英文も一部併せて紹介する。なお誤解を避けるため、付記するが、一見日本的慣習に近い様々な活動は、関係者同士の癒着とは異質である。事態を丸く収めるためにビジネスとは関係ない会合を持つなどということではなく、民間といえども厳格な倫理の一線が引かれている。

2-1-2-2　Marvin M. Blackパートナリング優秀賞の紹介

　Marvin M. Blackパートナリング優秀賞工事の審査申請を読むと安全の成績が良く、クレームは少なく、工期と予算が守れたというものがほとんどである。審査申請書ということを考えれば特段珍しくないが、その他の分野で興味深いものがいくつかあるのでそれを下記に示す。

(1) 安全

　同優秀賞のLACEY V. MURROW付け替え橋工事では、Active Safety Awareness Programを実施された。これにはドラッグテスト、飲酒テスト、強制的な目の保護、自主的な背中のサポート、作業前の5分間準備体操、安全専従員の常駐などが報告されている。

　「安全」は共通ゴールのひとつとして欠くことのできない要件である。安全な作業環境は、保険レーテングを低減せしめ、プロジェクト・コスト縮減に貢献し、全参画者にとって"win-win"の環境を生み出すことができる。往々にして「安全」はコントラクターの問題と理解されがちだが、発注者が「安全」の促進にも注意を払うとき、ゴール達成はより容易になり、またチームの結束に大いに貢献することにもなる。「この問題はあなたの問題だ」とする完全に分離された責任分担制への依存は一見合理的だが、チームとしての「シナジー」を生み出すことにはならないのである。

(2) 問題解決の手順

　パートナリングは対立的関係に起因する紛争の未然予防をその最大のテーマとしている。紛争の種をいかに早期に摘むことができるかという難題を解くために、パートナリングでは「あらかじめ合意された問題解決の手順」を定め、生起した問題やリスクに対し関係者の叡智を集め、すばやく解決に持ち込む「コンフリクト・マネージメント」の手法を組み込んでいる。これは「イシュー・レゾリューション・ラダー」（Issue Resolution Ladders, IRL）と称され、パートナリングにおける問題解決に最も効果的な手法として定着した。

　同IRLの基本は、積極的に解決されず放置された問題はより大きな紛争の原因となり、従って全ての問題はささいなうちに迅速かつ早期に処理される必要があるというものである。すなわち紛争の種が根を下ろす前にその原因を摘み取るべく「問題解決の階段（ラダー）」を設ける。ラダーの最下段に、問題が発生する最前線にいる担当者をまず位置付け、最下段に位置付けられたそれら担当者間であらかじめ定められた期間内にその問題が解決されない場合には、上の段（マネージャー）に問題を持ち上げる。それぞれの段階で事態の深刻さに応じて解決に携わる当事者とタイムリミットを定め、問題解決のヒエラルキーと手順を明らかにして早期解決を図るという仕組みである。

　HENDERSON取水設備建設工事では、問題解決までのタイムリミットを各レベルごとに以下の様に設定し実施した。

　　第1段階　請負者とHelix Electric社の工長が検討する、1日以内。
　　第2段階　請負者とHelix Electric社のプロジェクトマネージャーが検討する、5日以内。
　　第3段階　請負者とHelix Electric社の工長とプロジェクトマネージャーは、請負者の副社長であるMike Grave氏とHelix Electric社の副社長であるDavid Gajdzik氏の前で問題のプレゼンを行う。両副社長は、10日以内に最終決定を行う。
　　第4段階　技術的評価が必要な問題は、コンサルタントであるMontgomery Watsonに提示され、同社は10日間以内に査定を行う。

パートナリングチーム、つまり、Henderson市、Montgomery Watson、請負者、Helix Electric社の代表は、前述の26日以後、10日以内に未解決問題を解決するために集まることになっている。

　さらにEL RANCHO高速道路インターチェンジ高架橋工事でも、各レベルで、合意までのタイムリミットを設け、タイムリミット内に合意できない場合は上位へ問題を廻した。タイムリミットは次の通りである。フォアマン－インスペクターは2時間、スーパーインテンデント－プロジェクトエンジニアは1日、プロマネ－レジデントエンジニアは2日、その上位管理職は5日間である。

(3) パートナリングの評価方法

　パートナリングは定時定点で、パートナリング・プロセスの評価を行う。評価は特別に選任された「評価者」が独自に行うのではなく、プロジェクト参画者全員によって実施される。発注者、設計者、ゼネコンの現場マネージャー、サブコンの職長、鉄筋工など、様々な関係者の視点を包含しで行われるプロセス評価は、ファシリテーターによって集計され、さらに分析が加えられる。この過程を通じそれぞれが有している問題や課題が明らかになると共に、これらの問題を「共通認識」とし共同して対策を練るきっかけと強い動機付けが自動的に生み出される。そしてここでの問題発掘討議においては「相手の責任を追及する」ことを全参画者が放棄することが重要とされる。

　HENDERSON取水設備建設工事では、月1回パートナリングが上手く行われているか関係者が査定を行った。査定は0点（最低）から5点までで、評価項目には、「問題が適切なレベルで解決されているか否か」、「承認のための提出物リビューの時間」、「承認のための提出物の失格率5％」等があった。

　EL RANCHO高速道路インターチェンジ高架橋工事では、パートナリングワークショップは受注後、着工前に開始された。チームワークに対する感想は、完工時には5点満点中4．5点に達した。

　LACEY V. MURROW付け替え橋工事では、年4回パートナリングの評価会を開催した。事前に各自が評価シートを記入提出しておき、その集計表に基づき評価会を進めた。これにより、評価会開始時には問題分野が把握できて

いたので解決策の討論にすぐ入れた。毎回議事録を配布した。

BONNEVILLE航海ロック工事では、四半期ごとにパートナリング評価会議を開催した。会議前に数値評価とコメントを記入した評価書をメンバーが作成し、その集計結果を基に評価会議を進めた。役員クラスが最低年2回会い、現場でのパートナリングの結果を評価した。

(4) 動機付けの工夫

パートナリングの動機付けには、様々な試みが実施されている。

HENDERSON取水設備建設工事では、レターヘッド、名刺に「This is a Partnering Project」と刷り込み、パートナリングを紹介するパンフレットを作成している。パートナリングチームから、缶詰食品の地元社会への寄付、学校への理科の教材などの寄付、ピクニックの開催（5回）、ホッケーゲームの開催、ディナークルーズを行ったりもしている。

大規模爆裂/熱シミュレーター工事では、ピクニック、施設内見学ツアー、ゴルフ、スキー、いかだ下りを行ったとある。

EL RANCHO高速道路インターチェンジ高架橋工事においては、プロジェクトサインの掲示、ピクニック、夕食会を開催した。

LACEY V. MURROW付け替え橋工事では、発注者本社の設計スタッフに対して2ヵ月ごとに現場見学会議を設けた。その結果発注者側のスタッフも他のメンバーと個人的に知り合え、決定もより具体的になった。安全な環境を保つことで、現場の志気も高く保てた。各メンバーにはTシャツ、帽子、コート、ベルトのバックル、現場写真が配布された。

BONNEVILLE航海ロック工事では、怪我（injury accident）が1ヵ月間なかった工長には現金のボーナス、1ヵ月間工事全体で事故によるロス・タイムがなかった時は報賞を、工事全体で連続4週間事故がなかった時はピザの昼食を用意した。

CHEVRONテキサス廃水処理場工事では、マイルストーン達成時の昼食会、ピクニック、仕事前のエアロビック体操の機会が与えられた、ベルトバックル、安全帽のステッカーが配布された。

(5) チームの結束を強めるためのアクティビティー

チーム・ビルデングを促進するための活動についても様々な事例が報告されている。

HENDERSON取水設備建設工事においては次の様な無料提供品を配った。パートナリングのロゴ入りのTシャツを全雇用者が数枚ずつ受領した。野球帽、コーヒーカップ、コップ、安全目標達成時のステッカーをヘルメットに毎月貼った。

大規模爆裂/熱シミュレーター工事では、現場が砂漠だったので、半日砂漠サバイバル訓練を実施し、チームワークの大切さを確認した。

EL RANCHO高速道路インターチェンジ高架橋工事では、最初のパートナリング集会は1．5日の予定だったが、初日は夕食の後午後11過ぎまで皆で集まった。1日中働いた後全員で夕食を食べ、その後夜間にデッキコンクリートを打設したこともあった。完工時には皆でピクニックに出かけた。

LACEY V. MURROW付け替え橋工事では、2日間の初回パートナリングセッションを開催した。橋の1スパン（ポンツーン）が設置されるごとに全員がそろいのTシャツを着てバーベキューを行った。

BONNEVILLE航海ロック工事においては、スタッフの合同昼食会、ピクニック、クルージング、2年目の夏ある土曜日に仕事を止め職員の家族達が自由に現場を見て回れる様にしホットドッグや飲み物を用意した。

CHEVRONテキサス廃水処理場工事では、プロジェクトファシリテーターの採用、プロジェクトファシリテーターによる現場での指導及び問題解決、態度/信用度の調査、現場の外での2日間ワークショップに55人参加した。

(6) 全体品質の確保

大規模爆裂/熱シミュレーター工事では、新たなオペレーションの開始前に全ての関係者で構成されたタスクフォースが仕様書などの実施の可能性を検討した。例えば疎密波消波設備（RWE）は高さ21m、重量420トンのルーバーで1秒以下で開閉することが求められたが、設計施工段階を通じ20以上の変更改善、50以上の問題解決を通じて実現した。

BONNEVILLE航海ロック工事では、2週ごとにプロマネと現場常駐エンジニアが一緒に現場中を歩き、一番品質の良い作業箇所を選びそこに品質優秀

旗を2週間掲げた。

CHEVRONテキサス廃水処理場工事では、手直し工事は通常man-hour換算で5％〜10％あるが、当プロジェクトでは2％を達成した。

(7) 利害関係者間の関係

大規模爆裂/熱シミュレーター工事では、工事期間中の朝夕関係者達が一緒にランニングを行った。

一般的に設計会社と施工業者の関係は良くないが、EL RANCHO高速道路インターチェンジ高架橋では、このプロジェクトの設計会社と施工業者は以前他の工事では意見が合わなかったが、当プロジェクトでは協力的だった。

さらにLACEY V. MURROW付け替え橋では、2,400枚の図面と施工技術の改良セクションを設けた結果、75,000個の埋め込みインサートがあったが手直し工事はわずかだった。

(8) パートナリング実施時に生まれた新しい発想

パートナリングはチーム・ビルデングによる「協業」を促進するが、この過程で様々なイノベイテブな試みが実施され実を結ぶ例がいくつも報告されており、こういった革新性、創造性あふれるビジネス環境醸成の背景にはパートナリングが促進する「プロブレム・ソリューション型チーム・ワーク」の機能がある。

BONNEVILLE航海ロック工事においては、当初コンクリート打設のリフト図面は700枚近く必要と予想され、それには305man-weekかかると考えれらた。発注者は、契約図面の電子データをテープで請負者に渡し、請負者はこれを自分のCADに取り込んだ結果、リフト図面制作の能率が倍になったとされる。

また大規模爆裂/熱シミュレーター工事では、フライアッシュ50％、セメント50％使用のマスコンクリート用配合に関する技術レポート、高強度鋼の溶接仕様書・手順書が作成されている。

パートナリングには、「インテグレーテッド・プロダクション」のコンセプトが根底にあるが、テキサスCHEVRON排水処理場プロジェクトでは、設計段階から施工者の意見を採り入れ、750万ドル以上の費用削減効果が報告され

ている。

(9) その他

　HENDERSON取水設備建設工事では、承認伺いの再提出の目標を5％以下に設定した。一般には25％から50％もあり得る数字なのでこの目標の達成は難しいと思われたが実績は5.5％であった。

　特に、大規模爆裂/熱シミュレーター工事で、「チーム内では秘密をもたないということこそ成功の秘訣だった」とされる点は注目すべき指摘であろう。(There were no secrets. Information normally kept secrete between contractual parties was shared and discussed openly.)

　EL RANCHO高速道路インターチェンジ高架橋工事においては、地域住民にもできるだけ参加してもらった。(The public is usually not an active stakeholder but rather a silent partner.)

　LACEY V. MURROW付け替え橋工事では、発注者は承認伺いを14日以内に回答するとの目標に対して、実際には平均7日以内で回答した。事前の討議なしにクレーム・レターを送付しないという約束を実施し、クレームの応酬を避けることができるとしている。("Letter wars" can be eliminated by agreeing to no "bad news" letters without prior verbal discussion.)

2-1-2-3　実例に示したMarvin M. Blackパートナリング優秀賞受賞工事

　上記に引用したMarvin M. Blackパートナリング優秀賞受賞工事を下記に示す。

1995年度受賞工事
　　HENDERSON取水設備建設工事
　　　　US＄30.6 millionの水再利用施設
　　　　施主：Henderson市
　　　　請負者：Western Summit Constructors, Inc./TIC共同企業体
　　　　コンサルタント：Montgomery Watson

大規模爆裂/熱シミュレーター工事
　　US＄65 millionの公共大規模爆裂/熱シミュレーター建造
　　施主：Defense Nuclear Agency
　　コントラクトマネージャー：米国陸軍 Army Corps of Engineering
　　請負者：Hensel Phelps Construction Co.
　　コンサルタント：The Ralph M. Parsons Company

EL RANCHO 高速道路インターチェンジ高架橋工事
　　US＄8millionの高架橋
　　施主：コロラド交通局
　　請負者：Flatiron Structures Company, LLC
　　コンサルタント：Montgomery Watson

1994年度受賞工事
　LACEY V. MURROW 付け替え橋工事
　　US＄88million 公共橋
　　施主：ワシントン州交通局（WSDOT）
　　請負者：Fletcher General/Rainier, JV
　　コンサルタント：Allan H. Walley 他

　BONNEVILLE 航海ロック工事工事
　　US＄140million 河川航海ロック
　　施主：陸軍工兵隊
　　請負者：Kiewit /Al Johnson JV
　　コンサルタント：陸軍工兵隊

　CHEVRON テキサス廃水処理場工事
　　US＄100million 民間廃水処理施設
　　施主：Chevron

請負者：H. B. Zachry Company
　　コンサルタント：Bechtel

2-2　オーストラリア パートナリング事例

　本節では豪州における典型的なパートナリング事例を2つ紹介する。

　ひとつは豪州のパートナリングの進化系である「プロジェクト・アライアンス」の典型事例として、ワンドウー Bオフショア オイル プラットフォーム建設工事（Wandoo B Offshore Oil Platform）であり、もうひとつは、米国から導入されたパートナリングの事例として、スチュアート・マッキンタイアー・ダム工事（Construction of Steuart McIntyre Dam (Fattorini Creek) and Ancillary Works）である。

　前者は豪州における最初のプロジェクト・アライアンスであり、その後の数々のアライアンス・プロジェクトの雛型となった。本プロジェクトは民間工事であるが、ここには「共勝ちまたは共負け」・「全参加者の対等な関係」・「参加者を非難しない文化」・「秘密のない取引」・「最高の結果を目標とした革新的思考の推進」・「各参加者のトップマネージメントの目に見える関与」など、アライアンスの基本理念が凝縮されている。

　後者は2000年MBAパートナリング優秀賞を受けたプロジェクトであり、ニュー・サウスウェールズ州政府発注工事である。同工事は通常の請負契約書が発注者と元請業者の間で結ばれ、別途パートナリング合意書（Partnering Agreement）が結ばれた。そして、元請業者と契約した下請業者の中で必要と思われる下請業者は随時この合意書のメンバーとして組み入れられた。この合意書は、あくまで憲章（Charter）レベルで、言い換えれば、信頼を前提に協働を約する、あくまで自発的な（Voluntary）協働へのコミットメントである。

2-2-1　ワンヅーBオフショアーオイルプラットフォーム建設工事

視察先
- ①視察目的：豪州でのプロジェクト・アライアンス契約の工事についてのヒアリング
- ②対象現場：Wandoo B Offshore Oil Platform
- ③会議場所：Leighton Holdings
  472 Pacific Highway, St Leonards NSW 2065, Australia
- ④現場住所：豪州西沖

2-2-1-1　事業概要と特徴

本事業は豪州で初めてプロジェクト・アライアンス契約方式を採用した工事である。

事業内容は、1991年頃に発見された、ダンピアー北西75km、水深55mにあ

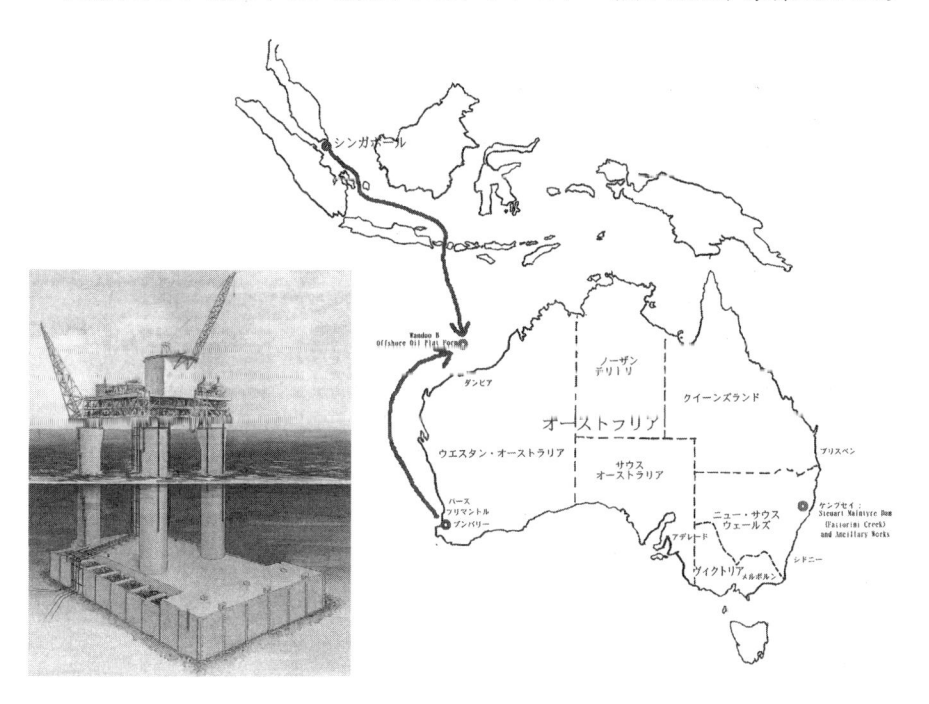

第5章　各国のパートナリング取り組み状況及び実施例　289

る石油推定埋蔵量7,200万バレルの油田開発である。

　本油田の特徴は、海床は、浅瀬であり、粒度の粗いもろい砂である。海底下22mにある比較的薄いオイル・コラムとオイル自体は、豪州で通常発見される油田と大きく異なり産出原油は一般的ではなく、低硫黄質で低酸性底流動点の性質を有するので特殊用途で輸出されることとなる。

　事業費は、総事業費Ａ＄4億8,000万（4億8,000万豪州ドル）、うちＡ＄3億7,500万が建設費（設計及び施工）に、残りはAmpolex社（発注者）による生産準備費用（ドリリング及び生産準備）に割り当てられた。

2-2-1-2　工事概要

　　工　事　名：Wandoo B Ofshore Oil Platform建設工事
　　発　注　者：Ampolex Limited
　　資　金　源：発注者自己資金
　　建　設　費：Ａ＄3億7,500万（約300億円）
　　　　　　　　（従来の契約形態で、請負者からの視点では、この項目は「請負金額」と表示するが、従来の契約形態にある発注者がプロジェクト・アライアンスという契約形態の基では、共に建設工事に係る損益配分に関与するため、「建設費」と表現する）
　　コンサルタント：なし
　　工　　　期：1994年12月～1997年3月
　　工　事　場　所：＊最終据付け場所：豪州西沖80km
　　　　　　　　　＊重力式コンクリート製プラットフォーム下部(以下Concrete Gravity Structure："CGS"と言う) 製作場所：ブンバリー（豪州）
　　　　　　　　　＊プラットフォーム上部（以下"上部構造物"と言う）製作場所：シンガポール
　　　　　　　　　＊フレキシブルパイプライン製作場所：フリマントル（豪州）
　　契　約　形　態：プロジェクト・アライアンス
　　契　約　当　事　者：（プロジェクト・アライアンス契約形態では、従来の契約形

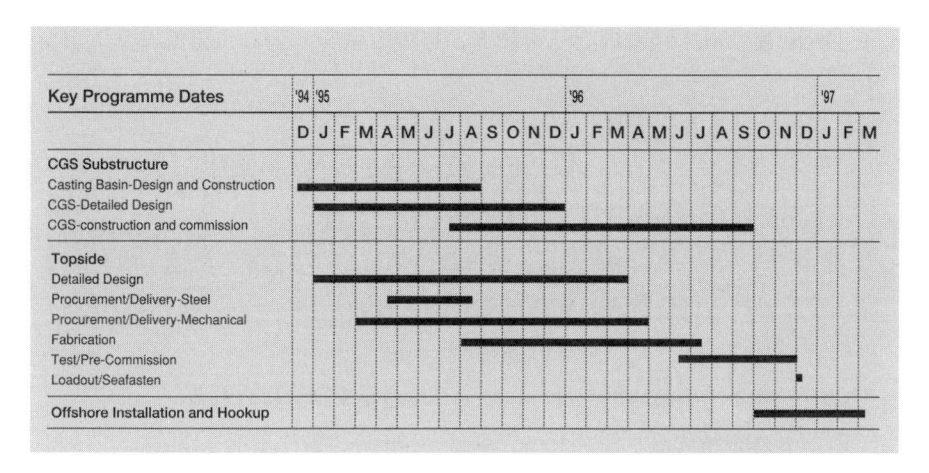

Key Programme Dates	'94	'95 D J F M A M J J A S O N D	'96 J F M A M J J A S O N D	'97 J F M

CGS Substructure
- Casting Basin-Design and Construction
- CGS-Detailed Design
- CGS-construction and commission

Topside
- Detailed Design
- Procurement/Delivery-Steel
- Procurement/Delivery-Mechanical
- Fabrication
- Test/Pre-Commission
- Loadout/Seafasten

Offshore Installation and Hookup

態における発注者・請負者という主従関係の概念がなく、発注者・請負者が同レベルであるため「契約当事者」と表現する。)

- Ampolex Limited（以下"Ampolex社"と言う）
  主 要 業 務：石油/石油製品の採取・掘削・生産・輸送
  本工事における責任範囲：＊発注者としての責任
  　　　　　　　　　　　　＊ワンドゥー油田掘削囲のメンテナンス
  　　　　　　　　　　　　＊法令に関する業務
- Brown & Root Energy（以下"Brown & Root社"と言う）
  主 要 業 務：建設、海洋油田開発管理
  本工事における責任範囲：＊工事管理システム規定
  　　　　　　　　　　　　＊上部構造のサービス・設計
  　　　　　　　　　　　　＊CGS・上部構造・その他全ての海洋での据付
  　　　　　　　　　　　　＊接続・試運転
- Leighton Contractors Pty Limited（以下"Leighton社"と言う）
  主 要 業 務：豪州での建設、マイニング、通信関連・工場関連建設
  本工事における責任範囲：＊CGS製作基地建設
  　　　　　　　　　　　　＊CGS製作
  　　　　　　　　　　　　＊Keppel FELS（以下"Keppel社"と言う）

主 要 業 務：海洋移動掘削リグ製作、移動生産システム・発電プラントシステム
本工事における責任範囲：＊上部構造製作
　　　　　　　　　　　　＊上部構造に設置する宿舎の設計・施工
・Ove Arup & Partners（以下"Ove Arup社"と言う）
主 要 業 務：土木・工場・ビル・海洋構造物における設計・計画・施工管理
本工事における責任範囲：＊CGS製作基地設計
　　　　　　　　　　　　＊CGS設計
工 事 概 要：当事業の施工は、以下の5つの要素に分けられる。
①CGS製作基地建設：深さ15m（海抜－12m）に製作基地を建設。450,000 m³を掘削。
②CGSの製作：CGSは、原油貯蔵能力のある重力式コンクリート構造物で海面下に位置し、シンガポールで製作された上部構造物が設置場所にて上部に据付けられる。

積 載 重 量：81,000トン
原油貯蔵能力：63,600キロリットル（400,000バレル）
構　　　　造：基礎ケイソンと4つの円筒形の中空シャフトからなるコンクリート構造物
　　　　　　　製作はブンバリーの製作基地でされ、完成後、海に浮かべ、1,700km沖の設置場所までタグボートで曳航する。

③上部構造物製作：上部構造物は、CGS上部（海上）に設置されるデッキである。
　サイズ：長さ70m・幅40m・総高さ18m、メイン・中2階・地下の3レベルに分けられる。
　乾燥重量：6,500トン。
　作業時重量：8,000トン。
　諸 設 備：生産設備及び機材、生産用井戸10ヵ所・ガス注入井戸1ヵ所・将来の水注入用井戸1ヵ所、維持管理の人員30名用宿舎及び、50mのフレアーブームを備える。

④海底フレキシブルパイプラインの製作
⑤輸送・据付・連結及び試運転：CGS の曳航距離は、ブンバリーから1,700km。上部構造物はシンガポールから3,000km 曳航。

2-2-1-3　プロジェクト着工までの経緯
(1) 1994 年 4 月

　Ampolex 社は、ワンドゥー資源の開発にプロジェクト・アライアンスの採用を決定。主な採用理由は、プロジェクト・アライアンスは、少ない開発費用での開発・時間やリスクをシェアーすることが可能であるためである。――重要なことは、当時ワンドゥーフィールドの所有権を Ampolex 社が 100 ％有していたこと、油田開発権を持っていたこと、そして、Ampolex 社がプロジェクト・アライアンスを採用したことにより、特定の会社がプロジェクト・アライアンスを経験することとなったことである。

(2) 1994 年 6 月

　Ampolex 社は、プロジェクト・アライアンス参加要請書を世界の 19 の会社へ発送した。要請書には、60 項目の質問があり、その工事内容は専門家によるチーム（コンソーシアム）を組織する必要があった。

(3) 1994 年 6 月～8 月

　Ampolex 社は、応募して来た複数のコンソーシアムからまず 3 つのコンソーシアムへ絞込み、最終的にプロジェクト・アライアンスに採用するコンソーシアムを Brown & Root 社、Leighton 社、Keppel 社及び Ove Arup 社コンソーシアムに決定した。

　プロジェクト・アライアンスを採用するに当たり、Ampolex 社が設けた参加者選定基準は、以下の通りであった。
　　＊プロジェクト・アライアンスに参加する業者は全て、技術的に実績があること。
　　＊経営状態審査は、各々の会社に対して行うこと。
　　＊アライアンス参加者は、共同して全工事を遂行できること。
　　＊プロジェクト・アライアンスの基本精神に基づき、粗利益及び一般管

理費の全てをリスクにさらすことを含む契約書の作成。
* 工事は、発注者の財務的基準に合致したときにのみ成立すること。
* プロジェクト・アライアンスのコンセプトに対する各業者のトップによる完全な合意があること。
* 価格のみによる入札はなし。

(4) 1994年9月

Ampolex社は、豪州海洋油田業界で最初のプロジェクト・アライアンスであるワンドゥーアライアンスを発表した。

(5) 1994年9月～12月

Ampolex社によるプロジェクト・アライアンスに採用するコンソーシアム決定後、プロジェクト・アライアンスチーム（Ampolex社、Brown & Root社、Leighton社、Keppel社及びOve Arup社で構成される）が組織され、チームにより3ヵ月間の技術的スタディが行われた。目的は、多様な代案により生じる結果の分析及び最善のプラットフォーム構造の決定、そしてそれらがAmpolex社の認定基準に合致するかどうかの決定であった。

Ampolex社は、以前の仕事では経済的プロセスも含め前述の作業を全て行っていたが、本工事ではプロジェクト・アライアンスチームにそれを委ねた。技術的スタディは、プロジェクト・アライアンスチームによるプロジェクト・アライアンス委員会へのレポート提出が1994年12月22日に行われ、Ampolex社により了承され、終了した。合意金額は、発注者予備費・利益を含め、A＄3億7,500万であった。

一方、契約委員会により、技術的スタディと並行して、従来の営利的問題及び従来にはないプロジェクト・アライアンスの要求を解決する作業が行われた。そして、1995年2月28日に調印のための契約書は整った。

2-2-1-4　契約について

プロジェクト・アライアンスは、信頼と協力に基づき複数の会社間に実効的関係を構築して全参加者の利益となる結果をもたらすことを目的とするユニークな契約方式である。その最大の特徴は、全ての当事者の主眼がプロジ

ェクトの共通のゴールに置かれることである。プロジェクト・アライアンスは、バーチャルな会社－それ自体が独自の個性と文化を持つ独立の組織－と考えるべきである。

　各契約当事者の利益や一般管理費を個々当事者の分担分ではなく、全体の工事結果に寄せる形で契約は作成された。よってその成果は、個々の努力よりも全体の努力から生み出されることとなった。そのような契約の交渉には、お互いの期待や価値観を明確に理解した信頼関係構築が不可欠であった。

　プロジェクト・アライアンス契約は、発注者と請負者間の平等を実現し、旧来の主従関係は破棄される。

　プロジェクト・アライアンスが成功するためには、継続的な学習と経営陣、スタッフ及び、個人の連携が必要である。その推進役は、結果を重視し、旧来の枠組みと仕事のやり方に進んで挑戦しつつ、協力、相互尊敬、清廉、創意工夫及び"非難せず"の文化を進化させて行くことである。

　とりわけプロジェクト・アライアンスでは、機会を捉えて過去の仕事のやり方と決別し、また会社や個人の旧弊を打破すべきで、そうすることでプロジェクト・アライアンスは、従来のやり方では達成不可能であった驚くべき結果を成し遂げる可能性と機会を生み出す。

(1) プロジェクト・アライアンス契約方式採用の背景

　本工事でのプロジェクト・アライアンス方式採用決定は、Ampolex社により行われた。

　Ampolex社は、歴史的にオイルやガスの採掘に強みがある会社であり、彼らの最終目的は、より大きな会社となり採掘や生産物の経営者となることである。

　Ampolex社がプロジェクト・アライアンス契約方式を採用した背景は、次の通りである。Ampolex社は、本事業以前は、モービル石油から小規模の仕事を多く請負っていた小さな会社であった。それらの工事契約に採用した従来の契約方法では施工業者と多くの問題があり、いまだに法律的問題がある。そして、非常に多くの時間と費用をこれらの問題解決に費やさなければならないことを経験していたため、"はたしてワンドゥー油田開発にあたり従来の

調達方法が会社の長期的な方向性として合っているのか"という懸念があった。また、従来の事業での調達方法は、事業チームのために非常に多くの常用職員や契約社員を雇用することも意味していた。

よって、従来の契約方法は取りたくなかった。

そこで、大規模の事業でも小さなマネージメントチームで行えるとして、プロジェクト・アライアンスの概念がAmpolex社のシニアマネジメントの注目を引くこととなった。プロジェクト・アライアンスの概念が、Ampolex社の将来像に訴えかけたのである。

そこで、Ampolex社のシニアマネージャーにより英国におけるプロジェクト・アライアンス事例の調査が行われた。

調査によって得た印象は以下のような物であった。

 ①プロジェクト・アライアンスチームは、著しく協調的となりうる。

 ②プロジェクト・アライアンスによる組織は、時間や費用を従来にはないほど節約できる可能性がある。

 ③プロジェクト・アライアンスの下では、契約当事者の従来の垣根が取り払われ、効率的な発注者・請負者　間の継ぎ目のない統合が可能である。

以上のような背景の下にAmpolex社は本事業を行う上で、プロジェクト・アライアンス契約方式の採用を決定した。

(2) 契約方式の概要

プロジェクト・アライアンス合意書（契約書）は、以下の項目をカバーするアンブレラ方式で作成されている。

 ①目的、目的物と設計基準
 ②プロジェクト・アライアンス理念
 ③プロジェクト・アライアンス委員会
 ④工事代表者
 ⑤最終工事費
 ⑥設計変更
 ⑦ペイン・シェアー(Pain Share)/ゲイン・シェアー(Gain Share)　規定

⑧支払い

⑨財務

⑩紛争処理方法

　プロジェクト・アライアンス合意書（契約書）の下に4つの工事契約が、Ampolex社とプロジェクト・アライアンスの下にある各業者との間で結ばれた。これらの工事契約は以下の内容で、従来の問題をカバーするように作成されている。

①工事範囲の詳細

②作業標準書

③材料及び機械に関する規定

④工事の進捗及び完了

⑤中断、解約及び不履行

⑥工事費の支払

　Ampolex社は、プロジェクト・アライアンスが壊れた場合に工事契約が必要だと思っていた。しかし、これらの工事契約は、本工事には使用されなかった。そして、Ampolex社は、将来の事業にも工事契約書は不要であると考えている。

(3) 会計

　契約では、全当事者がプロジェクトに直接関連する全コストの支払いに関し、オープンブックで実施することを規定している。それにも拘らず、重大な財務上のリスクやインセンティブはペイン/ゲイン・シェアーのスキームに盛込まれた。

(4) リスク

　　ペイン/ゲイン・シェアー

　設計と施工段階に於いて、ペイン/ゲインシェアスーキームでは全当事者の利益と一般管理費の総合計が、プロジェクト・アライアンスの総成果に対する最終コストに盛込まれた。コストが予算超過（Over-run）となった場合は、参加者はその50％を拠出しなければならないが（ただし、当初の各社の利益と一般管理費の合計額が限度）、コスト節約の場合（Under-run）は、節約分

Gainsharing Diagram

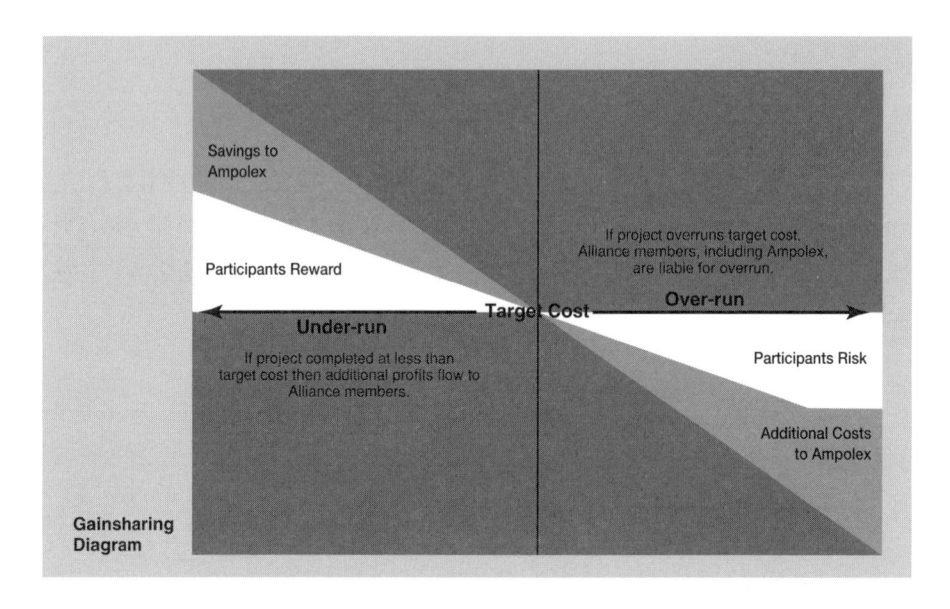

- Savings to Ampolex
- Participants Reward
- Under-run: If project completed at less than target cost then additional profits flow to Alliance members.
- Target Cost
- Over-run: If project overruns target cost. Alliance members, including Ampolex, are liable for overrun.
- Participants Risk
- Additional Costs to Ampolex

の50％が参加者に支払われる（これには金額の上限はない、報奨金を減らす意図はないので）。

ちなみに、今回インタビューしたMr. Jim Holt（本工事のProject Director）によると、突出した場合の条件は、本工事初期にAmpolex社がアライアンス参加者を選定する際の質問の中での参加者側の回答内容となっており、おそらく同社の意見と合致若しくは同社が合意できる回答であったと思われ、最終的に当アライアンス参加者に選ばれた大きな一因であろうとのことであった。

ゲイン・シェアー/ペイン・シェアー以外のインセンティブは設けていない。それは、Ampolex社は、ゲイン・シェアー、利益及び一般管理費の損失そしてペイン・シェアーの拠出は、プロジェクト・アライアンスにおける工事施行のための十分なインセンティブであると理解しているためである。

本プロジェクト・アライアンス契約におけるゲイン・シェアー/ペイン・シェアーの各社割合は、Ampolex社が50％・コンソーシアムが50％であり、参加者分の50％は各参加者の最終目標価格の割合により配分された。

<ゲイン・シェアー/ペイン・シェアー持分割合>

Ampolex社	50％
Brown & Root社	20％
Leighton社	16％
Keppel社	12％
Ove Arup社	2％

最終的に、この規定による最終利益配分はA＄1,600万であった。

履行保証

ゲイン・シェアー/ペイン・シェアーの第2の要素は履行保証である。

利益・一般管理費・ゲイン・シェアーとして各社に既に支払われた金額の10％が履行保証の対象であり、最初の2年間のプラットフォーム稼動のためのリスクとして残された。この間のプラットフォーム稼動による性能は、基準値（原料投下量、使用度、生産品質、修繕費用、人員配置状況）に対して測定される。リスクとして残された額の14％を最大のボーナスとして得るか、その額の100％を失うかいずれかである。

2-2-1-5 ストレッチターゲットの考え方

ストレッチターゲットとは、達成不可能な目標は除いてあるが、どの程度達成できるかについては確定的な認識がないままに、プロジェクト・アライ

Major Stretch Targets set on the Project

Description	Sanction Target	Stretch Target	Actual Outcome
Final Cost	$277 million	$205 million	$001 million
First Oil	31 March 1997*	31 October 1996	10 March 1997
Casting Basin - Start Excavation	20 February 1995	20 February 1995	21 February 1995
CGS - Start Construction	03 July 1995	19 June 1995	24 July 1995
CGS - Commence Tow	09 September 1996	02 August 1996	12 September 1996
Topside - Start Steel Fabrication	01 September 1995	01 August 1995	22 August 1995
Topside - Commence Tow	04 October 1996	03 September 1996	19 December 1996
Safety	No Class 1 Injuries	No Lost Time Injuries	No Class 1 Injuries & LTIFR less than 3

* Ampolex board project approval.

アンスチームにより設定された非常に大望のある目標であると定義されている。

ストレッチターゲットの設定により、プロジェクト・アライアンスチームはより高度のパフォーマンスと問題解決に挑戦することとなった。

このストレッチターゲットの設定により、一見無理な目標であるが、世界的な高水準のパフォーマンスを達成した。

2-2-1-6　請負者の目標価格及び利益の考え方

Ampolex社が合意した金額は、プロジェクト・アライアンスチームによる3ヵ月間の技術的検討により算出された金額で、発注者予備費・利益を含めＡ＄3億7,500万であった。

この金額はプロジェクト・アライアンスチームにより算出されており、請負者としては自分たちも関与して算出した数字であり、特に異論はない模様である。

利益に対しては、(4)リスクの項目で記述しているが、目標価格には利益・一般管理費が含まれているが、目標価格で収まらない場合、利益は圧縮され、しいては持ち出しとなる。

本工事に関しては、うまくいき、ゲイン・シェアーまで発生したが、今回インタビューをしたLeighton社のMr. Jim Holtの意見では、「利益は確かにゲイン/ペイン・シェアー スキームでは不安定であるが、本工事以降のプロジェクト・アライアンスプロジェクトを見ると全てペイン・シェアーが発生した工事はないので、問題はないのではなかろうか、それよりも、従来の契約で行った場合に発生する問題の解決にかかる時間と費用の方が莫大であるため、プロジェクト・アライアンス契約方式のプロジェクトは請負者にとって良い方式である。ただし、この契約方式が向いている工事とそうでない工事はある」ということであった。

2-2-1-7　現場組織

本工事における工事管理は、発注者であるAmpolex社ではなく、プロジェクト・アライアンス委員会により行われた。委員会メンバーは、プロジェクト・アライアンスチーム各社の代表者によって構成され、全プロジェクト・アライアンスメンバーの了解が必要な事項は、全員一致方式にて決定された。（各社1票の権利あり）

それゆえ、プロジェクト・アライアンスでは、発注者と請負者が対等の立場で物事を決定し対等に影響力があるということである。

プロジェクトダイレクターは、委員会により選任され、その主要業務は、多様なグループをプロジェクト・アライアンスの管理下に置くことである。Ampolex社はこの仕事を請負者の職員に委ねると言う通常ではない勇気を見せた。プロジェクトダイレクターは、彼を補佐するために小さなプロジェクト管理チームを組織し、プロジェクト・アライアンスチームメンバー各社の事務的業務と日々の問題解決を行う責任を果たした。

また、ファシリテーターとしてJMW社（米国の会社）が、今まで一緒に仕事をしたことがない会社ではあるが、各社間のコーディネーションのため、プロジェクト・アライアンス委員会の総意の下採用された。このファシリテーターに費やした費用はランプサムでUS＄100万以上である。ファシリテーターの役割は、プロジェクト・アライアンスチームの中で独立性をもって一緒に仕事をし、各社間の良い関係を作り出すことである。

ワンドゥーアライアンスと同じ役員を持つ特別目的会社（Wandoo Alliance Pty Ltd.）が、主要サービス・材料の調達そして事務所や一般支援業務や事務処理業務のために、Ampolex社により設立された。これは、知名度のあるAmpolex社名のもとに直接調達することにより、調達経費を大幅に節減した。

施工管理チームは、シンガポール・豪州両方において設計・施工の責任があり、その事務所を西豪州のパースに設置した。

業務は、コンソーシアム各4社へそれぞれ委ねられ、それぞれのプロジェクトマネージャーがプロジェクトダイレクターへ報告するという従来の方法が

用いられた。

2-2-1-8 設計について

　プロジェクト・アライアンス体制の採用以前、Ampolex社は本開発事業に関し30以上の考えがあった。これらは、1994年10月から12月の技術的検討期間にプロジェクト・アライアンスチームにより、全て再考された。この間に2つのオプションが選ばれ費用計算された結果、本工事にて施工することになったCGSと上部構造物が、資金や運営費用の点で最適なオプションであった。そしてこの提案が最初の2年間のオイル生産目標に対し最良の可能性を持っており、Ampolex社の将来の開発を支える潜在力を持っていた。

　1994年12月22日に提案が了承され、プロジェクト・アライアンスチームは基本設計報告書の作成作業を開始し、詳細設計を開始するために2ヵ月以内で完了した。

(1) プロジェクト・アライアンス下の設計の特徴

　プロジェクト・アライアンス契約方式における設計の特徴は、全プロジェクト・アライアンスチーム構成委員は設計メンバーの一員であると言うことである。従来の契約方式では、設計と施工が連携していないケースがあり、効率的な施工ができない場合が多々見受けられる。しかし、本工事の場合、施工業者が設計段階で多分に設計に関与することにより、これらの問題を取除くことが可能となった。

　その割り振りは、以下の通り。

　　①Ampolex社：運転能力の規定を作成。
　　②Brown & Root社：上部及びパイプラインの設計。
　　③Keppel社：居住施設と上部の仮設設計。
　　④Ove Arup社：CGSの作成場所の設計及びCGSの設計。
　　⑤Leighton社：CGSの仮設工事の設計。

　プロジェクトダイレクターは、プロジェクト・アライアンスチームメンバー各社のスタッフ200名を集中居住させるためにパースに事務所を開設し、Ove Arup社がロンドンで行うCGSの限られた要素解析を除き、工事に関する

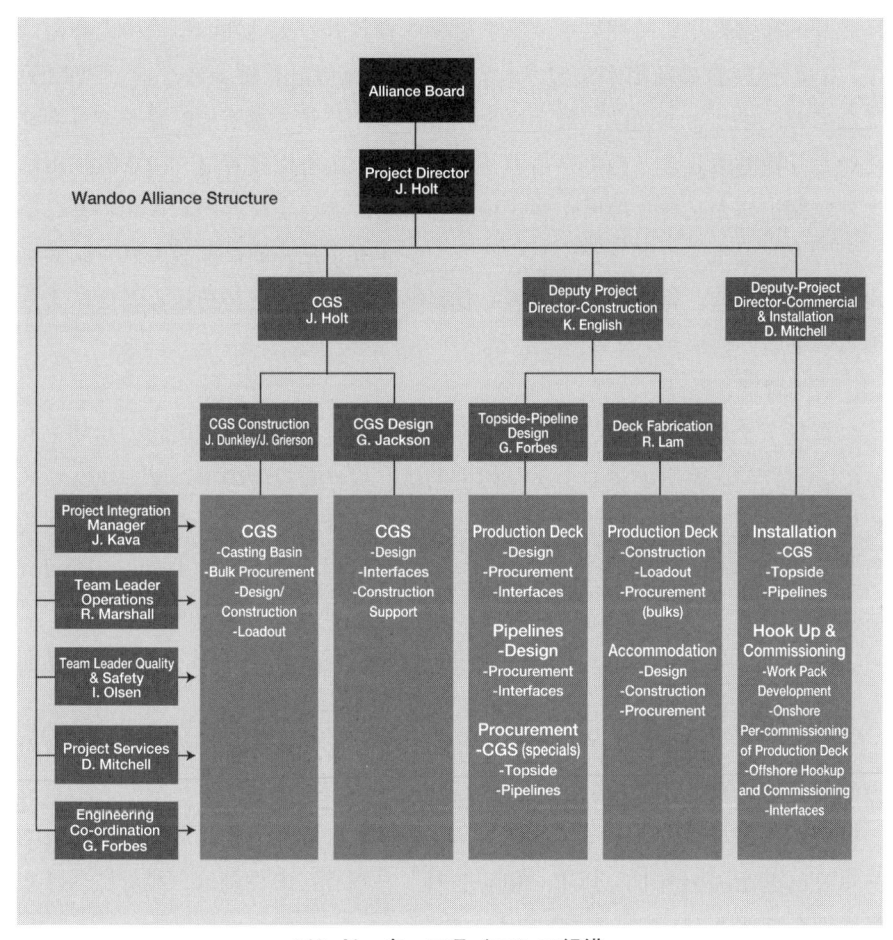

ワンドーウ・アライアンス組織

　全設計作業はこの事務所から指示が出された。設計データはパースからOve Arup社のロンドン事務所にある大型コンピュータへ送信された。

　一つ屋根の下で全資源を集めながら相乗効果と効率的な環境を作り出し、施工据付や運営スタッフの同席や意見が最終設計の実用性を向上させた。

　離れた現場間でも、顔を突き合わせてコミュニケーションするために、ビデオ会議ネットワークがパース？　ブンレイ？　シンガポール間に設置された。また、パースの施設は世界的に大きな材料業者とも結ばれた。

設計の非常に早い時期にプラットフォーム設計の実効性の解決のためだけに、3次元CADの使用が決定された。プラント設計管理システム（PDMS）は全てのパイプ、共同溝（最小径25mmまで）そして電気の配線までも細部にわたり検証することのできるバーチャルモデルを作成した。PDMS採用により定期補修が必要な箇所が特定可能となり、必要な材料の調達が容易になった。そして電子リンクが、パース？　シンガポール間に開設され、図面を現場へ転送でき、様々な施工業者や材料納入業者へデータを送ることにより彼らの早いアクションを可能とした。

(2) 設計管理

　プロジェクト・アライアンスチームによる設計に関する提出物の承認をもって、プロジェクトダイレクターの役割は、様々な設計のインターフェイスの処理と工事の進行に集中することとなった。月例レビューを開き、基本設計報告書が本来の要求を満たしているかどうかをチェックした。"Fit for Purpose"という言葉は設計上難しい場所によく使用される言葉であるが、ワンドゥーの"Fit for Purpose"は20年間の操業によりできる限りオイルを掘削して稼ぐことである。

　プロジェクト・アライアンスチームに出向したAmpolex社の運営担当者の役割は、設計変更に関する決定を早く行うことであった。

　検証者（プロジェクト・アライアンスチームに取り込まれた検証団体）であるRloyds Register社（以下"Rloyds社"と言う）の役割は、設計における推進力を管理する上で重要であった。

　設計は全てプロジェクト・アライアンスチームにより作成されているが、詳細項目は除かれていた。その理由はこれらの設計は、施工や外洋据付を予定していたからである。

2-2-1-9　施工におけるプロジェクト・アライアンスの特異性

(1) CGS製作基地開発

　1995年2月、Leighton社は、CGS製作基地作成のための掘削を開始した。掘削土量は450,000 m^3。うち、150,000 m^{3}は、舗装駐機場及び駐車場に使用、

残りは豪州の埋立工事に使用された。

　1995年4月後半まで海抜－7mまで掘削作業は順調に進んでいたが、シーウォールからの浸水が始まった。シーウォールは風化した石灰岩であった。浸水量は瞬く間に増え、シーウォールは40m以上の広さで決壊した。

　この事故により工事は遅れたが、この事故はプロジェクト・アライアンスによるもっとも良い点を証明することになった。従来の契約では、補修工事のための施工場所・必要機器の設置により、数ヵ月の工事遅延は起こるだろうし、誰かが非難を受け、その責任を負わなければならない。"非難しない"というプロジェクト・アライアンスの理念がはじめて試された事例である。

　実際プロジェクト・アライアンスチーム構成員の協力及び基地施工計画の再計画により、当初は復旧費用Ａ＄600万、復旧期間1ヵ月ということで発注者予備費（Ａ＄800万）から取り崩す方向で補修作業が開始されたが、最終的な復旧作業完了には、Ａ＄7,500万、6週間費やした。復旧作業は予定より3週間遅れ、最終的には、CGS製作基地完成は当初より2ヵ月遅れたが、この2ヵ月間は並行してCGSの製作が行われた。

　補修後の基地を取り囲むシーウォールの再設計は、当初設計より長く深い土砂止水壁であった。追加現場調査により、複雑に組み合わさった帯水層が見つかったが、排水システムと50以上のディープウエルにより完璧に管理された。

　掘削終了と共に、排水システムと沈砂池が施工されCGSのベーススラブの施工が開始した。

(2) CGS施工体制

　Leighton社は、CGS施工のため50人以上のスタッフチームを組織し、最盛期には現場で350人の労働者を雇用した。仕事は、7人のシニアエンジニアと共に以下の機能ごとに分けられた。

　　①施工マネージャー
　　②設計マネージャー
　　③安全・健康・環境マネージャー
　　④仮設工事エンジニア

⑤品質マネージャー
⑥技術マネージャー
⑦事務マネージャー

　Ove Arup社とLeighton社は、協力し、流動的な状況に応じて最も適したチームメンバーを用い施工した。"最高の適任者"という思想がチームによって合意され最大限の効果をあげた。

　CGSの基本は、重量と中心を正確に確定することであり、これは、重量管理エンジニアにより管理された。また、石油業法に求められている査定及び承認のため、Rloyds社は、現場チームにパートタイムエンジニアーをおいた。

　CGSの物理的な施工管理は、"機械、配管"、"基礎、屋根"及び"移動型枠"の3つのセクションに分けられた。移動型枠の現場での要求は鉄筋とコンクリートを十分に使用することであった。

　従来にない工事遂行方法の決定により、発注者であるAmpolex社は、現場での監督業務は行わなかった。それは、Ampolex社が、品質管理システムとRloyds社が要求通りに施工が行われているかを確認検証していることを信用していたからである。

　CGSの製作は1995年8月25日に開始した。そして1996年5月末に完成した。

(3) CGS曳航

　製作基地にて完成したCGSを1,700km離れた据付地点までタグボートで曳航して行くが、この際、嵐に遭遇し、タグボートのプロペラが紛失する事故があった。新しいタグボートを調達するに当たり、同様に、プロジェクト・アライアンスチーム構成委員の協力及び迅速な行動決定により、発注者予備費が取崩され、迅速に解決することができた。

(4) プラットフォーム施工

　シンガポールにて600人の労働者が雇用され、最終的には25人の熟練者がパースのプロジェクト・アライアンス設計チームより供給され監督・品質管理・流体検査及び試運転を行った。このような、異なった会社から人材を供給し、統合して業務を行うシステムはプロジェクト・アライアンス組織でし

かできないであろう。

　また、プロジェクト・アライアンスの思想の1つである、実在する能力やプロジェクト・アライアンスチームメンバー各社のシステムに敬意を評するといった考え方にのっとり、Keppel社は労働力や管理をこのプロジェクト・アライアンス事業に対し通常の業務の中に組み入れ作業を行った。

　上部構造物完成後、Keppel社の現場事務所で火災があった。これにより、溶接データ等登録に必要な書類が焼失してしまったため、全てのデータを再作成しなければならない事態になった。この処置においても、同様に、プロジェクト・アライアンスチーム構成委員の協力より、発注者予備費が取崩され解決された。

2-2-1-10　安全健康管理

　本工事は、非常に良い安全記録を達成した。

　工期中、重大事故はなく、一番の事故は足首の捻挫だけであり、340万人/時間という無事故記録である。事故損失時間率は3以下であり豪州の石油・ガス業界で定められている非常に厳しいものに対し非常に少ない数字であった。とりわけ1995年12月から1996年5月までの100万人/時間は1損失時間もなかった。

　本工事施工上の特徴は、通常の工事とは違い、地上もしくは海上70m以上の高さで、シフト制の24時間作業であり、全天候型の作業環境であった。全ての工事内容に関し、詳細安全プランの作成が要求されており、いかなる作業も開始前に詳細危険査定書の完成が必要であった。危険査定書から得られる問題は、安全作業方法書の準備の基本として使用され、安全作業方法書は作業開始前に作成し、承認が必要であった。そして、全ての施工場所に常駐安全担当者が配置された。彼らは、安全計画と安全作業方法の責任があり、全てのプロジェクト・アライアンスメンバー及び下請業者職員に対し現場へ入る前に安全指示を行った。ツールボックスミーティングも毎週行われ、現場セーフティーオフィサー達による安全委員会も行われた。

　全ての時点で、作業は石油法の定める安全ガイドラインの下で行われた。

これらの要求はAmpolex社の安全システム要求によるものであった。(安全ガイドラインによりAmpolex社のオペレーターはプラットフォームの設計・施工・操業に全ての危険性を特定し査定しなければならない。マネージメントシステムや手順はこれらの危険性を管理し安全なレベルまで管理しなければならない)

　安全ガイドラインは、プロジェクト・アライアンスチームとAmpolex社のオペレーショングループと一緒に組み立てられた。(石油の生産のための操業は、この安全ガイドラインが当局の承認が得られるまで行えない)

2-2-1-11　環境マネージメントと持続性

(1) 施工に際して

　地下水管理は重要項目で、工事から出るいかなる地下水も排水システムにて浄化して排水した。海水・淡水・半塩水という3種類の帯水層に遭遇したが、これらが交じり合わないようまた、湿地帯の水位に影響が出ないように取り扱った。環境問題に関して、プロジェクト・アライアンスチームは環境保護局とブンレイ港湾局と密に連絡を取りながら作業した。

(2) 操業に際して

　バラスト用・排水システム用・海水冷却用の水も含め、プラットフォーム操業に必要な水は海に排水する前に全て浄化した。

(3) 海洋投棄に関して

　豪州でも国際的に見ても、プラットフォームを海洋に設置し操業を行うということは、海洋投棄であり、海の環境を保護することが求められる。

　今まで、豪州では炭化水素のプラント設置しか経験がなく、政府、業界もどのように海洋環境の保護の方法を周知させるかは決定していない状況であった。このような状況の下でワンドゥーアライアンスは操業期間終了後プラットフォーム及びその基礎となっているCGSを取除くことを決めた。CGSは再度浮かべることが可能に設計されているので、再利用、より深い海への投棄または海岸での廃棄も可能である。当初の設計では、再利用または海岸での廃棄に係る追加費用は少額であった。

2-2-2 スチュアート・マッキンタイアー・ダム工事
2-2-2-1 事業概要と特徴

本事業は米国流パートナリングの典型事例である。

工事契約自体は、従来の工事契約と同様であるが、その他に、パートナリング合意書（Partnering Agreement）が発注者・元請業者・下請業者・サプライヤー等の工事関与者の内必要性が認められる業者間によりアンブレラー形式で結ばれた。

工事内容は、ロックフィルダム建設及び付帯設備建設である。なお、設計は発注者により行われ、工事契約は施工のみである。

2-2-2-2 工事概要

工　事　名：Construction of Steuart McIntyre Dam (Fattorini Creek) and Ancillary Works

発　注　者：ニューサウスウェールズ州土地水維持管理局（NSW Department of Land and Water Conservation、以下"DLWC"と言う）はケンプセイ郡議会（Kempsey Shire Council、以下"KSC"と言う）との共同発注者である。
資　金　源：発注者自己資金
請 負 金 額：約A＄1,500万（1,500万豪州ドル、約12億円）
工　　　期：1999年2月〜2000年10月
工 事 場 所：豪州・ニューサウスウェールズ州・ケンプセイ郡
契 約 形 態：工事請負契約
主契約当事者：＊DLWC
　　　　　　　＊KSC
　　　　　　　＊Enetech Pty Ltd（主請負業者、以下"Enetech社"と言う）

主なパートナリング合意書参加者：

＊DLWC：共同発注者：ニューサウスウェールズ州政府は同州の上下水道整備を、地方都市上下水道計画を通じて全郡議会への支援責任を負っている。本事業費の43％を負担。DLWCコフスハーバーの都市水部長が本工事のプロジェクトダイレクターの任に就いた。

＊KSC：共同発注者：地域レベルでの水供給施設の運営及び維持管理サービスの提供責任を負っている。

＊ニューサウスウェールズ州公共事業・サービス局（NSW Department of Public Works ＆ Services、以下"DPWS"と言う）：プロジェクト・マネージャー。上記共同発注者による工事管理の遂行。

＊Enetech：元請業者：主契約にある土木工事・機電工事の遂行。

＊Enetechの下請：Enetechにより採用された下請業者は必要に応じて、パートナリング関係に参加。

＊DPWSダム・土木課：DPWS工事管理スタッフを通じ、設計及び施工期間中における技術的助言。

＊DPWS工事地質学者：　　基礎地図作成と施工期間中の技術的助言。

＊Connel Wagner：DPWS工事管理スタッフを通じ、設計及び施工期間中における技術的助言。
＊KSC技術スタッフ：下請業者として、土木工事及び遠隔計測器の据付。
施 工 内 容：本工事契約における業務範囲は、設計は含まれておらず、施工のみである。Macleay川が干ばつで水圧がなくなる期間のケンプセイ地域への水供給目的の貯水ダム建設及び付帯工事の施工である。
＊ダム施工：ダム形式：ロックフィルダム（貯溜堤）
　　　　　　高　さ：55 m
　　　　　　堤頂長：780 m
　　　　　　最大貯水量：250万 m^3
　　　　　　貯水エリア：35 ha
　　　　　　洪水吐・放水塔・取水放水：500 m^3
＊付帯工事：
　①水供給用ダムポンプ場建設
　②新石灰添加水処理施設の建設及びダムポンプ場に塩素処理・pH調整施設の建設
　③道路沿いにϕ300～500 mm・総延長約9 kmのパイプラインの埋設
　④建設期間中の安全確保、舗装塵そして環境問題のため、道路の改良
　⑤給水効率の向上及び維持費節減のため、旧ポンプ及びパイプラインの交換によるSherwood井戸掘削地域の改良
　⑥送水用新増圧ポンプ建設及び築60年の既存施設の交換

　本工事は、建築、土木、専門機械装置、電気機器、水処理設備等の整備という通常の建築工事や土木工事とは大きく異なる、多様な技術的専門分野に及んだ。
　現場管理は、常駐施工管理者・現場管理者・DPWSの技術者により行われ、請負者・両発注者・DPWS代表者の全ての垣根を越えた絶間ないコミュニケーションを通じ、非常に良い成績を上げた。
　最終契約金額は約A＄1,500万。適時で効率的な工事計画により、非常な悪

天候にもかかわらず、予定工期より3ヵ月早期完成し、全関係者を満足させた。

本工事完成により、Macleay川沿いの環境保全可能な非常に安全で柔軟な水供給システムが、ケンプセイ地域にもたらされた。

2-2-2-3 プロジェクト着工までの経緯
(1) 1986年12月

当時のニューサウスウェールズ州公共事業局（現在はDPWS）により、ケンプセイ地方の給水問題について以下の報告書が作成された。

① South West Rocks井戸掘削地域での生産には限界がある。
② Hat Head水源池での生産及び貯水量には限界がある。
③ Sherwood井戸掘削地域の河川流量超過に依存している。
④ Shaerwood（高二酸化炭素含有）Belgrave Falls（高鉄分含有）といった貧水質。
⑤ 日々の需要ピーク時における末端での水圧低下。

報告書では、様々な案が検討され、その結果、2A・2Bといった2段階による作業が妥当であると結論付けられていた。工事は、ケンプセイの21世紀の水需要にも対応可能な調査・設計・施工であった。

第2A期工事は、ケイ酸ナトリウムと鉄分の混合問題のあるSherwoodとSouth West Rocksの、既存井戸の改修及び、15,000 m^3の貯水池を1990年までにSouth West Rocksに建設することであった。

(2) 1991年3月

費用管理計算及び、第2B期工事（Fattorini Creekに総貯水量2,500,000 m^3のダム建設）用の第2付属調査書が作成された。

(3) 1994年

干ばつによりMacleay川の流れが止まった。それにより当時鉄道による町への試験的水供給現場の1つとして選ばれていたケンプセイに、同州全域緊急対策の1つとして当ダム建設の必要性が明らかになった。

(4) 1995年後半

事業計画が承認された。
(5) 1996年初旬

DPWSダム・土木課によるダム本体設計及びConnel Wagnerによる付帯工事設計が開始された。

(6) 1998年8月

DLWC局長は、地方都市上下水道計画の下、ケンプセイ郡議会に対し本工事の予想工事費（A＄1,500万）の43％を負担することは伝えた。

なお、ケンプセイ地方水供事業の予想総事業費はA＄2,610万である。

KSCとDLWCはDPWSと広範囲の調査、設計、書類作成及び工事管理活動に関する契約を締結した。

共同発注者は、施工のみの工事契約の実施を決定。

(7) 1999年2月23日

Enetechが受注した。

2-2-2-4　パートナリングの実施について（パートナリング合意書）

本工事におけるパートナリング合意書は、主契約とは別に憲章（Charter）として位置付けされている。ゆえに、契約におけるリスクは、従来の契約と何ら変わらない。

本工事入札条件には、原則、請負者、その下請業者、サプライヤー、コンサルタント及びその他工事関係者と協力的な合意の体制を組織（Co-operative agreement）することを奨励する旨が記載されており（その目的は効果的・効率的な契約遂行で工期内・予算内の工事完成であった）、Enetech社はパートナリング合意書に合意する用意があると示唆していた。

本工事のパートナリング合意書に基づくパートナリング関係は、1999年2月のEnetech社との主工事契約の締結と共に開始したが、2000年2月、初期パートナリングワークショップ開催をもって、正式なパートナリングが開始した。

初期パートナリングワークショップでは、パートナリングの方法が説明され、個々の利害・要望の特定及び、共通ゴールと目的が作成された。

ワークショップ初期は、明らかに、いくつかのパートナーは他者の態度や

その真意に懸念を示していが、ワークショップが進むにつれ、多くの部分で全パートナーが共通ゴールと目的を分ち合えることに気づき始めた。ワークショップは、全パートナーに共通ゴールと目的に基づき、成功裡の工事完成に集中することに役立った。

全関係者により、以下にあるパートナリングチームの使命記述書（Mission Statement）と共有目的（Shared Objectives）が作成され、共有目的に対するパフォーマンス測定方法は、後に話し合われた。

特に重要だったことは、工事と共にパートナリングチームが成長することであった。工事が進むにつれ、新たなパートナリング参加者が組入れられた。

最初のパートナリング会議で、工事のためパートナリングチームを成功に導く重要な成功要素である秘密のない取引（Open Door Approach）が採用され、いかなる問題もパートナリングチームの中で関連したレベルで決定することに全パートナーが合意した。

各社の上層部のメンバーも参加するワークショップは、地元もしくは現場レベルの月例パートナリングミィーティングの後、3ヵ月ごとに開かれた。協力関係にシニアーマネージメントが関与することは、パートナリング参加者の初期活力の保持の基礎であり、本当に地元や現場レベルのパートナーがマネージメントの支援や援助を受けることとなった。

使命記述書（Mission Statement）
ケンペセイ郡の地域社会に安全で信頼のできる水供給工事を全ての関係ある人々が満足する形で提供する。

共有目的（Shared Objectives）
①予算内で工事完成
　　パートナリング参加者は、地域社会や市場による工事の最重要判断基準は、時間・予算・品質であることに同意した。
②工期内完成
　　工期に関する契約要求事項の1つとして、パートナリング参加者は「時は金なり」を認識しており、工事完成時期の促進は全ての人々の関心事

であることを了解した。
③ダム注水を達成するため、契約事項引渡しの最適化

　1994年の干ばつで既存給水での水不足が明らかになり、両発注者とプロジェクトマネージャーは可能な限り早期ダム注水開始の必要性を認識していた。請負者は、ダムからの十分な水供給がない限りポンプ場は作動できないと実際分かっていた。

④工事品質の確保

　契約上、品質は確保されており、全関係者はその品質に責任があった。両発注者は品質の良い製品を求める権利があり、プロジェクトマネージャーと請負者はそれを建設する責任を負っていた。

⑤最大限にローカル産業に機会を与える

　ケンプセイ地域では、多くのサービス会社やいくつかの製造業の廃業が近年問題であった。両発注者、特にKSCは地域社会の地域経済問題に神経を尖らせていた。他のパートナー達もこの問題を認識しており、地域社会からの材料・サービス調達に合意した。

⑥建設期間中の環境・社会影響（とりわけ地域住民に対する）を最小限にする

　建設期間中は環境・社会両面で影響を与える可能性があり、全関係者は、契約上・道徳上、地域に対して影響を最小限にする責任を負っていた。

⑦安全で無事故現場を達成する

　全パートナーは、道徳責任上・法律責任上の安全を理解していた。安全な環境の達成は、高度のチームワークが要求された。また、安全施工は将来の政府の仕事を入手するために重要な要素であり、それは、費用にも含まれていた。

⑧労使紛争なし

　労使紛争は建設現場において多くの問題を、何年にもわたり、しばしば長期間、工事や全ての関係者に影響を与えていた。

⑨オープン・誠実・適時コミュニケーション・問題解決に集中

工事結果は、チームのパフォーマンス次第である。参加者は、一致団結・相互支援により工事完成を達成する。仕事・社会の両方においての関係促進は重要事項である。

⑩全てのパートナーの世評を高める

DPWSとKSCは、引続き地域社会のインフラストラクチャー業務の継続を確固たるものとするため、成功裡の工事完成を願望していた。

また、Enetech社はNSW州に、定着したく、そのためにも、良い世評は、彼らの利益性において重要事項であり、将来の公共建設工事に関与するためにも重要事項であった。

2-2-2-5 "共有目的"達成のための取り組み

共有目的達成のための取り組み事例を以下に示す。

(1) 予算内で工事完成

工事は、全参加者による前向きな問題解決により予算内で完成した。

例）Enetech社は、パートナリング参加者の了解のもとに井戸掘削地域のポンプシステムの設計に関する前向きな交渉により対費用効果のある結果を出した。変更（Variation）は、工事要求の下に平和的に交渉され、全パートナーは、予算を下回る結果を念頭に工事を遂行した。

設計変更により発生する追加費用は、比較的少なかった。設計変更の大半は発注者による提案で、発注者の有利点はEnetech社にとって施工上の有利点である場合があった。費用増加は、この種の工事では想定内であった。

(2) 工期内完成

ダム工事は、112日の工期延長が認められたほどの毎週の非常な悪天候にもかかわらず、3ヵ月早期完成した。

現場打ち合わせは、パートナリングチーム（発注者・Superintendent・請負者も参加）によりプログラムの見直しが第一に行われた。プログラムのある部分は、ダムの早期注水開始日を確実なものとするために、相互の合意の上、早められた。KSCは、既存及び新規施設の所有者/運営者としての彼らの役割として、常に支援の用意をしていた。

これは、コミュニケーションチャンネルや個人の関係、そしてパートナリングプロセスの結果として作り上げられた"他社の要求を理解すること"なしでは達成不可能であった。

(3) ダム注水を達成するために契約事項引渡しの最適化

2000年7月27日にダム注水が開始し、9月中旬にポンプ場稼動に十分な水供給ができた。

契約事項の完成引渡しの最適化は、おそらく全パートナー間の高度な協力や前向きなコミュニケーションなしでは、達成不可能であったであろう。

変化に対応するため、全関係者による工程上の優先事項や修正必要事項の定例交渉は、柔軟性と工事早期完成の基盤を作った。

結果として、KSCは、2001・2002年に給水問題が露見した、夏季水最需要期に間に合せることができた。

(4) 工事品質の確保

工程補償及び品質保証（Quality Assurance）にDPWSの代表者の早期関与により、後に品質結果が出る強い基盤が工事早期に作られたことにより、この地域では高品質なものができた。

- 例）これは品質保証の仕事であるが、岩面に関する規格問題の前向きな特定と代替すべきサプライヤーの速やかな決定により工事品質が極めて向上した。
- 例）高品質なものを建設するため及びパートナリング問題の即時解決と情報共有のために、開かれたコミュニケーションチャンネルがパートナリングにより作られた。このコミュニケーションチャンネルは、パートナー達が未経験な品質システムを知ることとなり、各社のシステムを改良する手助けとなった。

(5) 最大限に地元産業に機会を与える

地域社会にとって仕事の機会を最大限に得ることは非常に重要事項である。雇用や地域先住労働者の教育のため、多様なキャンペーンがパートナー達により行われた。ダム工事のほとんどの仕事は、地域の労働者・機器レンタル会社・下請業者により行われた。地域経済への投下度が測定され、月例パー

トナリングミーティングで報告された。
- 例）Enetech社は、A＄250万以上を直接地域経済へ投入した。これは優秀な能力のある下請業者が地域にいたことにより可能であった。投資は地域に絶大なるメリットとなった。

(6) 建設期間中の環境・社会影響（とりわけ地域住民に対する）を最小限にする

ダム現場は、住宅がダムに近接する地方の住宅地域であったが、近隣住民の敵意的な不満もなく完成した。
- 例）環境計画は工事計画段階の早期から作成された。Enetech社は、高い名声の高い地域社会のリーダーを地域社会と会議を開くためにコミュニティーコンサルテーションオフィサーとして雇用した。コミュニティーコンサルテーションオフィサーは、地域住民と影響力のあるグループに積極的に接触し、全パートナーとのコミュニケーションを通じ、社会問題・環境問題が発生する前に解決した。パートナリングは、コミュニティーコンサルテーションオフィサーの仕事を強力に支援した。
- 例）取付道路の建設ではいくつかの問題があったが、1件を除き全て解決した。施工中は、常に埃の苦情がないように定期的に道路に散水をした。

(7) 安全で無事故現場を達成する

パートナリングチームへの助言のために、諮問委員会を設立した。安全は、現場及びパートナリングミーティングでは、重要な議題であった。

安全な作業場を提供することは、達成された。ワークショップはこの基準を評価する数値目標は設定しなかった。
- 例）パートナリング参加者により、安全作業訓練実施の約束の、確認及び検査が行われた。現場の安全は、Enetech社・下請業者・KSC・DPWSにより継続的に検査されたが、安全問題において重大な指摘事項はなかった。

　WorkCover検査官は、安全作業実施状況確認のためたびたび現場に来たが、常に現場の安全状態を賞賛していた。

　DPWSは、独立した健康・安全コンサルタントを雇い、全関係者を

支援するために双方の見地で現場検査を行った。
　安全問題による作業中止時間は、全体で以下の通りである。
　　①現場総作業時間＝126,000時間
　　②事故による損失時間＝376時間
　　③損失時間率＝0.29％
　　　（最終的に１事故による損失時間は240時間であった。）
(8) 労使紛争なし
　パートナリングによる開かれた交渉環境により、全参加者の要望に合致する本工事における合意書を作成した。労働組合は交渉に参加し、工事期間中紛争による損失時間はなかった。
(9) オープン・誠実・適時コミュニケーション・問題解決に集中
　パートナリング会議により、パートナリングプロセスと関連コミュニケーションは促進された。全パートナーによるこれらの会議は、工事と全パートナーにとって十分な進捗が出ているかまた、問題解決が十分であるかという点での監視に使用された。
　例）パートナー間で設計と土質の問題が頻繁に議論され、パートナー達の
　　　様々な意見の下に最適に解決された。
　全参加者は、将来の工事のために他の参加者を見ることができ、パートナリングにより創られた関係に自身を位置付けることができた。良い関係は個人レベルでも作られ、それはパートナリングの有効性として付け加えられた。
(10)　全てのパートナリング参加者の世評を高める
　全参加者は、彼らの評判が本工事を通じて良くなると感じていた。
　例）全参加者は、工事を通じ、十分な広報活動メリットが得られた。工事
　　　の一般市民への公開が行われ、全パートナーが平等に人前に立ち評判
　　　促進の機会を得た。財務と工期における工事の非常なる成功は、全パ
　　　ートナー各社の重要な価値として付け加えられた。
　この種の環境に敏感な工事は、全利害関係者間の高度な協力及びコミュニケーションの要請により成功すると信じられていた。（パートナリングは、そのような環境の創設を促進する）

2-2-2-6 費用増加とクレームについて

ケンプセイ地方水供給の最終総費用は、当初予定よりＡ＄200万以上節約できた。これは、適切な入札価額と誠実な態度で友好的に契約を管理していく全関係者の約束が、直接影響していた。

Enetech社の最終契約額は、当初契約に対して業務内容の変更が大きな理由で、増加した。ほとんどの場合、これらの増額はレート項目の予定に中で吸収できた。吸収不可能であったものは、関係者間で固定費に関し誠意を持って交渉され、常に金額に値する良い結果が得られるという総意があった。

ほとんどの設計変更クレームは、発注者もしくはDPWSにより提案されたが、これはパートナリングだから可能としたが、あるべき工事目的物とするために施工完了物の改良といった請負者からの提案によるものもあった。設計変更は結果としてより良い工事品質をもたらし、相互に合意した金額で容易に解決した。

以下、結果的にはクレームに至らなかったがその可能性のあった事例である。

① Northpower社は、設計及び施工上送電線移設が必要であったため、パイプライン沿いに新送電線を建設した。これは、交渉により、最小限の費用で実行された。

② KSCは、全余剰土を現場から搬出する責務を負っていたが、その量は予定数量より約30,000m^{3}多く、搬出に十分な資金がなかった。追加時間・追加費用請求なしの条件で、請負者の提示した非常に好意的な総括金額で処理した。

以下、パートナリングにより最小限に抑えられたクレーム例

① Enetech社は、契約条件の権利の基づき、ダム壁上流面の捨石用岩をある採石場からの調達を要求した。この採石場からの調達に関し、いくつかの適・不適の質問後、工事地質学者は、この採石場の岩は捨石として不適と結論付けた。他の採石場がDPWSのプロジェクトマネージャー、請負者のプロジェクトマネージャー及び地質学者により調査さ

れ、KSC所有の採石場に適した岩があることをつきとめた。
　KSCの下請業者と交渉可能となるよう、理にかなった調整がKSC・請負業者間でなされ、資材が供給された。結果として、全関係者は満足し、パートナリングプロセスによる直接産物の結果としての"win-win"の代表的な事例となった。

②工事のために下流に借りた砂防トラップがある施設の復旧工事に合意書等が不十分なため、予想以上の復旧費用が必要であった。そして追加工事に掛かる費用に関し、相互の了解の下合意できた。

③契約上据付けた井戸掘削地域でのポンプの一つが壊れたための改修である。

　ポンプは下請業者から元請業者に納入され、下請契約の下KSCにより据付けられた。据付の不具合は、全ての関係者及び直接関与していなかったが財務的見地からプロジェクトマネージャーも加わり討議された。通常この種の問題は論争や敵対的な状態になるが、費用分担と再据付けが友好的に合意された。

2-2-2-7 その他パートナリングにおける特徴

(1) 作業品質の向上について

　施工中、契約条項にある独立内部監査プロセスの中で、請負者の品質保証システムが監査された。監査は、請負者の内部管理システムと現場品質管理システムに対して行われた。その結果、請負者の内部管理の手続システムは基準に合致し、満足度は良い点が与えられた。

　また、建設期間中には、外部監査も行われ、管理システムがDPWSの手順に従い適切であり、工事における良い管理が確認された。

　これは、施工中採用された品質管理システムが高品質のダム完成品を産出したという、証拠である。

(2) 工事管理のための革新的解決方法の改善について

　コミュニケーションの改善とパートナー相互の要望の理解の向上というパートナリングプロセスにより、より早くダム貯水場に注水作業を開始できた。

改善されたコミュニケーションプロセスにより、関係者はチームワークをもって異なった部分の仕事を行い、完成させた。それにより、最小限の不具合で工事を完成することができた。

また、工事中KSCスタッフが工事作業及び物事決定に関与したことにより、彼らは、引渡し後の運営に必要なダムの施工手順とシステムに関する深い知識を習得することができた。

多くの革新的管理システムがパートナリングの直接的な結果として工事で実行された。

① 合理化されたコミュニケーションチャンネルが、特にEnetech社と下請業者が直接DPWSに接触し問題を解決するために、創設された。また、現場で解決不可能なことは、DPWSスタッフを通じ、設計者からすぐに返事が来た。このことは、不十分または適切でない設計業務による時間的損失を最小限にし、より広範囲の代案提案を可能とした。多くの潜在的継続的問題は、小さく痛みを伴わないで解決された。

② コミュニケーションチャンネルにより、パートナー達は、従来の手法では期待できない、他分野の専門家や知識に接することができた。

③ パートナー達は作業委員会から、とりわけ統合された機器の据付け・インターフェイス・プラント操業に関し、必要なものを特定した。これは基本的に前述の開かれたコミュニケーションチャンネルの延長である。委員会はいかなる問題も早期解決するためにEnetech社の下請とKSCが高度に関与することを許可した。

④ コミュニケーションチャンネルにより、KSCは日々の現場作業、工事の進捗、KSCの危惧する問題及び将来のプラント運営に関し、高度の情報の獲得を可能とした。

(3) 長期にわたる他のチームメンバーとの友好関係について

チームメンバー間の全階層で最高の関係が築かれた。

工事の成功とEnetech社のパフォーマンスが良かったことは、DPWSが将来の工事の入札に関しても引き続きEnetech社を招請すると言うことから分かる。

DPWSの立場は、本工事の工期内・予算内完成により、共同発注者であるKSCとDLWCとから高い評価を受け、将来の工事でも引き続きプロジェクトマネージャーを続けることが約束された。

　全下請業者は、Enetech社がその支払いを工事完了時には全て終了したことを喜んだ。（施工済み工事に対する支払いは長期間、請負者と下請業者間の良い関係を保つ）

(4) 全工事チームメンバーのモラルについて

　パートナリング参加者のモラルは、従来の契約方式の工事では期待できないほど、著しく高かった。パートナリングチームの創設と共通ゴールの認識は工事開始からチーム精神を作り上げた。

　工事中発生した問題の大きさに拘わらず、おしなべて高いモラルレベルを維持した。高いモラルレベルが維持された友好的な環境は、問題解決時に認識された。

(5) 工事メンバー間のコミュニケーションについて

　初期ワークショップで創設された問題解決ネットワークは、迅速なコミュニケーションへと拡張された。従来の契約方式工事でしばしば採用される公式コミュニケーション手法は、直接チャンネルに変更された。これは特にEnetech社の処理機器納入業者とDPWS施工管理者・KSC技術スタッフを通しての設計者との間で活用された。

　これにより迅速な製品の変更、図面の承認、図面の解明、問題解決などを可能にした。そしてまた、他の機器納入場所にも採用された。

　パートナリングのアレンジは、全参加者のゴールを調整するのに効果的であった。共通ゴールと協力的パートナリング環境により、開かれたコミュニケーションと問題解決は容易であった。

(6) 問題解決と決定の方法について

　パートナリング参加者は、慎重に、従来方法以上に柔軟な問題解決と決定の方法を採用した。システムは、パートナー間の高度な接触方法を採用していた。

　使用された体制は、パートナリング合意書の中に決議レベルのネットワー

クとして含まれていた。このネットワークに示されているようにコミュニケーションチャンネルは現場監督者レベルで作られ、事務所外で多くの問題が解決された。

そして、このレベルで解決できない問題は、次の上位レベルで、そしてさらなる上のレベルへと引き継がれ解決された。

多様なパートナリング参加者のシニアーマネージメント・レベルからの意見と助言が必要であったケース以外、ほとんどの問題は地元レベルで解決した。

(7) 工事メンバーの共有必要事に対する気配りについて

パートナリングは、各パートナーの要望を理解することを促進した。特に、DPWS、Enetech社及び下請業者は、ケンプセイ地域水供給の運営におけるKSCの責任を理解した。工事進行の妨げになる可能性を秘めていた既存施設と新規工事の相互接続に関し多くの問題が工事の早期の段階に発生した際、テーブルを囲んだ参加者の議論により、条件の要点がまとめられた。それに基づきKSCは運営し、これらの条件内でシステムが働くように調整した。

(8) 発注者の満足について

KSCは、当工事に非常に満足した。前述の通り、KSCは、工事の全時点で多分に関与した。DPWSとEnetech社とが共に仕事をすることにより、KSCが工事に関与する機会が増加した。パートナリングは、KSCに工事の進捗を監視する手段を提供した。この工事進捗の認識と知識はKSCの現時点の工事と進捗に対する満足を確認する手段となった。

資産の長期所有者及び運営者として工事を成功させることは必須事項であった。

進捗に対するKSCの満足度は、DPWSに対してHat Head下水道計画の工事管理を依頼したことからも窺い知ることができる。

DLWCもまた工事における彼らの役割に関するプロセスについて非常に満足した。プロジェクトダイレクターとしての彼らの役割の中で、強力で開かれたコミュニケーションラインの維持が、迅速な決定及び質問に対する回答をするために必要であることが確認された。

発注者としては、金額に値する品質の高い製品を確保し、予算と工期を守ることができた。

(9) パートナリングは文化の変化を起動させる

パートナリングは、より良いコミュニケーションとプロジェクトチームとして機能することに、メリットがある。個々ではなくチームという観点から問題解決されたという現実は、パートナリング参加者が自分達の仕事を行う上でも変化を促した。

より高いレベルでの発注者との直接接触により、発注者の満足をより予測できた。

組織的文化の変化は、問題解決を通し十分証明された。

多くの参加者は、個々の異なる・相反する目的の成功のために敵対する関係から協調関係の環境を作ることに合意した。これは、組織内と外部発注者両方にとってより開かれた仕事方法になることが期待される。実際、パートナリングは、あるパートナーの組織体制に組み入れられ始めている。

2-2-2-8　本工事におけるパートナリングを踏まえた改善点

工事終了に向かい、工事終了ワークショップが、全パートナリングの考え方やいかにパートナリングが本工事で機能したかを査定するために、開かれた。

全パートナリング参加者は、全員一致でパートナリングのコンセプトを支持し、今回は成功した。非常に厳しい契約金額で契約したという背景のあるチームメンバーも成功を喜んだ。

ワークショップは、成功した点と将来改善すべき点を詳細に議論した。

(1) うまくいった点は以下の通り

①全パートナリング参加者間で最高のコミュニケーションが構築できた。
②信頼関係は早く軌道に乗り、垣根はすぐに取り払われた。
③共通ゴールが明確に記述されていた。
④工事支援のため、経験のあるチームが一緒にいた。
⑤最終利用者からの明確なインプットがあり、結果として発注者の満足を

もたらした。
⑥パートナリングプロセスにより行われた毎週の現場施工ミーティングで設計問題は大きな混乱もなく迅速に解決できた。
⑦良い関係がEnetech社とKSCにもたらされ施工上の問題を共同で解決した。
⑧チーム手段が雰囲気を作り、敵対的な問題は起きなかった。
⑨発注者であるDLWCはあるときは現場から離れたところにいたが、本工事で築かれたコミュニケーション手段により実践的・適時的な問題解決が可能であった。

(2) 次回改良したい点
①パートナリングプロセスはプロジェクト形成のできるだけ早い段階で開始すべきである。パートナリング関係はコンセプト・設計・施工各々の時点で変化するものである。
②施工開始時に請負者はすでに形成されているパートナリングに参加する。請負者は通常予想されるよりも早くプロジェクトの"オーナーシップ"のレベルまで達する。これは既存のパートナリングにおいて、新規参入者が"定着"する期間を最小限にするし利益の早期実現にもなる。
③発注者が施工業者と直接連携するためには、設計者は早い段階でミーティングに参加し積極的に関与する必要がある。
④適切な下請業者はプロジェクトを完全に理解できるように、ミーティングに参加すべきである。
⑤パフォーマンス指標は、一般的に発注者に対して示されるが、全関係者に対して行われるべきである。
⑥重要な問題に取り組みむ際には、非公式で親密な会議がもっと必要である。
⑦公共工事についてパートナリングを採用することは、発注者と地域社会の要求に対して最高に合致した結果を出す。パートナリング関係における地域社会の参加は、現在のそのような参加がない工事に比べればより生産性があがる。

最後に、良い結果は、共通ゴールに向け相互に尊敬し合うチーム環境の中で共に仕事をする有能な専門家間の良好な関係により生まれる。

2-3 香港パートナリング事例

2-3-1 MTRC コントラクト601工区—Hang Hau駅及びトンネル—

本事業計画には、Hang Hau駅の構築、土台腰壁構造（公共交通立体交差部を含む）、補助建物件のほか、開削によるトンネル工事が含まれる。

落札時の契約価格は約13億HKドル、当初の契約期間は1,246日である。

プロジェクトの主要な参加者は、発注者（MTRC）、元請業者（Dragages etTravaux Publics (HK) Ltd. (DTP)及び設計コンサルタントとしての幹事会社Parsons Brinckerhoff (Asia) Ltd. (PBA)及びScottWilson (HK) Ltd.で構成される。

プロジェクトで採用された契約価格の方式は、一括払い固定価格契約になっている。

2-3-1-1 パートナリングへの取り組みと方法

「MTRC契約601号（Hang Hau駅及びトンネル）」プロジェクトでは合計してワークショップが7回開かれた。内訳は、初期ワークショップが1回、中間が5回、最終検討会が1回となっている。

2日間にわたる初期ワークショップは、24名が参加して、発注後出来高が5％の時点で開催された。12の活動項目に取り組んだが、それには、ビジョンと共通目標、パートナリングの価値、決定的成功要因、新規の知見と確認ずみの知見、そして、"PBAはMTRCからなにを必要としているのか？" "PBAはDTPから何を必要としているか？" また、"MTRCはコンサルタントから何を必要としているのか？" "請負業者は設計コンサルタントから何を必要とするか？" などのほか、下請業者にとってパートナリングの手順、行動計画、そして、（赤対青の練習問題）ゲームのほか、問題解決手法の設定やパートナリング・チャンピオンの指名選出も行われる。

5回にわたって開催されたワークショップには、4つの活動項目が含まれて

```
┌─初期段階──────┐ ┌─中間ワークショップ (5回開催)─┐ ┌─最終検討──┐
│ パートナリング・ │→│ 1999.10.07、2000.06.26    │→│ 成約後90% │
│ ワークショップ   │ │ 2001.01.08、2001.05.24    │ │ 完成時に実施│
│ (2日:参加 24名) │ │      2001.11.01           │ └───────────┘
└─────────────┘ └──────────────────────────┘
```

対象となる問題
1. ビジョンと共通目標
2. パートナリングの価値
3. 決定的な成功の要因
4. 新しい知見と確認済みの知見
5. PBAはMTRCから何を必要としているか？
6. PBAはDTPから何を必要としているか？
7. MTRCはコンサルタントから何を必要としているか？
8. 請負業者はMTRCから何を必要としているか？
9. 請負業者は設計コンサルタントから何を必要としているか？
10. 下請け業者にとってのパートナリングの手順
11. 行動計画
12. ゲーム:赤対青の練習問題

問題の解決方法

実施された諸活動
1. 性能の改善
2. 相互のニーズの割出
3. 問題の整理と行動の割出
4. ゲーム:赤対青の練習問題

実施された諸活動
各職場の上級管理職と面接し、本プロジェクトについて彼等の意見をまとめる

パートナリング・チャンピオン選出

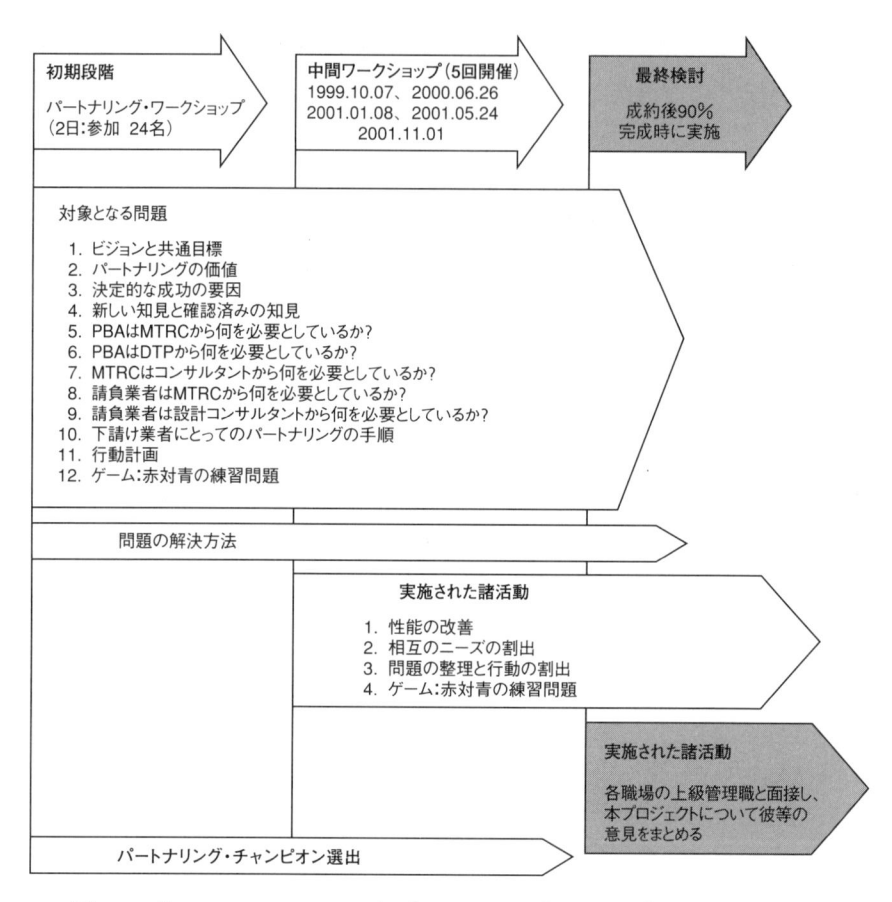

図5-4 「MTRC Contract 601」パートナリング取り組み方法、手順フロー

いる。すなわち、①目標達成機能の改善、②当事者各自のニーズの検証、③問題の整理と補正手段の実証、④ゲームへの参加（赤対青の練習問題）である。

　最終の検討会では、主として、各組織の上級経営幹部との面談及びパートナリングの実施についてこれら幹部の発表した意見が、コメントの形で集約されている。次に上記プロセスのフローを示す。

2-3-1-2　パートナリング成果監視マトリックス

　パートナリングの成果監視マトリックスが使用されて、プロジェクトの有効期間にわたって各月ごとに、パートナリング憲章各項目別の平均点数が算出された。

　全項目の平均点数は最少3.91から4.55までの範囲にあって、相互的には極めて接近した数値になっている。このことは、全ての項目が満足できる性能をもっていることにほかならない。

2-3-1-3　面接結果の要約
(1) パートナリングの採用に対し認知される主要な便益と決定的成功の要因

　発注者、元請業者及びコンサルタントの3者間において認識される、主要な便益には、チームの団結精神を高揚すること、健全な作業環境、改善された情報伝達、相互の信用度、問題解決手法の向上、及び、無駄な作業の最小限化などがある。異なる当事者間でパートナリングを採用するための決定的な成功の要因もまた、同様であり、考え方としては、共勝ちへの取り組み方、高度の履行能力、相互の信頼と尊敬、効率的な情報伝達、寛大な気持、それに職階の全階層にわたって、パートナリングの完全理解までが包括される。

(2) パートナリングの相互関係について

　当事者の全員が、パートナリングによって、優れた、そして、極めて調和の取れた職場関係を開発できることに合意した。

　特に、元請業者は、その他の契約の当事者達とはパートナーと仕事を共にし、これまでの指示だけによって動く作業態度はこれを放棄したと述べている。

　むしろ、そのパートナー達には自発的に手を差し伸べて、彼等がむしろ仕事をしやすいよう、自らを犠牲にすることをもいとわなかった。さらには、彼等は共通の目標に向かって、誠心誠意の仕事を行った。発注者もまた、2通りの事例を用いて、共同作業をするための相互の関係図式を作り上げた。

　最初の構図は、掘削工事において、請負業者がその知識や経験及び現場の

実情に基づき、自由にその判断及び建議を行うことであり、次なる構図は、さらに前向きの取り組みによることとし、元請業者を援助するためにMTRCの運輸当局との業務を処理することであった。元請業者は、両界面に接する業者達のニーズを受け入れるために、MTRCにとっては仲介人としての行動に及ぶこととなった。

(3) パートナリングでの情報連絡について

当事者の全員が、プロジェクトの通信連絡効率は、パートナリングによって向上するものであることに同意した。彼等の意見では、略式の通信連絡量は電話やE-Mailによって大幅に増え、その結果、形式ばった書類作成の仕事が大幅に減少するに至ったとのことである。

また、パートナリングによって、実務レベルにおける通信連絡機能が向上し、その連絡通路も縮小されると共に、結果として、時間の大量節減と共に、建設工事の施工効率もさらに改善されるようになった。

当事者たちはまた、無駄を省くのに、効率的で効果的、かつ、有用で、良く準備された討議の場を持つことができた。

そして、彼らはお互いに"君"とか"私"を呼称するかわりに、「私たちは」に統一した呼び方をするようになった。

(4) パートナリングでの主要な問題点

パートナリングの実施にあたって、3点の主要な問題点を比較して、当事者それぞれが、異なったそれぞれの意見を持っていた。例えば、発注者にとって乗り切る必要があった主要な問題点とは、①カルチャー・ギャップ、②言葉の障壁、③共通の目標/目的を達成することにあった。

また、元請業者の考える所では、現場のレベルにおいてパートナリング精神を確立させるには時間がかかること、そして、MTRCの指定請負業者と元請業者との間には、直接に契約上のつながりがないため、両者の間がパートナリングで結ばれても、そのつながりには明確性に欠けるところがあるとしている。コンサルタント側の指摘によれば、損失を比例によって分配するかわりに、全て平等という考え方こそ、不公正そのものとみている。

当事者たちの間でも、当初においては議論も相互の連絡も真剣にはできな

かったし、全員の間でお互いが腹を割った話し合いに入るまでには、若干の時間がかかっている。さらに、それにはより多くの責任を伴うこととなった。

2-3-1-4　パートナリングの成果

　自主管理的に実施された調査をとおして、異なる当事者によって採点されたパートナリングの成果は表5-4に示すとおりである。回答者の66.7％の意見によれば、プロジェクトの進捗状況がおよそ、6～10％程度も予定よりも進んでいるとのことであり、うち33.3％を占める意見では、進捗率を1から5％程度、予定の計画進度を上回っているとの意見を出している。

　コスト面での成果については、回答者中の66.7％が、プロジェクト予算に達しなかった率を1～5％と回答している。また同33.3％が、予算より下回った率を6～10％としている。

　一方で66.7％の回答者が、施工の品質面での成果は平均を上回るとしたのに対して、33.3％は、上でも下でもない平均的レベルとした。

　そして、66.7％の回答は、手直し工事の範囲を1～5％としたのに対して、33.3％は6～10％と考えている。また、安全面での成果として、66.7％の回答者が、平均的なパートナリングを採用しないプロジェクトと比べて、まったく差異がないとしているが、残り33.3％の意見では、1～5％程度平均を上回ったことを挙げている。

　紛争の発生については、66.7％が、平均的な発生回数よりも6～10％も平均を下回っており、残る33.3％が1％だけ平均レベルを下回るとの認識を示している。

　一方、紛争規模の大きさでは、33.3％が6～10％、別の33.3％が1～5％、さらに別の33.3％では"紛争ゼロ"と答えている。

　クレームの発生では、66.7％までが、平均の1％以下とし、33.3％が、平均より10％以上も下回ると回答した。

　また、クレームの規模では、66.7％が1～5％、33.3％が6～10％平均を下回ると答えた。公害問題の発生では、パートナリングを採用しないプロジェクトの場合とその平均数値とは異ならないとし、1％だけ平均を下回ったとし

表5-2 「MTRC Contract 601」パートナリングの実績評価

能率査定方法	発注者	元請業者	コンサルタント
工期上の成果	予定より先行 (6〜10％)	予定より先行 (1〜5％)	予定より先行 (6〜10％)
コストの成果	予算未達率 (6〜10％)	予算未達率 (1〜5％)	予算未達率 (6〜10％)
品質の成果	平均点以上	平均点以上	平均点
手直し工事範囲	1％以下	1％以下	1.5％
安全の成果	差異なし	1.5％以上	差異なし
紛争の発生	平均以下 (1％以下)	平均以下 (6〜10％)	平均以下 (6〜10％)
紛争の規模	紛争ゼロ	1.5％	6〜10％
クレームの発生	平均以下 (1％以下)	平均以下 (1％以下)	平均以下 (10％以上)
クレームの規模	1％以下	1％以下	6〜10％
公害の発生	差異なし	平均以下 (1％以下)	差異なし
プロのイメージ度	平均以上	平均以上	平均的
全体的な成果	きわめて良好	きわめて良好	良好

たのは、33.3％の回答者であった。

　最後に、パートナリングにプロのイメージが定着している度合いを平均以上としたのは66.7％で、33.3％が普通との意見であった。パートナリングの成果を全体的に見て、"極めて成功"が66.7％、"成功であった"のコメントが33．3％の結果となった。

2-3-2　MTRCコントラクト654工区

　工事の範囲には、MTRCのTseung Kwan O鉄道線路全延長線の沿線プラットホームのスクリーン式ドアの供給と取り付けとが含まれている。

　入札決定時での当初請負金額は約1億3,100万HKドル、契約期間は1,393日、契約の当事者として参加したのは、主に発注者であるMTRC及び元請業者の日商岩井－Nabcoのコンソーシャムであった。プロジェクトは、一括払い固定価格契約の、デザイン・ビルド方式を採用した。

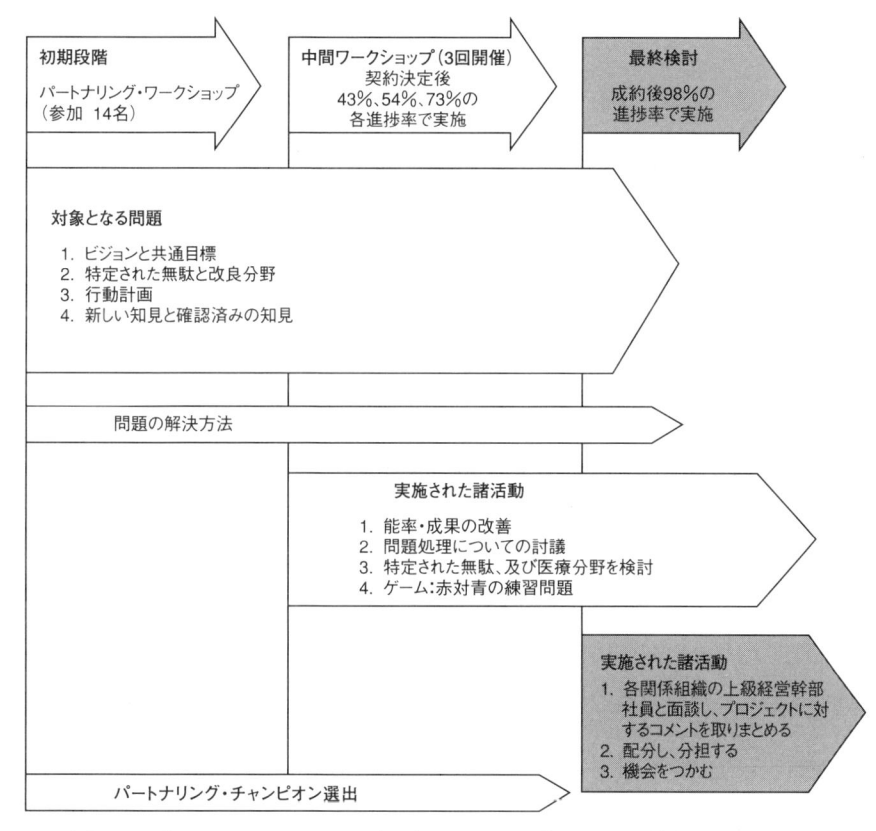

```
┌─────────────┐ ┌──────────────────┐ ┌──────────────┐
│ 初期段階    →│ │中間ワークショップ(3回開催)→│ │ 最終検討    →│
│パートナリング・│ │契約決定後        │ │成約後98%の   │
│ワークショップ │ │43%、54%、73%の   │ │進捗率で実施  │
│(参加 14名)  │ │各進捗率で実施    │ │              │
└─────────────┘ └──────────────────┘ └──────────────┘
```

```
┌──────────────────────────────────────────────────┐
│ 対象となる問題                                  →│
│  1. ビジョンと共通目標                           │
│  2. 特定された無駄と改良分野                     │
│  3. 行動計画                                     │
│  4. 新しい知見と確認済みの知見                   │
└──────────────────────────────────────────────────┘
```

```
┌──────────────────────────────────────────────────┐
│ 問題の解決方法                                  →│
└──────────────────────────────────────────────────┘
```

```
             ┌────────────────────────────────────┐
             │ 実施された諸活動                  →│
             │  1. 能率・成果の改善               │
             │  2. 問題処理についての討議         │
             │  3. 特定された無駄、及び医療分野を検討│
             │  4. ゲーム:赤対青の練習問題        │
             └────────────────────────────────────┘
```

```
                          ┌────────────────────────────┐
                          │ 実施された諸活動          →│
                          │ 1. 各関係組織の上級経営幹部 │
                          │    社員と面談し、プロジェクトに対│
                          │    するコメントを取りまとめる│
                          │ 2. 配分し、分担する         │
                          │ 3. 機会をつかむ             │
                          └────────────────────────────┘
```

```
┌──────────────────────────────────────────────────┐
│ パートナリング・チャンピオン選出                →│
└──────────────────────────────────────────────────┘
```

図5-5 「MTRC Contract 654」パートナリング取り組み方法、手順フロー

2-3-2-1 パートナリングへの取り組みと方法

「MTRC契約第654号（プラットホーム スクリーン型ドア取付工事）」のプロジェクトでは、全体的に4種類のワークショップが開催され、その内訳は、発会式に続いて、初回のワークショップが1回、中間ワークショップが3回、そして最終検討会が1回となっている。

1日限りのワークショップは、契約の決定後において工事が17％進捗した時点で、14名の参加者が出席して開催された。

ここでは、4種類の活動が行われたが、その内訳は、①プロジェクトの将来像や共同の目標、②無駄の検証と改善の余地、③行動計画、そして、④（赤

と青の練習問題）ゲームへの参加であるが、その過程において問題解決の手順を設定すると共に、パートナリングのチャンピオンを指名し、選出した。

また、その後3回にわたって開催された中間ワークショップでは、次のような4種目の活動が実施された。すなわち、①能率性能の改善、②争点をどう扱うかについての討議、③検証された無駄と改善分野、そして、④（赤と青の練習問題）ゲームの参加で終わった。

最終の検討会では主として、参加各企業の経営に参画する幹部職員との面接や、パートナリングの適用について彼等の意見をとりまとめる作業も含まれた。

2-3-2-2　パートナリングの成果監視マトリックス

パートナリングの成果を監視するためのマトリックスが使用され、プロジェクトの全期間にわたって、毎月ごとに、パートナリング憲章の各項目別に平均点を算出することになった。

全項目の平均点数は3.72から4.23までと、極めて接近しており、「MTRC Contract 601」の場合と同様に、全ての項目において、満足できる成果を挙げていることにもなる。

2-3-2-3　面接結果の要約

(1) パートナリングの採用に対し認知される主要な便益と決定的成功の要因

発注者と元請業者との間で考えられる主要な便益には、時間と費用の節減、工事の品質改善、仕事での關係改善、共通の目標と相互の信頼確立及び一層容易でしかも円滑な決断方法の開発などが含まれている。

発注者と元請業者との関係で、パートナリングを採用して決定的な成功の要因と見なされることは、双方から受けられる支援を含めて、言行が一致していることと、さらには、パートナリングの精神への拘束力である。

(2) パートナリングの相互関係について

発注者と請負業者との仕事の関係は良好であった。発注者の方は、その仕事の関係をもって'優秀である'と説明し、非公式な両者の通信連絡が向上

し、元請業者との関係がより緊密となったので、起こりうる混乱を防止することができたとも述べている。また、プロジェクトの節目にあたっては、双方の相互の信頼及び協同的業務関係を実証することができた。

　元請業者の説明する所では、両者の仕事上の関係だけでなく、他の当事者との関係においても、調和の取れた、しかも、共同作業的な関係で結ばれると説明している。例えば、MTRCの場合、日本側の技術陣の便宜にあわせて、日本において現地技術者の訓練を開催したこともある。

(3) パートナリングでの情報連絡について

　当事者全員が、パートナリングを採用したプロジェクトに対し、通信連絡の効率が向上したことに満足していた。発注者の意見では、パートナリングに関与する各社の代表者たちは、それぞれの上司達にも、そして、部下達にも支えられているため、パートナリングの実行がはるかに効果的なものになる。

　その上、相互の信頼が確立することで通信連絡がさらに効率の高いものとなった。請負業者は、パートナリングの取り決めに従って、発注者やその他の請負業者との間でお互いに接近しやすくなるため、通信連絡の速度がいっそう速まったと考えるようになった。

(4) パートナリングでの主要な問題点

　発注者は、元請業者との間では仕事上まったく問題がなかったと明言しているが、工事の接合点では隣接する業者どうしで厄介な問題もあったとしている。

　元請業者は、かかるトラブルが隣り合わせの業者から持ち込まれたことに不満を表明した。その意見によると、発注者はおそらく、その請負業者の全員に、パートナリングの概念と取り組み方を教え込むのに苦労するのではと見ている。

　そのうえ、パートナリングには、財務面でのはっきりしたメリットがなかったので、多分、請負業者は、パートナリングを実行したところで、報償として得るものは何もないと考えたのであろう。また、下請業者の場合、工期の管理において、なんらかの問題にぶつかったのではと見られている。

2-3-2-4　パートナリングの成果

　パートナリングのそれぞれ異なる当事者たちによって、彼等の自主管理によるアンケート調査を通して評価した結果が、表5-5に示すパートナリングの成果である。回答者のうち50％は、工事が予定の工期よりも10％以上も先行しており、他の50％は工程通りと考えた。

　また、コスト面の成果では、回答者のうち50％まで、予算の実行額が10％以上も未消化であると考え、他の50％が10％以上予算を超過したと見ている。また品質上の成果については、100％の回答者全てが平均以上としている。

　手直し工事の範囲では、50％の回答者が1～5％の範囲と見ているのに対し、残り50％がこれを10％上回ると見ている。

　また安全面の成果については、パートナリングを採用しない普通のプロジェクトと比べなんら変わりなしと見るのが50％、他の50％は安全面の成果をもって、普通の平均的レベルと比べて6～10％程度上回ると見ている。

　紛争の発生では、100％の回答者（全員）が平均数値を10％以上も下回っていると認識している。その反面、50％が紛争の規模について、1～5％と見て

表5-3　「MTRC Contract 654」パートナリングの実績評価

能率査定方法	発注者	元請業者
工期上の成果	予定より先行（10％以上）	予定工期通り
コストの成果	予算未達率（10％以上）	予算超過率（10％以上）
品質の成果	平均点以上	平均点以上
手直し工事範囲	1～5％	10％以上
安全の成果	差異なし	平均以上（6～10％）
紛争の発生	平均以下（10％以上）	平均以下（10％以上）
紛争の規模	1％以下	1.5％
クレームの発生	平均以下（10％以上）	平均以下（10％以上）
クレームの規模	1.5％	1.5％
公害の発生	公害なし	公害なし
プロのイメージ度	平均以上	平均以上
全体的な成果	きわめて良好	良好

おり、他の50％が1％以下と見た。

その一方で、100％が、クレーム発生率が10％強平均を下回っているものと見なした。また、クレームの規模は、1～5％の範囲内というのが全員の考えであった。

公害の発生率については、100％全員が「公害ゼロ」の意見をもっていた。また、パートナリングの実行者に"プロの職業人としてのイメージ"が定着しているかどうかについて、100％全員が「定着の程度を平均以上」としている。パートナリングの成果を全体的に見て、回答者の50％が「きわめて成功」とし、他の50％は「成功」との意見を出している。

次頁に上記の実績評価表を示す。

2-3-2-5 まとめ

2-3-1及び2-3-2においては、特に選ばれた6種の実例研究の中からパートナリングとの取り組み、及び、方法について紹介し説明した。認知される主要な便益、決定的成功要因、相互の関係、通信連絡、主要な問題点及びパートナリングの成果について面接を受けた人たちの考え方が調査された。

各実例研究ごとに、自主管理によるアンケート調査を通じて、回答者によって採点されたパートナリングの成果も検討の対象となった。その結果、面接を受けた人々の大部分が、パートナリングには積極的な態度であったものと結論付けられるに至った。そして、将来のプロジェクトには進んでパートナリングを実行する意欲に満ちていた。

2-3-3 MTRCコントラクト604工区

熊谷組香港工事所では、最近海外工事で広く採用されはじめ、また、日本でも注目を集めはじめたパートナリング手法を1997年6月着工のバタフライバレー水道トンネル工事で初めて採用し、その有益性を十分に認識した。当ヤウトン駅新設工事（MTR604工区）でも入札時点で発注者のMTRC（香港地下鉄公団）にパートナリング導入を強く働きかけ、MTRCはTKE工事（ツェンカンオー線延長工事）のほとんどの工区に導入することとした。その結

果、2002年10月開業予定が2ヵ月早い8月開業となり、その成果は香港内で高く評価されている。

本報文は香港での実施事例を中心にパートナリングのメカニズム、メリット及び建設業におけるパートナリングの今後の展望について述べるものである。

2-3-3-1　はじめに

一般的に海外工事ではすべて契約にのっとって工事が遂行されていると思われているのではないだろうか。それは間違いではないが、最近では、契約社会だからこそ発生する種々の弊害が問題視され始めているものの、これについてはあまり知られていないようである。これらの問題や弊害のために、予定工期の延長やコストの大幅な増加などの例は枚挙にいとまがない。契約社会の欧米では種々の問題や弊害を減少しようという動き（手法）が以前から始まっており、この手法がパートナリングである。

パートナリングとは、建設工事だけでなく全ての契約関係において契約上の立場の違いを超えて関係者間に生産的な協調のメカニズムを作り出す運営方法であり、特に建設工事の遂行にあたっては通常工事契約に基づく権利の主張とそれに基づく法的論争を廃し、お互いに信頼・尊敬し合い、正直さに基づいた生産的な、かつ協調的な関係を作り上げていくプロセスのことである。

我々建設業者の工事に対する目標は、①工期内完成、②安全施工、③品質確保、④環境への配慮、⑤予算内完成による　⑥CS（カスタマーズ・サティスファクション）であり、これは発注者の目標と完全に一致するはずである（共通認識）。従って、パートナリングでは、工事を成功させるためには発注者、コンサルタント、施工業者は敵対関係でなく、信頼関係に基づいたパートナーとして工事に挑戦するという認識を持つことが重要である。

ただし、パートナリングは契約上の取り決めとは次元の違う世界なので、従来の海外工事に対する認識と異なるかもしれないが、パートナリングを理解するためにはこの点をはっきりしておかねばならない。

2-3-3-2 工事概要

ヤウトン駅は現在住宅開発が進んでいる九龍東部のジャンクベイ地区へ2002年末の開業をめどに開始された地下鉄工事ツェンカンオー延長線の最大規模の駅舎で、在来クントン線の乗換駅でもある。ヤウトン地区は住宅局及び民間ディベロッパーによる大規模な再開発計画が実施されており、当ヤウトン駅はその中心に位置し、将来、50階建ての超高層マンション群、5つの小中学校や商業ビルに囲まれることになり、再開発工事が完成すれば人口15万人規模の町ができる。

当工事にはヤウトン駅舎新設、換気ビル及び住宅局委託工事である超高層マンション群の基礎杭工事と駅舎屋上のショッピングアーケードの建設が含まれる。

  発注者 MTRC（香港地下鉄公団）
  設計 Meinhardt（マインハート社）
  工期 予定1999年9月6日～2002年9月1日
      実施1999年9月6日～2002年6月23日

駅舎工事、換気ビル、住宅局委託工事の概略

5階からなる当駅は、1・2階がプラットフォーム及び機械室、3階が改札及びコンコース、4階は機械室、5階がオープンスペース（公園）とショッピングアーケードになっている。

  長さ 365 m
  幅 26.5 m
  地下部 8.3 m
  地上部 88.6 m
  構築高 46.9 m
  場所打杭 （径1.0/1.8/2.0/2.2/2.5/2.8m）　179本
  掘削工 41,000 m^3（岩掘削　6,000 m^3 含む）
  コンクリート 76,100 m^3

鉄筋　　　　　15,150 ton
仕上工　　　　一式
延床面積　　　43,000 m²

2-3-3-3　パートナリング導入のいきさつ

　イギリスの植民地であった香港を1997年7月1日に中国へ返還することが決定し、それに合わせて新空港建設が1990年から始まり、香港島や九龍から新空港へのアクセスの一つとしての香港新空港線地下鉄工事も1992年に着工した。
　熊谷組もMTRC502工区（沈埋トンネル）とMTR503C工区（カオルン駅）を受注・施工し、香港のインフラ整備に大いに貢献した。しかし、空港線の施工中には設計コーディネーションの不備による設計変更・工期延長・追加費用のクレームが我社を含めて各工区で多数発生し、最終的にクレームが解決するまでには工事完成から4年の歳月を要した。
　MTRCは空港線工事の反省に基づきTKE工事では入札書類発行以前に十分な設計コーディネーションを行うと共に、パートナリング専門のコンサルタントを雇用し、工事期間を通じて建設業者と信頼に基づいた協調関係を築き、紛争の発生を未然に回避する方法を検討した。その結果、入札時には採用されるかどうか明らかでなかったパートナリングを積極的に導入することを落札業者との話合いで合意し、TKE線13工区のうち11工区（残り2工区は設計施工のトンネル工区）でパートナリングが採用された。

2-3-3-4　パートナリングの運用

　パートナリング成功のためMTRCと熊谷組が採用した手順を簡単に述べる。
(1) パートナリング導入の合意
　1999年9月の着工後直ちにMTRCのプロジェクトマネージャーと熊谷組の工事所長はパートナリング導入を合意し、パートナリングを成功させるというコミットメント（固い意志）を確認した。
(2) ファシリテーターの選定

ファシリテーターとよばれる工事の当事者とは関係ない第3者を選任すると同時に、MTRC及び熊谷組はそれぞれパートナリングメンバー(それぞれ6名)を指名した。ファシリテーターは後述するワークショップの指導者・司会者と理解すれば良い。

　当工事の場合のファシリテーターはイギリスのコンサルタント John Carlisle PARTNERSHIPS (JCP) でMTRCが指名し、費用は両者で負担した。

　発足当時のパートナリングメンバーは以下の通り。

　　　MTRC：Project Manager, Construction Manager, Senior Construction Engineer, Commercial Manager, Senior Quantity Surveyor, Chief Design Engineer
　　　熊谷組：工事所長、作業所長、工事主任、Commercial Manager, Senior Quantity Surveyor, Engineering Manager

　メンバーは工事の進捗に合わせて追加変更し、最終的には構造物担当土木職員、仕上担当建築職員を追加した。さらに、MTRC指定の設備業者(ビルディングサービス、空調、エスカレーター、エレベーター、プラットフォームスクリーンドア業者など)の作業が始まった段階では、コーディネーションを良くするために彼らもメンバーに参加してヤウトン駅を完成するためのパートナリングを実施した。

(3) ワークショップ開催

　1999年9月にファシリテーターは指名されたMTRC及び熊谷組のメンバーを一堂に集め、パートナリングの基本である信頼と協調性の重要性を認識させるためのワークショップというミーティングを開催した。このワークショップで工事を成功させるための憲章(Charter)を定め、さらに問題解決のための話合いの手段(Escalation Ladder)を合意した。

　当工事のCharterは以下の通り。

　　①信頼関係を築くこと(Trust)
　　②誠実さを基にし全てをオープンで話せる関係を築くこと(Honesty, Openness)
　　③良好な対話を続けること(Communication)

④協力的なチームワークで作業すること（Teamwork/Cooperation）
⑤工程通りに工事を完了すること（Programme）
⑥品質を保つこと（Quality）
⑦安全作業を心掛けること（Safety）
⑧リーズナブルな利益をあげること（Commercial Success）
⑨お互いに尊敬し満足いく作業環境を構築すること（Respect/Job Satisfaction）
⑩十分なリソースを確保すること（Sufficient Resources/Commitment）
⑪無理・無駄をなくすように努めること（Waste Management）
⑫工事に関係する各パートナーのニーズを考慮すること（Third Parties' Needs）
⑬問題あれば速やかに解決すること（Problem Resolution Process）

Escalation Ladderとは、問題が担当者で解決できない場合は解決するまでレベルを上げて、それぞれの上司同士で話合うメカニズムのことであり、当工事では以下の表5-4通りである。

表5-4

	MTRC	熊谷組
第 1 段 階	Inspector	Foreman
第 2 段 階	Engineer	Engineer
第 3 段 階	Senior Construction Engineer	工事主任
第 4 段 階	Construction Manager	作業所長
最 終 段 階	Project Manager	工事所長

当工事での問題はほとんどの場合第4段階で解決しており、後述するインセンティヴァイゼーションの話合いの中で1度だけ最終段階での話合いが持たれた。

(4) 憲章のモニター

ワークショップで合意した憲章を毎月メンバー全員が採点し（1～5点）、パートナリングミーティングで点数が低い場合はその理由と改善方法について検討した。特に1、2点の場合は、点数をよくするためにお互いのニーズを

再確認し何が求められているか、何をしなければならないかを真剣に話し合った。

各憲章のモニタリング結果を図5-14～5-16に示す。パートナリングミーティングでの基本姿勢は、発言者の意見を否定することはせず、その意図をまず理解することである。発言者は他人に迎合することなく自分の意見をはっきりと言わねばならない。なお、パートナリングミーティングの議長は固定ではなく、メンバー全員の持ちまわりとした。

モニタリングの結果、悪化傾向にある憲章については総合的にどうすれば良化できるかという点もミーティングで話し、必要であればアクションリストを作成して積極的に良くすることを心掛けた。

2-3-3-5　インセンティヴァイゼーション（incentivization）

工事着工して約1年後の2000年8月に、MTRCはパートナリングが期待通りに運用されている工区の施工業者と最終請負金の話合いを開始し、熊谷組もこの話合いの対象となった。当時は場所打杭と掘削を施工中で、予想していた岩のレベルが高く工期延長をクレームしていた。時間経過率33％に対し進捗率は16％であった。

話合いの目的は、①TKE線を早期完成させるための方法を検討すること、②工事完成時点で工事最終精算も完了することであった。この目的を達成するための話合いの合意を2000年12月と定め、後述するそれぞれのリスクについて活発に議論を重ねた結果、目標価格の合意と工期を3ヵ月間短縮することも含めて予定通りに2000年12月に追加契約書（Supplemental Agreement：SA）に署名した。Value Engineering（VE）や工期を短縮することによるインセンティブをMTRC、施行業者共に享受することから、我々はこれをインセンティヴァイゼーションと称した。

SAで合意した内容は以下の通り。

(1) Contractor's Risk（施工業者の負っているリスク）

これはいったん合意したら変更できない固定コストのことで、最新の図面に基づく数量精算、今までの設計変更に伴うコスト及びクレームの精算、さ

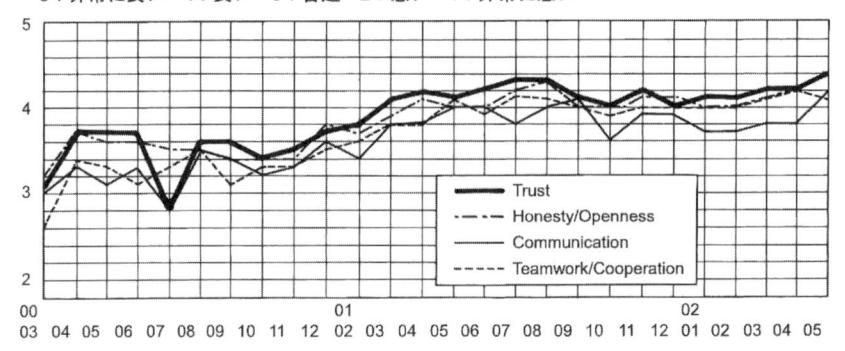

図5-6 Charter Monitoring-1（パートナリングの基本姿勢）

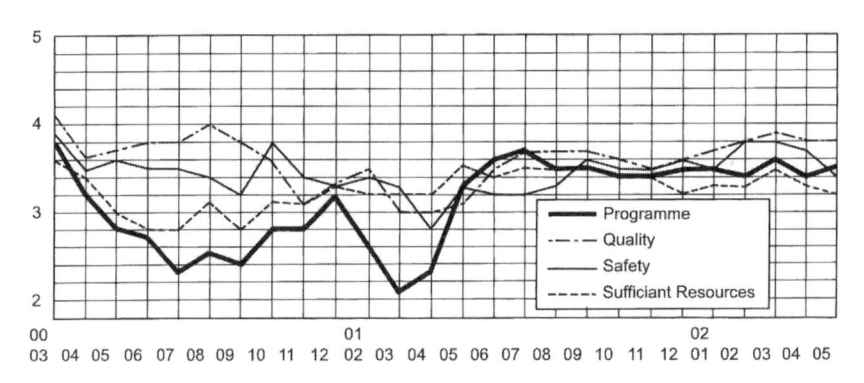

図5-7 Charter Monitoring-2（施工に関するもの）

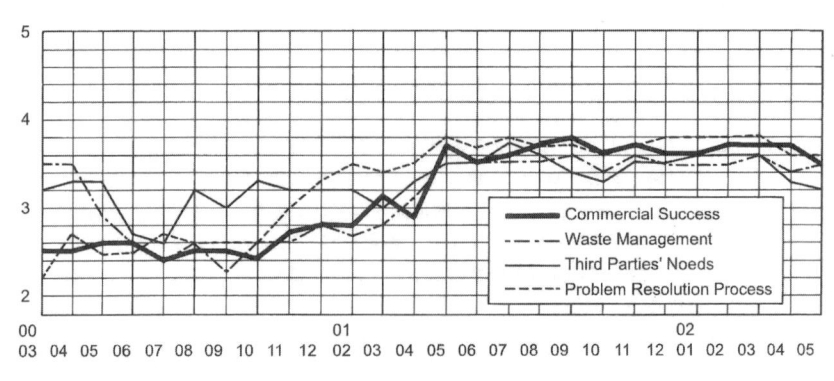

図5-8 Charter Monitoring-3（その他）

らに今までの工期延長期間を当初の工期に完了するための突貫費と工期短縮のための更なる突貫費などが含まれた。
(2) 発注者リスク（発注者が負っているリスク）
　設計変更のうち地下鉄の運営に直接関係のない作業（例えば駅舎外壁の変更など）や工事仕様図面が大幅に変更となる作業は発注者の責任であり、工事の代価は当然施工業者に支払われる。従って設計変更指示書が出されたら、MTRCと話合ってEmployer's Riskと後述のShared Riskの区分けをして、Employer's Riskと認められれば工事金額の追加となった。ただし我々はMTRCがどのように予算化したかを窺い知ることはできなかった。
(3) リスク配分（Shared Risk（施工業者とMTRCの双方で負っているリスク））と目標価格
　これは施工業者、MTRCの負っているリスク以外の全てのリスクと上記(2)以外の設計変更によるコストやこれに伴う工期延長分の突貫工事費等、さらに予測困難な地質条件の変化など将来に起こるであろう事象をリスクごとに項目を挙げて予算化したものである。Shared Riskは予備費的な予算であり、Contractor's RiskとShared Riskの合計を目標価格と称した。
　従って予算が余れば50/50で配分し、不足すればそれぞれが負担することになるが、SAでは図5-17のように不足分負担を合意した（Gain Share/Pain Share）。
　インセンティヴァイゼーションの話合いは全て工期的・金額的な内容であったため、開始当初はMTRC・熊谷組共に利害関係で対立し合意できるかどうか非常に不安であったが、再度パートナリングの原点に立ち戻ってお互い妥協点を見出す努力と、先述のEscalation Ladderを有効に活用することによって最終的には合意することができた。
　インセンティヴァイゼーション合意後のMTRCと熊谷組の関係はそれまで以上の信頼関係を築くことができ、本当の意味でオープンに話をできる雰囲気となった。

図5-9　Gain Share/Pain Share

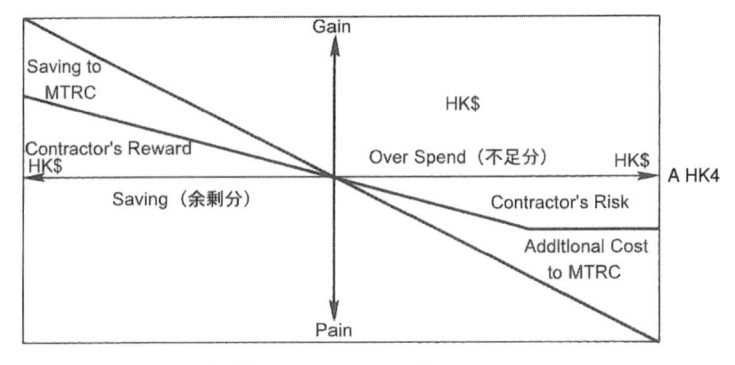

Gain Share:全ての余剰金は50/50で配分する
Pain Share:HK$　　AHK$までは50/50で負担するが
それ以上はMTRCが全額負担する。

2-3-3-6　パートナリングの成果

我々が経験したパートナリングの成果をまとめると以下のようになる。
　①必要な論争や係争を減らすことができた（話合いによる解決）
　②問題解決の決定を早めることができた（Escalation Ladderの活用）
　③コストオーバーランや工期延長のリスクを低減できた。
　④バリューエンジニアリングによるプロジェクトコストの低減ができた
　⑤工期短縮が実現できた
　⑥長期的な見地で工事受注の可能性を増やすことができた

上記は我々の成果であったが、MTRCも同様な利点を共有することができたといっている。

次頁の表5-5から見てもTKE線工事でのパートナリングは成功したと言える。（MTRCの調査）。

TKE線工事の全工区についてMTRCはパートナリング実施の成果をアンケート方式で調査した結果、図5-10に示すごとく当工区（604工区）は全体的に良い結果を出している。

表5-5

	新空港線	TKE線
工　期	工程通り	2ヵ月短縮
クレーム数	8,687件	537件
完工前の最終精算合意	0工区	5工区

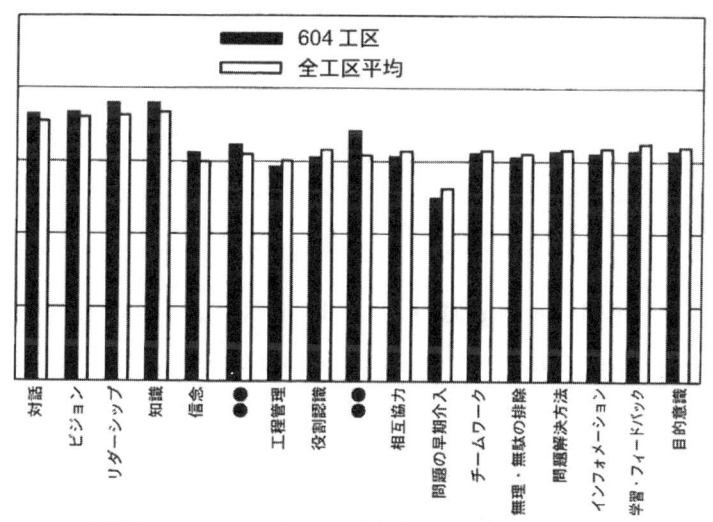

図5-10　アンケート結果

　MTRCが民間調査機関のギャラップ社に依頼したMTRCと施工業者のパートナリングに対する意識調査結果は次頁の表5-6の通りである。

この表から以下の点が読み取れる。
①パートナリング経験後の変化がMTRCの方が施工業者より大きいのは、MTRCはパートナリングの影響をより大きく受けたと言える。施工業者は元来発注者と協調して工事遂行を心掛けてきたが、発注者（MTRC）は発注者としての意識が強すぎる傾向があった。
②施工業者はMTRCの変化に満足している。すなわち、パートナリングの

表 5-6 (5点満点)

調査項目	MTRC	施工業者
パートナリング実施の満足度	3.5	4.0
目的の理解度	4.0	4.2
パートナリングへの期待度	3.1	3.4
コストセービング	4.0	4.0
将来のパートナリング採用度	4.2	4.2
パートナリング経験後の変化	3.7	3.3

実施に伴いMTRCが施工業者に協力的になってきたことが窺える。
③これらの事実は施工業者にとっても、また発注者にとってもパートナリングが非常に効果的であるということを如実に示している。

MTRCと香港の大学が当工事のパートナリングについて調査研究した記事がMTRCの社内報に掲載されたので紹介する。（原文のまま）

Effects of Partnering on Construction Contracting
- The Experience of TKE Contract 604

A collaborative study between MTRC and the City University of Hong Kong was conducted in February 2002. The major objective of this study was to review the effectiveness of partnering arrangement on contract performance, in the light of partnering experience in Contract 604.
Regression analysis between contract elements and partnering scores on attributes such as trust, openness and communication was carried out.
It is noted that Incentivisation Agreement (IA) is a big leap forward towards cooperative contracting. In addition, senior management of both MTRC and Kumagai (the Contractor) believe that the monthly review meetings serve the purpose of instilling, fostering and maintaining the partnering sprit.

Overall, MTRC and Kumagai consider that trust, honesty, communication and relationships have been successfully achieved in Contract 604.
（訳文）
建設工事におけるパートナリング効果—TKE604工区の実績

　MTRCと香港市民大学による共同研究が2002年2月に行われた。この研究の主な目的は、契約遂行におけるパートナリングの有効性を604工区のパートナリング実績に照らして検証することにあった。

　契約上の要素と信頼やオープン性、コミュニケーション等パートナリングに特徴的なスコアの回帰分析が行われた。

　研究からは、特にインセンティヴァイゼーションの合意が協力的な関係の飛躍的発展に大きく貢献していることが見てとれた。さらに、MTRCと熊谷組の上位経営層は、共に月々のリビューミーティングが、パートナリング精神の浸透、発揚、堅持に寄与していると信じている、という結果も出ている。結論的には、MTRCと熊谷組は604工区において信頼と誠実、コミュニケーションと関係構築が見事に達成できたものと思っている。

　2001年8月MTRCはTKE線工事でパートナリングに積極的に取り組みんで成功した施工業者5社を対象に、MTRCチムサチョイ駅改修工事の入札を実施した。これに対し熊谷組はパートナリングのメリットを最大限に生かした入札で対応した結果、努力の甲斐あって受注に成功した。

　MTRCチムサチョイ駅改修工事の入札、受注、着工後今日までのパートナリングについての動きを簡単に紹介する。

(1) 第1回目入札

　入札に呼ばれた5社は現場経費、本社経費、粗利益などの固定費、概略施工計画書とパートナリングの進め方や目標価格の理解度などの要求された書類を提出した。MTRCはこの書類選考で5社から2社に絞った。

(2) 第2回目入札

　MTRCのエンジニア、QSとMTRCの設計コンサルタントのエンジニアが熊谷組の事務所に常駐して、詳細な仮設設計・計画、コスト算定を我々と一緒

に行った。これに先立ち、入札チームの認識統一のためのパートナリングワークショップを実施した。共同で作成した入札書類（詳細施工計画書と直接工事費算定書）を提出し、さらにプレゼンテーションを行い、熊谷組の方が最終的に落札した。

(3) 受注・着工から今日（着工5ヵ月時点）まで

　今までのやり方と違っている点を列挙する。

　　①現場事務所ではMTRCと熊谷組の職員が一緒に机を並べて仕事している。

　　②目標価格方式なので下請選定もMTRCと一緒になって行っている。

　　③工程上クリティカルな埋設物・交通切廻しもMTRCがアシストしてくれているため予定より早く作業ができるようになった。

第6章　パートナリング用語集

英語	略語	和訳	コメント
Actual Cost		実コスト	コストプラスフィーやコストプラスインセンティブの契約において、発注者から請負者への費用償還の対象となる工事原価。請負者は、Actual Costを支出するに当り契約に定められた手続きを遵守する必要がある。また、請負者の責めに帰すべき瑕疵の手直し費用等は、Disallowed Costとされ、Actual Costから除外される。
Adjudication	ADR	アジュディケーション	近年発達してきたADRのひとつ。法的紛争の解決を当事者が合意した第三者（私人）の判断に委ねる点では仲裁と同じであるが、仲裁判断に認められているような法的確定力（既判力）はない。当事者は、アジュディケーターの裁定に不服な場合、さらに訴訟・仲裁で権利義務を一から争うことができる。しかし、アジュディケーターの決定は訴訟・仲裁により覆されない限り、当事者を拘束するものとされ、この点で斡旋・調停と異なる。また、通常、アジュディケーターはかなり短い期間内に裁定を下すことが義務付けられており、迅速な紛争解決を図ることが意図されている。 特に英国においては、建設工事契約にはアジュディケーションに関する規定を置くことがHousing Grant Actより義務付けられており、アジュディケーションが紛争解決手段として広く利用されるようになってきている。
Agreed Maximum Price		目標価格	PPC2000契約約款では、目標価格（Target Cost）をAgreed Maximum Priceと呼ぶ。

英語	略語	和訳	コメント
alliance		アライアンス	パートナリングに類似のものに、アライアンスがある。何をパートナリングと言い、何をアライアンスと言うかは、歴史的な経緯によるものであり、必ずしも理論的区別がされているわけではないようであるが、アライアンスと言う場合中長期的な企業の提携関係を指す場合が多いように思われる。石油関連施設建設プロジェクトにおけるメジャーとエンジニアリング会社との提携関係等はアライアンスと呼ばれることが多い。
Alternative Dispute Resolution	ADR	代替紛争解決手段	仲裁、斡旋、調停、アジュディケーション等、訴訟(裁判)以外の法的紛争解決手段を総称する言葉。訴訟と比較して、ADRには迅速、低コスト、非公開、手続きが柔軟である等のメリットがあるとされる。
Arbitration		仲裁	法的紛争の解決を当事者が合意した第三者(私人)の判断に委ねるもの。仲裁判断には、訴訟の判決と同様の法的効果が認められている。 訴訟と比較した場合の仲裁の特徴としては、手続きを非公開にできること、手続きを当事者の合意で決定でき柔軟性があること、法律家以外の専門家を仲裁人に起用できること、ニューヨーク条約に加盟している国では仲裁判断の国際的執行が比較的容易であること等がある。
Bonus for early completion		工期短縮報奨金	
Client Representative		発注者代理人	PPC2000契約約款の用語。 FIDICレッドブックのthe Engineerの役割に近い。
collaborative working		協業	パートナリングとは、協業(Collaborative working)を行うためのプロセスを確立することだと言われる。従来の伝統的契約形式における当事者の敵対的(adversarial)な関係が、ともすればクレームに伴う紛争、予算オーバー、工期超過につながっていたことに対する反省が、根底にある。

英語	略語	和訳	コメント
Commencement Agreement		着工合意書	PPC2000契約約款は、工事着工前段階と工事施工段階の2段階の契約実施を想定している。着工前の共同作業により目標価格・工期等が合意され、着工同意書が締結された後、工事施工が開始される。
Compensation events		補償対象事象	NEC契約約款では、設計変更や悪天候等、契約上工事価格（目標価格）及び工期の調整が行われる対象となる事象を、補償対象事象（Compensation Events）と呼んでいる。
Conciliation		調停	当事者が合意した第三者が、当事者の和解を助けるため法的紛争を調査し、助言を行う。調停人は和解案を作成するが、これは当事者に対して拘束力をもたない。
Constructor's Change Submission		変更に伴う提出書類	PPC2000契約約款では、発注者が工事の変更を提案した場合、請負者が変更に伴う提出書類を提出し、そのなかで工事の変更による工期・工事価格の調整を提案するものとされている。発注者は、変更に伴う提出書類に同意したとき（工期・工事の調整については同意を保留することもできる）、工事変更を指示することになっている。
Contract Data		契約データ	NEC契約約款では、工事仕様図面、ペイン/ゲイン・シェアーの割合、フィーのパーセンテージ等、個々のプロジェクトに固有の契約条件を契約データとして、契約書のアペンディクスに記載する形式になっている。契約データが発注者が記載するデータと請負者が記載するデータに区分されていることが、NEC契約約款の特徴である。
Contractor's share		請負者の損益配分	目標価格と実コストの差額のうち、請負者が享受・負担する割合。
Core Group		コアグループ	パートナリングチームの主要メンバー。パートナリングの実質的運営はコアグループによって行われる。

英語	略語	和訳	コメント
Disallowed Cost		不算入原価	請負者が支出・負担した工事原価のうち、発注者からの償還をうけることができないもの。契約上定められた手続きによらないで支出された原価、請負者が責めに帰すべき瑕疵の手直し費用等が、これに該当する。
Early Warning		早期警告	プロジェクト実施の障害となる問題を発見した場合、パートナリングチームのメンバーは他のメンバーに通知・警告を行い、対応策を提案するものとされている。早期警告があった場合、パートナリングチームは早期警告会議（Early Warning Meeting）を開き、全員一致で対応策を決定する。
facilitator		ファシリテーター	パートナリングの運営・実施の手続き・方法について指導・助言を行うアドバイザー。PPC2000契約約款では、パートナリングアドバイザーと呼ばれる。
FIDIC (Federation Internationale des Ingenieurs-Conseils)	FIDIC	国際コンサルティングエンジニア連盟（フィデック）	独立・中立の立場を保持する各国のコンサルティングエンジニア協会を会員とする世界的に権威のある連盟で、1913年にベルギーで設立。スイスのジュネーブに本部を置き、75ヵ国の国別協会が加盟し、会員数は約35,000社。日本の加盟団体は日本コンサルティングエンジニア協会。
Framework Contract		フレームワーク契約	将来予定されている複数のプロジェクトを地域や実施時期によって特定し、対象となるプロジェクトに関してパートナリングを実施することを合意する契約。フレームワーク契約は複数の業者と締結され、実際の施工業者は、フレームワーク契約に参加している業者の中から、パートナリング実施中（プロジェクトの計画段階）のKPIおよび価格提案を評価して決定する。
Interim Project Alliance Agreement	IPAA	インタリム・プロジェクト・アライアンス・アグリーメント	プロジェクト・アライアンスの手法を個々の業務に適用するための枠組みとルールについて規定するための契約書。

英語	略語	和訳	コメント
Joining Agreement		パートナリング参加合意書	PPC2000契約約款では、当パートナリングメンバーでなかった者（専門工事業者等）が途中からパートナリングに参加することも想定されている。そのような場合、パートナリングチーム全員がパートナリング参加合意書を締結する。
Joint Contracts Tribunal	JCT	ジェーシーティー	英国において建設業界で使用する標準契約約款、解説書等を発行する団体。発行に当たっては、下記の8加盟団体の承認を要する。 ・Association of Consulting Engineers ・British Property Federation ・Construction Confederation ・Local Government Association ・National Specialist Contractors Council ・Royal Institute of British Architects ・Royal Institution of Chartered Surveyors ・Scottish Building Contract Committee
Key Performance Indicator	KPI	目標達成度指標	パートナリングにおいて各構成員の成績を計る基準。KPIの算定方法はパートナリングチームの合意により決定されるが、予定に対する実際の工期、目標価格に対する実コスト、安全衛生面での実績、工事の品質等が評価される。パートナリングチームのメンバーは、KPIの継続的向上に努めるよう義務付けられている。
New Engineering Contract	NEC	NEC契約約款	The Institution of Civil Engineering (ICE)発行の工事契約約款。従来の工事契約が当事者の敵対的関係によるチェックアンドバランスを想定していたのに対し、当事者の協調によるプロジェクト運営を予定していることが特徴である。
open book		オープンブック	工事原価についての会計記録を契約当事者に開示するもの。いわゆるガラス張り会計。
Partnering Advisor		パートナリングアドバイザー	PPC2000契約約款では、ファシリテーターをパートナリングアドバイザーと呼ぶ。

英語	略語	和訳	コメント
Partnering Champion		パートナリング・チャンピオン	プロジェクト運営委員会の構成員で重要事項の協議、将来問題化しそうなアクティビティについての対策の作成、実行の可、不可の決定をする。立上げワークショップ時に全員の合意で選ばれる。またパートナリングに参画する全ての機関から選ばれる。
Partnering Charter		パートナリング憲章	当事者間で合意された価値基準、目標、優先順位等を記述した文書。パートナリングの根幹をなす基本文書であるが、法的には、権利義務を規定する契約書ではないという位置付けをされることが一般的である。
Pre-Possession Agreement		着工前合意書	PPC2000契約約款は、工事着工前段階と工事施工段階の2段階の契約実施を想定している。着工前合意書は、このうち工事着工までの作業に関して、作業内容・支払条件等を規定するものである。
Pre-qualification PQ	PQ	入札資格審査	工事の入札に先立って、目的とする工事を施工するために充分な経験、技術、能力、人的・物的資源、財務力などを有するかを審査。PQに合格した者に、入札参加資格が与えられる。
Price for Work Done		出来高	請負者への支払の対象となる査定済み出来高。査定済みの実コストとフィーの合計。
Project Alliance Agreement	PAA	プロジェクト・アライアンス・アグリーメント	プロジェクト・アライアンス当事者の権利と義務を規定する最も重要な契約書で、プロジェクト・アライアンス・ボード及びプロジェクト・アライアンス・チームの構成、手続きに関する規定、誠実義務等のプロジェクト・アライアンスの行動原理、契約解除条項、支払い条件、工期、金額、品質等の規定が含まれる。
Project Alliance Board	PAB	プロジェクト・アライアンス・ボード	プロジェクト・アライアンス全当事者の代表者により構成される、プロジェクトの最高且つ最終の意思決定機関で、全会一致とする。

英語	略語	和訳	コメント
Project Manager		プロジェクト・マネージャー	NEC契約約款では、発注者代理人をプロジェクト・マネージャーと呼ぶ。FIDICレッドブックのthe Engineerの役割に近い。
project partnering		プロジェクト・パートナリング	個々のプロジェクト単位でパートナリングを行うもの。
Project Partnering Contract 2000	PPC 2000	PPC2000契約約款	Association of Consultant Architects発行のパートナリングによるプロジェクト運営のための工事契約約款。パートナリング契約を明確にうたった契約約款は、現在のところ他にほとんど例がないと思われる。
stakeholder		ステイクホルダー	同一プロジェクトに係わるすべての利害関係者
risk register		リスクレジスター	工事計画段階において、プロジェクトに関与する主要な当事者全員が関与して、リスクの洗い出し・割り振りを決定する作業。
strategic partnering		ストラテジック・パートナリング	複数のプロジェクトにわたるパートナリング。企業間の中長期的提携関係によりパートナリングを実施するもの。
supply chain		サプライチェーン	設計会社、コンサルタント、請負者、専門工事業者、機器納入業者等、発注者にとっての調達プロセスに関与する当事者の総称。
Target Cost・Target Price		目標価格	ペイン/ゲイン・シェアーの基準となる目標価格。リスクレジスター等の共同作業を経て当事者の合意により決定される。
value for money		バリュー・フォー・マネー	プロジェクトから得られる発注者にとっての真の価値。従来の価格競争入札により最低価格での発注はともすればクレームによる工期・予算オーバーや問題処理の遅れに伴う手戻り等による品質悪化につながりがちであり、結局は発注者の利益にならないという反省から、バリュー・フォー・マネーを実現するための手段として考案されたのがパートナリングである。
workshop		ワークショップ	パートナリングチームの共同作業の場をワークショップと呼ぶ。

※一般的なパートナリング用語の他に、NEC契約約款及びPPC2000契約約款に固有の用語も記載した。

【参考文献一覧表】

- Introduction to Alliancing and Relationship Contracting
    By Roger Quick, Partner, GADENS LAWYERS, BRISBANE

- The Effective Use of Partnering and Alliancing
    By Jon Gunn, Special Counsel, Minter Ellison, SYDNEY

- Introduction to Project Alliancing (on engineering & construction projects) April 2003 update
    By Jim Ross
    Project Control International PTY Ltd
    30 April 1999, Sydney, Australia

- Partnering-Models for Success

- The Effective Use of Partnering and Alliancing
    By Jon Gunn
    Special Counsel, Minter Ellison, Sydney, Australia

- Construct for Excellence
    Report of the Construction Industry Review Committee 2001 (Tang Report)

- Performance Assessment Scoring Supplement (PASS) April 2004 version

- Partnering Guidelines for construction projects in Hong Kong
    Association for Project Management Hong Kong 2003

- "The New Engineering Contract: Relational Contracting, GoodFaith and Co-operation?Part 1". The International Construction Law Review. Vol. 20, Part 1, January 2003. London 2003. pp. 128-153
    By Mcnnis, Arthur

- "The New Engineering Contract: Relational Contracting, Good Faith and Co-operation?Part 2". The International Construction Law Review. Vol. 20, Part 2, April 2003. London 2003. pp.289-325
    By Mcnnis, Arthur

- "Project Partnering in the International Construction Industry". The International Construction Law Review. Vol. 20, Part 4, October 2003. London 2003. pp.456-482
    By Skeggs, Chris

- "Project Alliances" The International Construction Law Review. Vol. 18, Part 4, April 2001. London 2001. pp.411-436
    By Jones, Douglas

- "The Tang Report: Catalyst for Change in the Hong Kong Construction Industry" The International Construction Law Review. Vol. 18, Part 3, July 2001. London 2001. pp.617-626
    By Nunn, Philip and Cocking Ian

- "Alliancing Contracting: A Potpourri of Proven Techniques for Successful Contracting" The International Construction Law Review. Vol. 18, Part 1, January 2001. London 2001. pp.56-82
    By Myers, James J.

- Project Partnering: Principle and Practice. London Thomas Telford 1995 ISBN:0 7277 2043 0
    By Hellard, Ron Baden

- 「国際取引における紛争解決の心理分析Ⅱ(1)」『JCAジャーナル』第53巻、2号、2006年、2-8頁、立石孝夫著

- 『英米法（新版）』青林書院、1997年、ISBN 4-417-01002-1、望月礼二郎著

海外建設協会　パートナリング研究会

パートナリング研究会委員名簿（平成18年3月末現在）　　　〈会社名五十音順〉

座　長	二宮孝夫	㈱熊谷組	顧　問	
委　員	畑健太郎	鹿島建設㈱	海外法人部統括部建設部課長代理	
〃	星野　浩	清水建設㈱	国際業務室法務部長	
〃	矢田貝大輔	大成建設㈱	国際支店管理部リスク・契約管理室課長	
〃	池原良忠	㈱竹中工務店	営業本部国際部課長	
〃	町田慎一	西松建設㈱	海外事業部海外営業部企画調査課課長代理	

＜事務局＞

	鈴木　一	㈳海外建設協会	専務理事
	中山　隆	〃	常務理事
	松井波夫	〃	総務部長
	澤田芳明	〃	総務部調査役

・調査団の派遣

本パートナリング研究会は、次の調査団を派遣した。

英国調査団　　2003年 1月 19日〜24日（6日間）
米国調査団　　2003年11月 2日〜 9日（8日間）
豪州調査団　　2004年10月16日〜23日（8日間）
香港調査団　　2005年 9月12日〜16日（5日間）

・本書執筆者プロフィール

二宮孝夫　座長		㈱熊谷組　顧問
		1976年より約30年に渉り海外工事に従事し、プロジェクトマネージャー・海外本部長を歴任
		1990年代にはBOT型道路事業を実施した
		本書では「序章」、第四章「パートナリング実施における手引き」、第五章「各国のパートナリング取り組み状況及び実施例」の執筆を担当
畑　健太郎　委員		鹿島建設（株）海外法人統括部建設部課長代理
		2002年より建築施工系社員として海外建築工事に従事
		本書では第三章「パートナリングの適用工事のプロジェクトマネジメント」の執筆を町田委員と共同担当
（飯塚忠夫　委員		カジマ・コンストラクション・ヨーロッパ(U.K)リミテッド副社長。2003年に英国、米国調査に参加）
星野　浩　委員		清水建設㈱国際業務室法務部長
		1977年より海外工事、海外開発事業に従事し、UAE、インドネシア、カナダ、英国、米国等に駐在し、現在にいたる
		本書では第二章「パートナリングと契約の関係」4．5の執筆を担当
矢田貝大輔　委員		大成建設㈱国際事業本部管理部リスク・契約管理室課長
		1989～90年ナイジェリア、1997～1999年英国で勤務の後、2000年より海外契約業務を担当
		本書では第二章「パートナリングと契約の関係」1．2．3の執筆を担当
池原良忠　委員		㈱竹中工務店 営業本部国際部課長
		1990年英倫敦大UCLバートレット都市計画学科（M.Phil.）卒
		90年代よりアジア・中東欧・中東など20数カ国の海外市場調査主幹
		本書では第一章「パートナリング概論」の執筆を担当
町田慎一　委員		西松建設㈱海外事業部海外営業部企画調査課課長代理
		1990年より現在まで海外関連業務に従事（含む、香港・シンガポールの計10年間の勤務経験）
		本書では第三章「パートナリングの適用工事のプロジェクトマネジメント」の執筆を畑委員と共同担当
（茂木仁志　委員		西松建設㈱海外事業部海外営業部部長、2003年に英国、米国調査に参加）
（我妻秀哉　委員		前田建設工業㈱本店土木本部　海外部　スリランカ出張所長、2003年に英国、米国調査に参加）

海外に学ぶ
建設業のパートナリングの実際
win−winを達成するためのプロジェクト・マネジメント

2007年3月7日　発行©

編　者　　社団法人　海外建設協会

発行者　　鹿　島　光　一

発行所　　鹿島出版会
　　　　　100-6006　東京都千代田区
　　　　　霞が関三丁目2番5号
　　　　　Tel 03(5510)5400　振替00160-2-180883
　　　　　無断転載を禁じます。
　　　　　落丁・乱丁本はお取替えいたします。

印刷・製本　三美印刷
ISBN978-4-306-08514-5　C3034　Printed in Japan

本書の内容に関するご意見・ご感想は下記までお寄せください。
URL:http://www.kajima-publishing.co.jp
E-mail:info@kajima-publishing.co.jp